教育部高等学校航空航天类专业教学指导委员会推荐教材

航空发动机基础与教学丛书

航空发动机主轴轴承
应用技术

高文君　吕亚国　刘振侠　编著

科学出版社

北　京

内 容 简 介

本书较系统、全面地介绍了航空燃气涡轮发动机主轴轴承的基础知识，包括航空发动机转子支承方案、转子支承结构及主轴轴承设计要求、滚动轴承的一般概念、结构特征及运动分析、摩擦效应分析、热分析方法和理论、航空发动机中主轴轴承的润滑冷却、常用材料、失效形式等，对几种典型军用、民用航空发动机的主轴轴承选用方案进行了举例说明。为了方便读者学习，书中提供了思考题。本教材按计划学时 40 学时编写，可根据不同专业要求挑选使用。

本书可供高等学校航空动力工程专业和机械设计类专业的本科高年级学生或研究生一年级学生作为教材使用，也可以作为该专业或相关专业的技术人员的参考书。

图书在版编目(CIP)数据

航空发动机主轴轴承应用技术／高文君，吕亚国，刘振侠编著. —北京：科学出版社，2021.6
　　（航空发动机基础与教学丛书）
　　ISBN 978-7-03-069068-5

Ⅰ．①航… Ⅱ．①高… ②吕… ③刘… Ⅲ．①航空发动机-主轴承 Ⅳ．①V232.2

中国版本图书馆 CIP 数据核字(2021)第 104692 号

责任编辑：胡文治／责任校对：谭宏宇
责任印制：黄晓鸣／封面设计：殷 靓

科 学 出 版 社 出版
北京东黄城根北街 16 号
邮政编码：100717
http://www.sciencep.com

南京展望文化发展有限公司排版
广东虎彩云印刷有限公司印刷
科学出版社发行　各地新华书店经销

*

2021 年 6 月第　一　版　　开本：B5(720×1000)
2022 年 1 月第三次印刷　　印张：16 1/2
字数：322 000

定价：90.00 元
（如有印装质量问题，我社负责调换）

航空发动机基础与教学丛书

编写委员会

丛书序

　　航空发动机是"飞机的心脏",被誉为现代工业"皇冠上的明珠"。航空发动机技术涉及现代科技和工程的许多专业领域,集流体力学、固体力学、热力学、燃烧学、材料学、控制理论、电子技术、计算机技术等学科最新成果的应用为一体,对促进一国装备制造业发展和提升综合国力起着引领作用。

　　喷气式航空发动机诞生以来的80多年时间里,航空发动机技术经历了多次更新换代,航空发动机的技术指标实现了很大幅度的提高。随着航空发动机各种参数趋于当前所掌握技术的能力极限,为满足推力或功率更大、体积更小、质量更轻、寿命更长、排放更低、经济性更好等诸多严酷的要求,对现代航空发动机发展所需的基础理论及新兴技术又提出了更高的要求。

　　目前,航空发动机技术正在从传统的依赖经验较多、试后修改较多、学科分离较明显向仿真试验互补、多学科综合优化、智能化引领"三化融合"的方向转变,我们应当敢于面对由此带来的挑战,充分利用这一创新超越的机遇。航空发动机领域的学生、工程师及研究人员都必须具备更坚实的理论基础,并将其与航空发动机的工程实践紧密结合。

　　西北工业大学动力与能源学院设有"航空宇航科学与技术"(一级学科)和"航空宇航推进理论与工程"(二级学科)国家级重点学科,长期致力于我国航空发动机专业人才培养工作,以及航空发动机基础理论和工程技术的研究工作。这些年来,通过国家自然科学基金重点项目、国家重大研究计划项目和国家航空发动机领域重大专项等相关基础研究计划支持,并与国内外研究机构开展深入广泛合作研究,在航空发动机的基础理论和工程技术等方面取得了一系列重要研究成果。

　　正是在这种背景下,学院整合师资力量、凝练航空发动机教学经验和科学研究成果,组织编写了这套"航空发动机基础与教学丛书"。丛书的组织和撰写是一项具有挑战性的系统工程,需要创新和传承的辩证统一,研究与教学的有机结合,发展趋势同科研进展的协调论述。按此原则,该丛书围绕现代高性能航空发动机所涉及的空气动力学、固体力学、热力学、传热学、燃烧学、控制理论等诸多学科,系统介绍航空发动机基础理论、专业知识和前沿技术,以期更好地服务于航空发动机领域的关键技术攻关和创新超越。

丛书包括专著和教材两部分,前者主要面向航空发动机领域的科技工作者,后者则面向研究生和本科生,将两者结合在一个系列中,既是对航空发动机科研成果的及时总结,也是面向新工科建设的迫切需要。

丛书主事者嘱我作序,西北工业大学是我的母校,敢不从命。希望这套丛书的出版,能为推动我国航空发动机基础研究提供助力,为实现我国航空发动机领域的创新超越贡献力量。

2020 年 7 月

前　言

　　航空发动机是一种"支承在轴承上"的高速旋转热力机械,压气机、涡轮等旋转叶轮机构的功能实现依赖于主轴轴承的稳定、可靠运转。因此,主轴轴承作为发动机转子系统的支承核心,对保证发动机的稳定运转和性能实现至关重要,国外航空发动机先进国家也一直将其视为发动机的核心零部件,持续推进主轴轴承相关技术研发,并严格控制其技术输出。

　　目前,大型燃气涡轮发动机均采用滚动轴承作为主轴轴承,因为其摩擦系数小、轴向尺寸小、需用的滑油流量小、低温下易于起动,且能在短时间无滑油供入的条件下工作,所以滚动轴承成为目前航空发动机主轴轴承的最佳选择。滚动轴承虽然仅由套圈、滚动体和保持架等很少的几个零组件装配而成,但却涉及了材料学、工艺学、运动学、动力学、摩擦学、传热学、流体力学等诸多学科领域,每一个技术细节都是决定轴承能否可靠实现其功能的关键。

　　如图 0-1 所示,航空发动机所用的滚动轴承在结构形式方面与常规普通轴承相似,但受特殊工作条件和环境影响,在转速、载荷、温度和可靠性等方面有更高的要求。主轴轴承需要能够在高工作转速、高环境温度、复杂载荷的条件下长时间可靠运行,因此在轴承设计中必须解决材料选择、结构设计、安装条件、润滑设计、可靠性设计等诸多问题。在发动机总体结构设计中,还需要解决轴承装在什么位置、装什么轴承、怎样传递轴承载荷、如何保证轴承润滑等问题。同时,轴承温度、轴承

图 0-1　几种不同形式的发动机主轴轴承部件

产热、轴承磨损、轴承寿命等也是在航空发动机寿命、可靠性、可维护性等分析中必须要考虑的。

　　近二三十年来,随着航空发动机总体的技术发展和性能提升,对主轴轴承的工作性能提出了更加苛刻的要求,包括高转速、高温度与长寿命等。为此,国外航空发动机研制单位、轴承研制单位以及相关的科研机构,都越来越重视主轴轴承的发展与研究工作,通过改善材料、加工工艺、使用环境与润滑条件等,使主轴轴承的性能得到了显著提升。目前,国外最新的大涵道比涡扇发动机主轴轴承已经可以在DN值[轴承内径(mm)×轴承转速(r/min)](2.4~3.0)×10^6、工作温度316℃下可靠工作,实验室内研究的主轴轴承DN值已经超过4.0×10^6,使用寿命可以达到上万小时,接近"无限使用寿命"。同时,伴随未来下一代航空发动机概念的提出,包括磁悬浮主轴轴承(图0-2)、智能轴承(图0-3)在内的主轴轴承新概念也不断涌现。

图0-2　与起动/发电机集成设计的磁悬浮主轴轴承

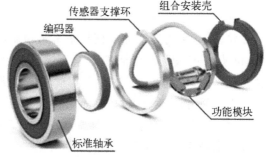

图0-3　FAG公司开发的一种智能轴承

　　为了促进航空发动机主轴轴承的技术发展,满足发动机总体技术发展和性能提升对主轴轴承的要求,解决轴承设计和应用中存在的问题,欧美等发达国家很早就开始了主轴轴承相关的基础和应用研究,并形成了一套完整的技术发展体系(图0-4)。美国NASA在1959年就实施了"高DN值轴承疲劳研究"项目,在后来的航空发动机研发计划中,也都专门列入了与主轴轴承及其润滑系统相关的研究内容。在综合高性能涡轮发动机技术(Integrated High Performance Turbine Engine Technology, IHPTET)和通用经济可承受涡轮发动机(Versatile Affordable Advanced Turbine Engines, VAATE)计划中,研究了油雾润滑磁性轴承、金属-陶瓷混合轴承及其润滑设计等技术。GE公司将新一代陶瓷/混合轴承及滑油系统热管理列为GENY技术长期发展计划,推进高DN值轴承技术应用。在自适应发动机技术发展(Adaptive Engine Technology Development, AETD)计划中,提出要发展新一代轴承及润滑技术,作为先进发动机结构设计的基础。

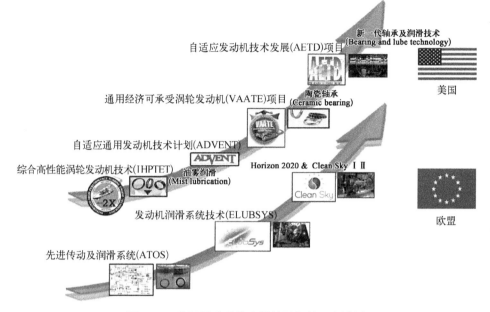

自适应发动机技术发展(AETD)项目

新一代轴承及润滑技术
(Bearing and lube technology)

美国

通用经济可承受涡轮发动机(VAATE)项目

陶瓷轴承
(Ceramic bearing)

自适应通用发动机技术计划(ADVENT)

综合高性能涡轮发动机技术(IHPTET)

油雾润滑
(Mist lubrication)

Horizon 2020 & Clean Sky I II

欧盟

发动机润滑系统技术(ELUBSYS)

先进传动及润滑系统(ATOS)

图 0-4　美国及欧盟的主轴轴承相关研究计划

　　与美国不同,欧盟专门制定了针对主轴轴承及其润滑系统的先进传动及润滑系统(Advanced Transmission and Oil Systems,ATOS)计划和发动机润滑系统技术(Engine LUBrication SYStem technologies,ELUBSYS)计划,支持相关基础理论与应用研究。之后,在欧洲 HORIZON2020 以及 Clean Sky I、II 计划中,主轴轴承相关研究作为重要组成部分也在持续推进。

　　我国航空发动机曾长期处于仿制阶段,与航空发动机技术先进的国家一直存在着较大的差距,而在主轴轴承领域,我国与国外先进水平的差距更大。由于长期处于仿制状态,没有对轴承等基础零部件形成足够的重视,没有意识到航空发动机对主轴轴承的特殊要求,导致我国在主轴轴承领域的研究水平严重落后于发动机整机,相关产品严重被国外掣肘,这与主轴轴承在发动机中的地位和作用是严重不符的。

　　随着航空发动机与燃气轮机国家重大专项的实施,我国航空发动机技术进入了一个全新发展阶段。主轴轴承作为发动机的关键零部件,其重要性和关键地位也受到了越来越多的重视和关注。但是,目前国内与航空发动机主轴轴承相关的著作却寥寥无几。同时,虽然我国已在主轴轴承的生产、制造方面取得了长足进步,但主轴轴承的应用技术却仍是薄弱环节。

　　为此,本书编者在充分借鉴前人研究成果的基础上,结合自身在航空发动机结构教学与主轴轴承研究的经验积累,对航空发动机主轴轴承在应用中的相关理论和技术进行梳理,聚焦轴承装在哪里、装什么轴承、轴承结构、轴承性能、轴承润滑和轴承故障等问题。希望本书能为相关专业学生和从业者提供一些基础参考,为促进航空发动机主轴轴承应用技术发展贡献一点力量。

作者

2021 年 1 月

目　录

第3章　航空发动机主轴轴承

第 6 章　滚动轴承的产热与热分析

第 7 章　主轴轴承的润滑与冷却

第 8 章　主轴轴承的材料与失效

第 9 章 典型发动机主轴轴承选用方案

第1章
航空发动机转子支承方案

【学习要点】

掌握：航空发动机转子支承方案的分析方法；止推支点的位置要求。

熟悉：单转子发动机常用的几种支承方案及其优缺点。

了解：发动机总体结构设计的一般要求。

在航空燃气涡轮发动机中，压气机（或风扇）转子与涡轮转子以及联接这些转子的零、组件共同构成了发动机的转子系统。转子通过支承结构支承到发动机的机匣上，同时将转子上承受的气体轴向力、重力、惯性力及惯性力矩等各种负荷传递至机匣，最后由机匣通过安装节传递到飞机结构[1]。

航空发动机转子采用几个支承结构（简称支点）、何种支点形式、支点安排在何处，是在转子支承方案设计时需要解决的问题。转子支承方案决定了发动机转子支点的数量、类型和位置，因此也决定了主轴轴承在发动机上的数量、类型和安装位置。通过转子支承方案可以初步了解主轴轴承在发动机总体结构中的地位和作用。

转子支承方案对航空发动机的总体性能有很大的影响，包括发动机的复杂程度、重量、振动特性、性能衰退等。在发动机总体设计时，应从性能、重量、可靠性、结构复杂程度、性能衰退率等多方面进行综合考虑，不仅要保证转子的横向刚性，能够可靠地承受转子的负荷，还应使发动机的结构简单、装拆方便。

在研究转子支承方案时，通常习惯将复杂的转子简化成能表征其支承特点的转子支承方案简图，在简图中用小圆圈表示支点处的滚珠轴承，小方块表示滚棒轴承。其中，滚珠轴承可以同时承受轴向和径向载荷，滚棒轴承仅能承受径向载荷。同时，为了表示发动机转子支点的数目和位置，在转子支承方案表述中常用两条前后排列的横线分别代表压气机转子和涡轮转子，两条横线前后及中间的数字代表支点的数目。例如，1-3-0的转子支承方案，表示压气机转子前有一个支点，压气机与涡轮转子之间有三个支点，涡轮转子后没有支点，即压气机后一个支点，涡轮盘前轴上有两个支点，整个转子支承在4(1+3+0)个支点上。

目前,大推力涡轮风扇发动机几乎全部都是多转子结构,但是在转子支承方案分析时,通常将每一个转子视为一个单转子发动机。因此,为了方便,本章先分析单转子发动机的转子支承方案,再分析多转子发动机,最后分析涡轴和涡桨发动机的一些特殊结构。

1.1　单转子支承方案

1.1.1　四支点支承方案

图1-1为四支点支承方案,这是早期发动机中采用的支承方案,基于最简单的机械原理和发动机工作机理设计。压气机、涡轮转子均采用两个支点支承,且各自都有承受转子轴向负荷的止推支点(滚珠轴承),两个转子之间采用浮动套齿A连接,且仅传递扭矩。

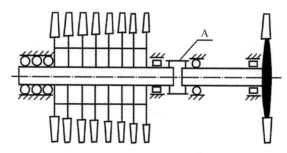

图1-1　1-3-0四支点支承方案

该转子的支承方案为1-3-0,压气机转子前、后各有一个支点,承受轴向负荷的止推支点位于压气机前端。由于压气机转子的轴向力通常较大,仅用一个滚珠轴承无法承受,因而多采用并列多个滚珠轴承的方式(此处为三个)。涡轮转子的轮盘前有两个支点,由于靠近涡轮盘处的温度较高,因此将仅承受径向载荷的滚棒轴承置于此处,而将承受轴向负荷的止推支点置于前端。由于涡轮向后的轴向力较小,因此涡轮转子的止推支点只用一个滚珠轴承即可[2]。

这种支承方案从结构设计到装拆等都比较简单,但是涡轮、压气机转子的轴向负荷需要分别由各自的止推支点承受。在空气流量与增压比稍大一些的发动机中,由于两个转子特别是压气机转子的轴向负荷很大,导致该方案无法采用,因此该方案只在早期的一些小推力发动机中采用过。

很容易想到,由于压气机、涡轮转子的轴向负荷方向相反,因此在结构设计时可以使二者的轴向负荷相互抵消一部分。如图1-2所示的支承方案就是一种修正的四支点支承方案。在该方案中,用于连接压气机和涡轮转子的联轴器不仅传递扭矩而且传递轴向负荷,因此仅需一个止推支点来承受两个转子所受轴向负荷的差值,如图 1-2 所示,止推支点置于压气机后,构成了 1-3-0 的支承方案。由于两个转子的四个支点很难同心,因此要求联轴器能够在两个转子轴心不同轴(即不同心)的情况下也能适应。

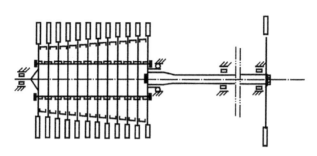

图 1-2　修正的 1-3-0 四支点支承方案

这种支承方案虽然比前一方案好一些,但它的支点数目仍很多(4 个)。因此,除 J47 发动机采用过外,很少被其他发动机采用。需要注意的是,在苏(俄)制第三代大推力涡扇发动机 AЛ-31Φ(用于苏 27 系列飞机)中,低压转子也采用了该支承方案(图 1-3)。这是由于该发动机的高压涡轮后轴通过中介轴承支承在低压涡轮轴上,为了保证高压转子能够平稳地工作,受加工工艺限制,只能将低压涡轮支承在两个支点上。

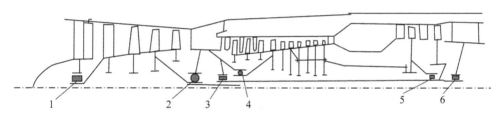

图 1-3　AЛ-31Φ 发动机的转子支承方案

1.1.2　三支点支承方案

图 1-4 为 WP6 发动机的转子支承方案,这是一种典型的三支点支承方案。在此方案中,压气机转子前后各用一个支点,涡轮轴前端通过联轴器与压气机转子

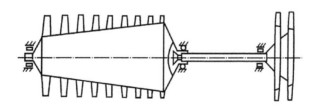

图 1-4　WP6 发动机转子支承方案(1-2-0 支承方案)

连接,涡轮盘前有一个支点,构成 1-2-0 支承方案。联轴器不仅传递扭矩、轴向力,同时也作为涡轮转子的前支点(即传递径向力)。压气机转子前支点与中支点在一直线上,中支点与后支点也在一直线上,两根轴线之间允许有一定的偏斜角,即当涡轮支点与前两个支点的轴线不同轴时,涡轮轴通过联轴器仍能正常工作,因此要求联轴器做成铰接形式,不承受弯矩。

　　该支承方案不仅只有一个支点承受轴向负荷,需承受的轴向负荷较小,而且每个转子都支承在两个支点上,刚性较好,所以在单转子发动机中得到了广泛应用。

　　在上述支承结构中,涡轮转子处于悬臂状态,由于涡轮轮盘及叶片等结构重量较大,易造成转子弯曲变形。因此当发动机的涡轮级数较多时,为了改善涡轮转子的支承,可以采用如图 1-5 所示的 1-1-1 三支点支承方案。

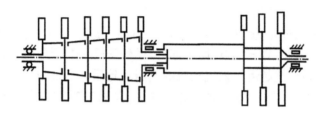

图1-5　1-1-1三支点支承方案

　　由于三个支点很难做到同心,因此在绝大多数发动机中,涡轮与压气机转子间均采用柔性联轴器。但是,随着加工工艺的提高,在一些新型大涵道比涡扇发动机中,风扇或低压压气机转子仍采用了带刚性联轴器的三支点支承方案,图 1-6 为 PW4000 发动机低压转子的联轴器结构。

　　在三支点支承方案中采用刚性联轴器需要加工精度达到极高的水平,才能保证转子的三个支点与机匣均达到高的同轴心度。由于采用刚性联轴器可以使涡轮转子与机匣之间始终保持较均匀的径向间隙,从而获得较高的效率,特别是对于采用中介支点的发动机优势明显,因此随着加工技术的提高,这种低压转子三支点支承方案已在大多数双转子发动机中得到广泛应用,如 CFM56、PW2037、V2500 等。

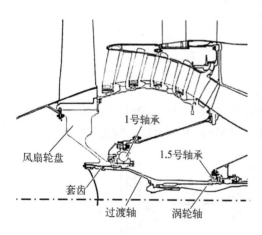

图1-6　PW4000 发动机的低压涡轮轴与低压压气机转子的刚性联接

1.1.3 二支点支承方案

当发动机的压气机级数较少、燃烧室轴向尺寸短、转子跨度小且转轴足够粗时,转子的刚性足够强,因而可以将压气机转子与涡轮转子刚性地连接成一体,组成一个整体转子,此时转子只需要支承在两个支点上,形成二支点支承方案。这种设计可以显著地简化发动机结构,减少承力构件,进而减轻发动机重量。

图 1-7～图 1-10 给出了多种二支点支承方案,不同的支点配置组成了不同的转子承力系统,可以根据需要和结构空间选择布置。

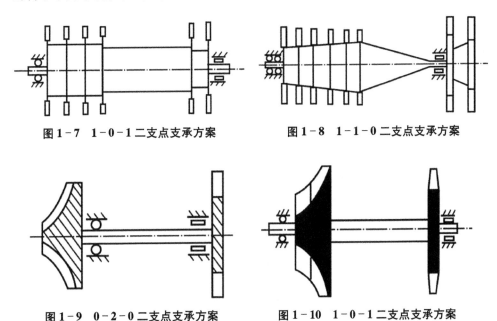

图 1-7 1-0-1二支点支承方案　　　　图 1-8 1-1-0二支点支承方案

图 1-9 0-2-0二支点支承方案　　　　图 1-10 1-0-1二支点支承方案

一般情况下,两支点的支承方案可以采用 1-1-0 的形式,如图 1-8 所示。如果压气机的轴向尺寸很短,且其重心接近支点,则可以采用 0-2-0 的形式。例如,在图 1-9 所示的转子系统中,压气机转子与涡轮转子均处于悬臂状态,但由于压气机为一级单面离心式,压气机重心接近支点,两个转子悬臂的弯曲力矩都不大,对转子也不会造成较大的挠曲变形,因此可以采用 0-2-0 的支承方案。在这种方案中,虽然轴的直径受轴承尺寸限制而不能加大,但由于两个支点距离较短,因而一定程度上保证了转子的刚性。

如果压气机和涡轮转子的级数较多,两个转子的轴向尺寸都很长,转子悬臂的弯曲力矩太大,就不能采用 0-2-0 或 1-1-0 的支承方案,而只能采用 1-0-1 的支承方案,如图 1-7 和图 1-10 所示。此时,压气机转子和涡轮转子都没有悬臂结构,整个转子纵向刚性较好。由于涡轮前及压气机后都没有支承,因此不再受轴承尺寸的约束,可以采用大直径的鼓轴,并使用刚性连接,以加强转子的刚性。

该方案的不足之处在于,支点间的距离较大,而且由于涡轮后支点处于高温燃气包围之中,冷却润滑的管路需要从高温区域穿过,在支承结构中需要增加隔热和散热措施,结构会较为复杂。

综上,对于由单级离心压气机和单极涡轮组成的转子,可采用0-2-0支承方案;如果空气流量较大,为了获得较好的刚性,可采用1-0-1的支承方案;涡桨、涡轴发动机则广泛采用图1-9和图1-10的方案。

在多转子发动机中,为了减少支点数目、简化结构,高压转子大多也会采用二支点支承方案。其中,普惠公司的军用、民用发动机 F100、PW2037、JT9D 和 PW4000 的高压转子采用了1-1-0的二支点支承方案;GE公司的发动机高压转子则多采用1-0-1的二支点支承方案;我国 WP7、WP13 发动机的高压转子则采用了0-2-0的二支点方案。

1.2　多转子支承方案

1.2.1　多转子涡扇发动机

现代军用、民用大推力涡扇发动机几乎全部采用多转子结构,发动机中转子数多、支承数目多,而且低压转子要从高压转子中心穿过,发动机结构非常复杂。在转子支承方案分析时,通常将发动机的各个转子(低压、中压和高压转子)分割开,每个转子分别按照一个单转子发动机的方法进行处理,然后再根据刚性、传力、装拆、结构(包括滑油系统、轴承支承)等多方面因素进行综合考虑。在后文中会详细介绍多型国内外主要军、民用发动机的转子支承方案和支承结构,在此不再一一赘述。

与单转子发动机的另一个不同点是,在多转子发动机中会有些支点不直接支承在承力机匣上,而是"骑跨"在另一个转子上,通过另一转子的支点将负荷向外传递。由于这个支点介于两个转子之间,因此称为中介支点(或称轴间支点、轴间中介支点)[3]。

中介支点的轴承称为中介轴承或轴间轴承。采用中介支点可以大幅缩短发动机长度,减少承力机匣,对减轻发动机重量具有显著的效果。但是,轴间轴承的润滑、冷却和封严结构非常复杂,轴承的工作条件也较差,对发动机转子的加工和装配精度要求也较高。如果中介轴承为滚珠轴承,其装拆也会比较困难。但由于前述的优点非常突出,因此中介支点在多转子发动机中仍然被广泛采用。

1.2.2　涡桨发动机

大多数涡桨发动机采用的也是多转子结构,但因其动力涡轮轴输出的功率需要通过减速器带动螺旋桨,因此涡桨发动机的转子支承方案与多转子涡扇发动机存在一些差异。

图1-11为某型涡桨发动机的转子支承方案简图,燃气发生器转子由单级轴

流压气机、单级离心式压气机和双级涡轮组成,转子支承于三个支点上。其中,1
号、2 号支点位于轴流叶轮与离心叶轮之间,且同时采用了滚珠轴承,来共同承担
压气机-涡轮联合转子的轴向力。为了使它们能在工作中均衡轴向力,在装配轴流
转子时需要对其弹性支座施加 780 N 的轴向预紧力。3 号支点为滚棒轴承。因此,
燃气发生器转子的支承方案为 2′-0-1(用 2′表示在轴流叶轮与离心叶轮之间有
两个支点)[4]。

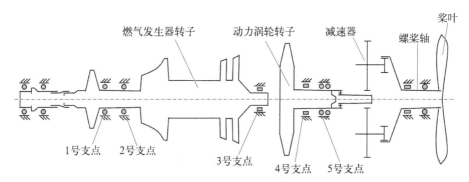

图 1-11　某型涡桨发动机转子支承方案简图

　　动力涡轮支承于涡轮盘后的两个刚性支点(4 号、5 号)上,其中 5 号支点由双
排滚珠轴承组成。动力涡轮轴的输出端与减速器传动轴的左端以套齿轴相连,传
递扭矩。螺旋桨轴也支承在两个支点上。

　　图 1-12 为 CT7 涡桨发动机的转子支承方案简图,整台发动机的转子支承于
六个支点上,其中功率输出轴支承于 1 号、2 号支点;燃气发生器转子支承于 3 号、4
号支点,为 1-1-0 支承方案;低压涡轮转子在轮盘后有两个支点(5 号,6 号),涡
轮轴前端及外套齿伸入到输出轴,与其内套齿相啮合,作为其前支点,形成了 1(套
齿啮合处)-2 支承方案。

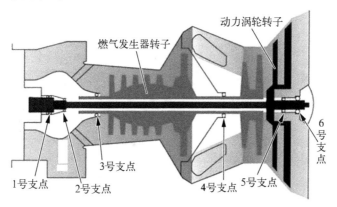

图 1-12　CT7 涡桨发动机转子支承简图

在这些支点中,1 号支点为施加轴向预载的两个滚珠轴承,3 号、6 号支点也是滚珠轴承,分别承受燃气发生器和动力涡轮的轴向负荷;2 号、4 号、5 号均为滚棒轴承,支承于弹性支座上。

1.2.3　涡轴发动机

与涡桨发动机类似,涡轴发动机也需要一个单独的自由涡轮转子,通过减速器来带动旋翼旋转产生升力。涡轴发动机的支承方案通常有两种,如图 1－13 所示。在图 1－13(a)中,燃气发生器转子轴和自由涡轮转子输出轴前、后并列,功率输出轴只能向后传动,这不仅增加了发动机的长度,而且给转子的平衡带来苛刻的要求,轴系的支承、润滑和传动结构较为复杂。而在如图 1－13(b)所示的支承方案中,燃气发生器转子轴和自由涡轮转子输出轴同心向前传动,缩短了发动机的轴向尺寸,增强了转子的刚性,简化了轴系设计。图 1－14 和图 1－15 分别为这两种类

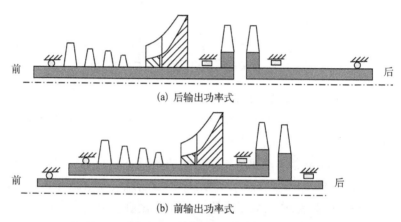

(a) 后输出功率式

(b) 前输出功率式

图 1－13　带自由涡轮涡轴发动机的转子支承方案

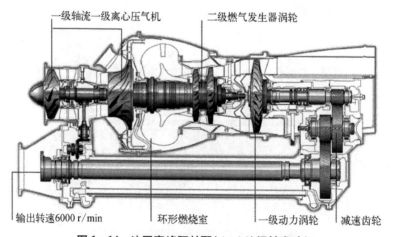

输出转速6000 r/min　　环形燃烧室　　一级动力涡轮　　减速齿轮

图 1－14　法国赛峰阿赫耶(Arriel)涡轴发动机

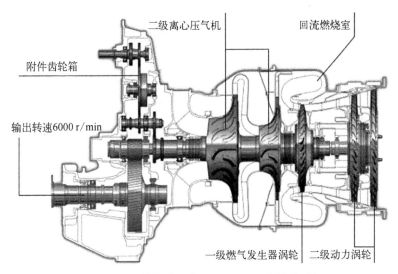

二级离心压气机

回流燃烧室

附件齿轮箱

输出转速6000 r/min

一级燃气发生器涡轮 二级动力涡轮

图 1 - 15 透博梅卡阿蒂丹(Ardiden)涡轴发动机

型涡轴发动机的典型结构,从中可以看到转子的支承方案特征。

图 1 - 16 为 PW200 涡轮轴发动机的转子支承方案,该机型是美国普惠(加拿大)公司生产的自由涡轮式双转子涡轴发动机,目前已发展成为一个系列的直升机动力装置[5]。图 1 - 17 为 PW200 发动机的实体剖切图,其中燃气发生器转子由一级离心式压气机和一级轴流式涡轮组成,离心式压气机前有一个支点,为滚珠轴承;轴流式涡轮前有一个支点,为滚珠轴承,其支承方案为 1 - 1 - 0。

动力涡轮(自由涡轮)为单级轴流式涡轮,功率输出轴向前从燃气发生器轴心穿过,在燃气发生器前分别有 1 个滚棒轴承和 1 个滚珠轴承,在动力涡轮后采用了

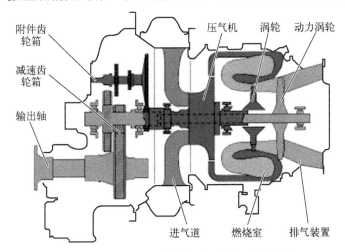

附件齿轮箱

压气机 涡轮 动力涡轮

减速齿轮箱

输出轴

进气道 燃烧室 排气装置

图 1 - 16 PW200 涡轮轴发动机的转子支承方案

图 1-17 PW200 涡轮轴发动机实体展示图

一个滚棒轴承。

1.3 转子支承方案的设计要求

1.3.1 发动机总体结构设计的要求

　　航空发动机总体结构设计主要包括转子结构设计、转子支承方案设计、支承结构设计和承力系统设计,以及相关辅助系统的设计和各部件之间的协调。在发动机总体结构设计时,需要根据总体气动性能参数和所具有的设计经验和水平,综合考虑各部件之间的设计要求和难度,最终对整机结构设计进行平衡和优化。

　　发动机总体结构设计方案的确定,直接影响各个部件研制的可行性和技术难度,同时也是影响整机技术状态和研制进度的关键。随着现代高推重比/功质比航空发动机一体化设计的发展要求,在总体结构设计中,要求设计的内容在不断细化和具体。需要综合考虑各方面的技术状态、关键技术成熟度和解决途径的可行性,最终确定合理可行的设计方案[6]。

　　根据发动机总体结构优化设计的需要,各个相关部件的设计要求也更加明确。转子支承方案设计作为发动机总体结构方案设计的重要组成部分,需要根据转子系统的结构设计方案和总体结构布局,确定各转子支承轴承的分布和位置,以及轴承的类型选择,并进一步确定其润滑、冷却和封严系统方案。反之,转子支承方案的选择,也对航空发动机整机结构变形、动力特性和结构质量分布等有重要影响。

1.3.2 转子支承方案的一些特点

　　转子支承方案的确定,是一项综合且复杂的结构决策,既有技术上的选优,又有设计经验的继承。但是,在决策中也有一些重要的基本原则是必须要重视的,应当在充分考虑发动机的载荷传递、转子动力学特性、转静子间隙控制以及结构间振动隔离等多方面因素的基础上权衡安排。

根据对现代航空发动机常采用的总体方案的研究分析,在选取转子支承方案时应该注意以下几个问题:

(1) 支承方案的选取应有利于发动机载荷的分布和传递;

(2) 支承方案的选取应尽量缩短传力路线,减少承力框架;

(3) 缩短支点跨度和减小转子系统长度,以控制其临界转速;

(4) 支承方案的选取应有利于转子变形、转静子间的间隙控制;

(5) 支承方案的选取应有利于结构间的振动隔离;

(6) 中介轴承的使用应注意在设计技术和工艺方面的利弊平衡;

(7) 采用最少的支承以保证转子系统的动力特性能满足动力学设计要求;

(8) 支承方案能够保证关键截面具有良好的抗变形能力;

(9) 轴承类型和位置应满足装配的要求。

此外,从前文所述的单转子、多转子发动机转子支承方案选择中可以看出,各主要航空发动机公司都有各自的设计传统和特点,但相互之间也有借鉴。从总体结构布局上看有如下特点:

(1) 转子支承方案的设计与各部件的结构形式有关;

(2) 力求减少支点数目,但主要取决于转子的横向刚性;

(3) 支点的配置方案也取决于转子的刚性;

(4) 单个转子的支承方案必须而且只能有一个止推支点,以确定转子相对于机匣的轴向位置,同时保证转子与机匣有相对移动的可能(考虑膨胀时轴向伸长量不同等因素);

(5) 在支承方案的设计中,还要考虑发动机的装配和转子的平衡;

(6) 设计双转子或多转子发动机的支承方案时,除了要分别考虑各个单独转子的支承方案,还要注意各个转子之间的相互关系,注意减少支点和承力构件的数目。

由于转子动力学的发展和材料工艺的不断进步,在现代航空发动机支承方案设计中已形成了一些技术习惯。一般高压转子多采用刚性转子设计,支承方案多采用 $1-1-0$ 或 $1-0-1$ 的二支点结构;低压转子为了尽量简化结构,多采用柔性转子设计和三支点的支承方案。对于多支点悬臂式转子,应适当加大支点跨度,从而缩短外伸长度,优化其动力特性。

1.3.3　止推支点在转子中的位置

如前所述,在单个转子的支承方案中必须有且只能有一个止推支点,止推支点除了承受转子的轴向负荷、径向负荷外,还决定了转子相对机匣的轴向位置。在转子支承方案设计时,合理选取止推轴承的位置可以有效减少风扇和涡轮的轴向位移变化。

此外,由于止推支点所承受的负荷较大,一般应位于温度低、刚性大的机匣附近。例如,在两支点的转子上,止推支点应是转子的前支点。在三支点的转子上,止推支点最好置于压气机之后,这样不仅可以使轴承在较低的温度环境下工作,也使转子相对机匣的轴向膨胀分配在压气机和涡轮两端,使两端的轴向错移量均较小。同时,在此位置处止推轴承距离发动机的主安装面较近,可以保证传力路线短、转静子轴向变形差小。

思考题

1. 单转子发动机常用的转子支承方案都有哪些?
2. 请思考不同转子支承方案的特征、适用范围、优缺点等。
3. 请描述多转子航空发动机的转子支承方案分析方法。
4. 请描述不同支点位置选用的主轴轴承类型,以及止推支点在转子中的位置。

参考文献

[1]　赵明,邓明,刘长福.航空发动机结构分析[M].第 2 版.西安:西北工业大学出版社,2016.

[2]　陈光.航空发动机结构设计分析[M].北京:北京航空航天大学出版社,2006.

[3]　GAMBLE W, PALM B W, VALORI R. Development of counter rotating intershaft support bearing technology for aircraft gas turbine engines[C]. Cleveland:AIAA 18th Joint Propulsion Conference, 1982.

[4]　方昌德.世界航空发动机手册[M].北京:航空工业出版社,1996.

[5]　PRATT & WHITNEY DEPENDABLE ENGINES. Helicopter engines[OL]. https://www.pwc.ca/en/products-and-services/products/helicopter-engines[2020 - 3 - 1].

[6]　闫晓军.典型航空发动机结构对比与分析[M].北京:北京航空航天大学出版社,2011.

第2章
航空发动机转子支承结构

【学习要点】

掌握：中介轴承使用的优缺点及使用要求。

熟悉：常见的几种弹性支座及挤压油膜阻尼器结构。

了解：风扇支点和涡轮支点支承结构的设计要求。

航空发动机的转子系统通过转子支承结构支承于发动机的承力构件上，并将转子的各种负荷通过承力框架传递到发动机壳体上。发动机主轴转子支承结构主要包括轴承、对轴承进行冷却与润滑的滑油供入及回油结构、防止滑油漏入气流通道及防止高温气体漏入轴承腔室的封严装置等。转子支承结构除了对转子起支承作用，还可以提高转轴的抗变形能力，调节转子系统的动力特性。

支承结构的类型主要包括刚性支承、弹性支承以及中介轴承支承等形式。在选取支承结构的类型时，必须考虑结构间的振动隔离，必要时还需要采用阻尼结构。对于高压转子系统，为了便于调整支承刚度以优化其临界转速，在二支点支承方案的两个支点中一般均采用弹性支承。

本章将针对几种不同类型、不同特点的转子支承结构分别进行分析介绍。

2.1   一般的转子支承结构

航空发动机的转子支承结构设计需要在重量、强度、性能、可靠性、可维修性等方面进行综合协调。图2-1是一个最简单的单支点、单轴承的转子支承结构。这种支承结构与其他旋转机械中的支承结构非常相似，轴承直接装配于固定在机匣上的轴承衬套中，转子受到的各种载荷，包括气动载荷、重力、机动载荷等，通过轴承及轴承座传递到承力框架上，再进一步传递到发动机的承力机匣。为了保证支点轴承的长时间稳定、可靠运转，需要向轴承供给滑油，对其进行润滑和冷却。滑油通过供油管路输送到喷嘴处，通过喷射从侧面进入轴承内外环之间的空腔。对轴承进行润滑和冷却后的滑油在重力作用下汇集到轴承油腔（又称轴承腔）底部，通过回油管路被回油泵抽回。为了防止滑油向外部环境泄漏,在轴承两侧的转轴上加工有篦齿封严,与其对应的静子封严环上敷有一层易磨的石墨材料,用以减少封严间隙。轴承油腔内的气体压力低于腔外压力,使腔外压力较高的空气可以通过篦齿封严向腔内逸流,进一步阻止滑油外溢。为了平衡轴承油腔与外界环境的压力,腔内还连接有通风管路。此外,还有漏油管路用于收集不同情况下从油腔中泄漏出的少量滑油。

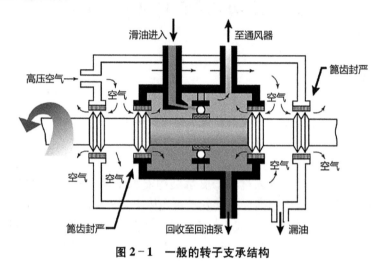

图 2-1　一般的转子支承结构

　　在航空发动机总体结构方案设计阶段,需要对总体结构、传力路线、转子支承动力学行为、润滑与密封系统等因素进行全面分析设计,并经过反复迭代,最后确定出转子的支承结构,包括轴承数量、轴承类型、合适的安装位置和尺寸大小,以及相应的润滑和密封装置等。

2.2　双排轴承的支承结构

　　在大多数发动机的主轴支点中,滚珠轴承和滚棒轴承通常都是单独使用的。但是,当转子轴向负荷较大时,采用一个滚珠轴承已无法承受,此时会采用两个甚至三个滚珠轴承并列作为一个支点。此外,在一些新研制的发动机中,有的会在滚珠轴承旁边增加一个滚棒轴承,使滚棒轴承承受径向负荷,而滚珠轴承仅承受轴向载荷,从而减轻滚珠轴承的负荷,提高滚珠轴承的使用寿命。

　　下面分别对这两种特殊的支承结构进行分析介绍。

2.2.1　双排滚珠轴承并列的支承结构

由于航空发动机需要通过压气机转子对主流气体加压做功,需要通过涡轮转子从主流燃气中提取功率,因此发动机转子上需要承受很大的气动轴向力,有时即使经过卸荷后,轴向力仍然很大,以致在转子支点处采用一个滚珠轴承无法承受,此时就需要采用两个滚珠轴承并列安装的方式,形成双排滚珠轴承并列的支承结构,如 WP7 发动机的高压转子中支点、WP8 发动机的中支点等。

在一个支点采用双排滚珠轴承结构的关键问题是如何保证两个轴承同时承受轴向负荷,而且受荷均匀。

轴承内外环的宽度一般都会有一定的误差,每个滚珠轴承的轴向活动量以及轴承材料的刚性也不完全相同,因此很难保证所有轴承的尺寸、轴向间隙(即内、外环的轴向相对活动量)以及内、外环的刚性等完全一致。这就导致在使用双排滚珠轴承时,两个轴承在轴向负荷作用下的端面错移量 δ_1、δ_2 无法相同。当一个轴承的内、外环已将滚珠夹持住传递载荷时,另一个轴承的滚珠可能还在内、外环间的空隙中能够自由轴向活动,导致全部负荷仅由前一个轴承承受。为此,可以在两个轴承的内、外环间分别安装一个轴向尺寸可以调整的衬套,通过改变衬套的尺寸使两个轴承同时受力。

由图 2-2 可以得到以下几何关系:

$$l_1 - \delta_1 = l_2 - \delta_2 \tag{2-1}$$

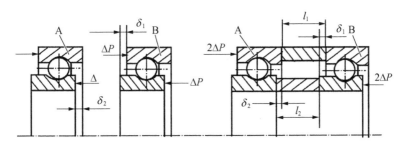

图 2-2　双排滚珠轴承的调整环尺寸装配简图

每个轴承的错移量 δ_1、δ_2 可以在装配前测得。测量时需要对轴承施加相当于工作时两个轴承应承受负荷 P 的一半。错移量 δ_1、δ_2 测得后,即可按照式(2-1)求出 l_1、l_2 之间的关系,如果其中一个尺寸为恒定值,则调整另一个尺寸即可。

为了使两个轴承在工作过程中均匀受力,两个轴承的承力元件(包括两个轴承间的承力隔圈、调整环等)的刚性应该相同。但在多排轴承中保持所有承力元件的刚性相同是十分困难的,因此,通常情况下最多只能采用双排轴承并列的结构。

图 2-3 为 WP8 发动机中的双排轴承支承结构方案。内外环的隔圈 1 尺寸相同,通过选用薄的调整环 2 的尺寸,来满足两个轴承同时受力的要求。轴承的内环是两半的,这样可以使接触角增加、滚球的数目增多,从而提高其承受轴向载荷的

能力。轴承通过联轴器的从动套齿将两个内环及其中的隔圈、调整环和轴承前的甩油盘 10,一起压紧在压气机轴的凸肩上。外环装在具有 90 个纵向槽 6 的钢制轴承座 3 的内表面上,并用轴承盖 4 及螺钉压紧。滑油经油槽 7,由 3 个沿圆周均布的喷嘴 8 喷出,分别对前后两个轴承进行冷却和润滑,并由回油槽 5 经分布在轴承座圆周上的 40 个纵向孔引出。从压气机第五级后引入高压空气以保证篦齿密封装置的封油效果。在改型的 WP8 发动机中支点上,在两排轴承的前面沿圆周增加 3 个喷嘴,同时在轴承后面增加一个带有 3 个喷油孔的滑油喷油环,以改善轴承的冷却和润滑效果,延长发动机寿命。

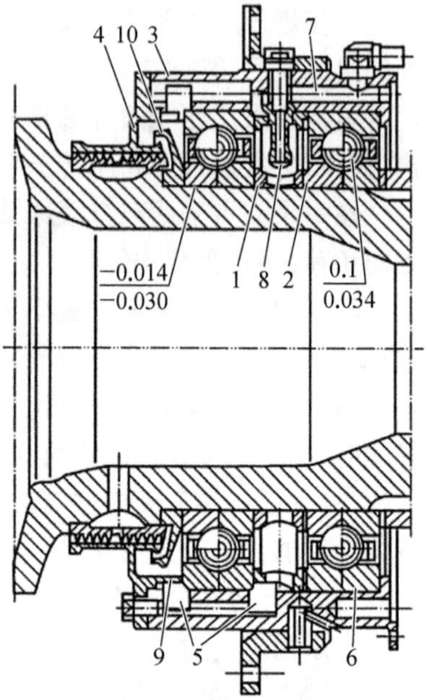

目前,随着主轴轴承的加工材料及设计技术的进步,以及发动机总体结构的改进发展,这种双排或多排滚珠轴承并列的支承结构已经很少被采用。

图 2-3 WP8 发动机的中支点
结构(单位:mm)

1. 隔圈;2. 调整环;3. 钢轴承座;
4. 轴承盖;5. 回油槽;6. 滑油循环槽;
7. 将滑油输入喷嘴的油槽;8. 喷嘴;
9. 回油孔;10. 甩油盘

2.2.2 滚珠、滚棒轴承并列的支承结构

实际上,发动机转子上的滚珠轴承不仅要承受转子的轴向负荷,还要承受径向负荷,与单纯传递径向负荷的滚棒轴承相比,滚珠轴承的工作条件要恶劣很多,因此在发动机转子支承结构设计时,滚珠轴承需要选用较重直径系列的轴承,即在同一个转子上,当滚棒轴承的直径系列选用特轻系列时,滚珠轴承就需用轻系列;当滚棒轴承用超轻系列时,滚珠轴承就需用特轻系列,以加大滚珠轴承的尺寸,增大其承受载荷的能力。但即使如此,滚珠轴承仍比滚棒轴承更容易出现故障。

例如,CFM56-3 发动机在 1986 年 1 月到 1992 年 12 月的 6 年多时间内,由于高压转子滚珠轴承损坏而引起的空中停车事件就占各种原因引起空中停车事件的 25%,其中,仅在 1989 年发生过的 32 起空中停车事件中,由于该轴承故障引起的就有 11 起,占当年总空中停车次数的 34%,在各种原因中名列首位[1]。

为此,在它的改型 CFM56-5 发动机中,该滚珠轴承后侧增加了一个滚棒轴承,如图 2-4 所示,用滚棒轴承来承受径向负荷,滚珠轴承仅承受轴向载荷,使原来的滚珠轴承负荷大大降低,显著改善了它的工作条件。

当采用滚珠与滚棒轴承并列支承时,要求确保滚珠轴承在工作中不会承受径向载荷而仅承受轴向载荷。通常可以采用两种方法来实现:一种方法是将滚珠轴

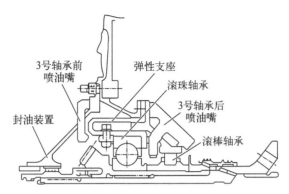

图 2 - 4　CFM56 - 5 发动机高压转子前支点

承的外环与轴承座的座孔之间采用大间隙配合,使转子支点处的径向负荷不能通过该轴承传递,而滚棒轴承的外环与轴承座座孔间则采用过盈配合;另一种方法是滚棒轴承用刚性支座支承,滚珠轴承用弹性支座支承,CFM56 - 5 发动机的高压压气机前支点就采用了这种结构。

　　如果两个轴承都采用弹性支座支承,则需要保证滚珠轴承弹性支座的刚性要弱于滚棒轴承的弹性支座。GE90 发动机的高压压气机前支点如图 2 - 5 所示,该支点采用滚珠、滚棒轴承并列作为一个支点。这种设计最早用于 CF4 - 80C2 发动

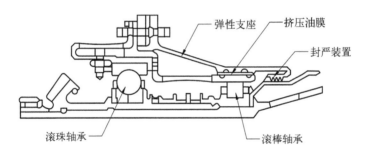

图 2 - 5　GE90 高压压气机前支点

机(图 2 - 6)。滚珠轴承装在折返式弹性支座中,通过弹性支承降低了滚珠轴承的径向支承刚度,使其在工作过程中不承受径向载荷而只承受轴向载荷。滚棒轴承装在相对刚度较大的支座上,承受全部的径向载荷,在其外环处装有挤压油膜阻尼器,用于抑制转轴的径向振动。

　　采用滚珠、滚棒轴承并列结构的最大好处是能够使该支点处的轴向负荷由滚珠

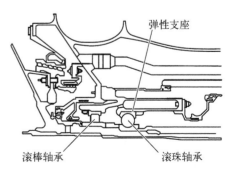

图 2 - 6　CF4 - 80C2 发动机 4 号支点

轴承承受,径向负荷由滚棒轴承承受。与单独用一个滚珠轴承作为一个支点相比,轴承负荷可以减小很多,从而显著提高轴承的使用寿命和可靠性。

此外,采用滚珠、滚棒轴承并列结构还可以使转子与机匣间的工作间隙特别是叶尖间隙更均匀,显著改善发动机性能。当单独采用滚珠轴承作为一个支点时,由于滚珠轴承中存在径向和轴向间隙,使转子除了作自转转动外,还会做绕中心旋转的回转运动,造成叶尖间隙沿圆周分布不均。增加一个滚棒轴承后可以限制这种回转运动。

2.3　带中介轴承的支承结构

在一些双转子及所有三转子发动机中,会将某一转子(中压或高压转子)通过中介(或轴间)轴承支承于另一转子(高压或低压转子)上,这种支点称为中介支点。中介轴承的内外环同时旋转,根据发动机高、低压转子的转向关系,中介轴承分为同向旋转和反向旋转两种情况。

2.3.1　中介轴承的应用示例

在现有大推力涡扇发动机中,中介轴承主要用于高压涡轮后轴的支承,通过中介轴承将高压涡轮后轴支承于低压涡轮轴上。这种设计最早始于 20 世纪 60 年代,用于 B-1 轰炸机的 F101 发动机,由于采用中介轴承可以减少 1 个承力框架及相应的油腔、供回油装置等,不仅减少零件数目和质量,而且可以提高整个发动机的可靠性。

此后,这项设计在 GE 公司以及与 GE 公司合作的法国 SNECMA 公司的军民用发动机中得到广泛应用,如军用发动机中的 F110、F404 与 M88,民用发动机中的CFM56 等,如图 2-7 所示。

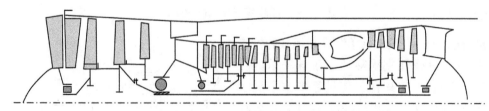

图 2-7　GE 公司 F110 发动机转子支承方案

与此相反,普惠公司最初一直没有采用中介轴承的支承结构。在其研制的军民用发动机(如 F100、JT9D、PW2037 与 PW4000 等)中,一直使用如图 2-8 所示(F100)的设计,即高压转子的后支点置于高压压气机与高压涡轮之间,轴承负荷通过燃烧室内机匣经扩压器的径向固定叶片一直传至燃烧室外机匣。

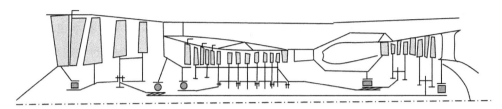

图 2-8　普惠公司 F100 发动机转子支承方案

直到 20 世纪 90 年代后期,普惠公司才在其研制的 PW8000(民用)和 F119(军用)发动机上采用中介轴承。F119 发动机是为第四代战斗机 F22 研制的推重比 10 一级的发动机,其高压转子的后支点设在高压涡轮后,通过中介轴承支承于低压涡轮轴上,如图 2-9 所示。与前述的 F110 发动机不同,该中介轴承通过一个转接结构将外环固定于低压转子上,而将内环固定于高压转子[2]。

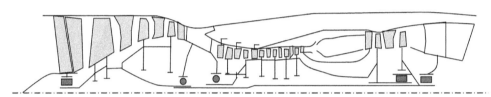

图 2-9　普惠公司 F119 发动机转子支承方案

罗·罗公司的三转子军民用发动机,由于转子数多,因此在转子支承结构中必须采用一个中介轴承。如图 2-10 所示的 RB199 发动机(军用),高压涡轮后轴通过中介轴承支承于中压涡轮轴上,此中介轴承的固定方式与 F119 相同,即轴承内环固定在高压轴上,而外环则固定在转速相对较低的中压轴上。

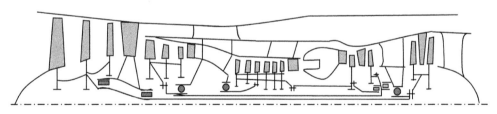

图 2-10　罗·罗公司 RB199 发动机转子支承方案

苏(俄)制的 РД-93 与 АЛ-31Ф 两款发动机也采用了带有中介轴承的转子支承结构,将高压涡轮后轴通过中介轴承支承在低压涡轮轴上。但是,由于生产工艺条件的限制,难以保证低压转子几个支点的同心度,因而为了保证低压转子不对高压转子产生不良影响,不得不采取一些特殊的结构设计,使中介轴承的优势逊色不少。

如图 2-11 所示,РД-93 发动机将支承高压涡轮后轴的中介轴承(4 号轴承)

与支承低压涡轮的 5 号轴承设置在同一轴向位置,并且在轴向上靠近低压涡轮盘的中心。这样就使工作中的 5 号轴承不会上下摆动,从而保证 4 号轴承也不会摆动。即使低压涡轮轴与风扇轴线不同轴心,高压转子也能正常工作而不摆动,较好地解决了支点同心的问题。5 号轴承内径很小,承载能力较低,但它不仅要承受低压转子的负荷,还要承受高压转子的负荷,这导致其工作寿命比其他轴承都要低。此外,由于 4 号、5 号轴承都装在低压涡轮轮盘中心内,使轮盘的孔径很大,给轮盘的强度造成了不利影响。

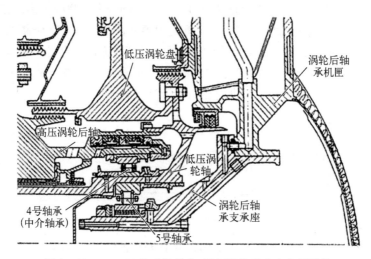

图 2‐11　РД‐93 发动机的高、低压涡轮后支点支承结构

2.3.2　中介轴承应用的注意事项

如图 2‐12 所示,中介轴承有两种安装方式,一种是将内环装在低压轴上,外环装在高压轴上,称为"顺装",如 F110 发动机;另一种是将内环装在高压轴上,外环装在低压轴上,称为"倒装",如 F119 发动机。倒装时,由于轴承内环转速比外环转速高,可以有效控制中介轴承内部的径向间隙(也称游隙)。此外,由于中介轴承内、外环同时旋转,所以存在两种旋转方向组合:当轴承的内外环同向旋转

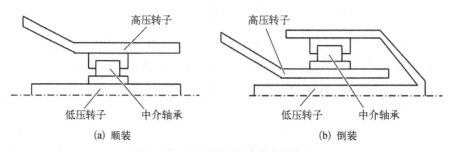

图 2‐12　中介轴承的两种安装方式

时,轴承保持架转速高,滚子所受离心力也大,外环所受载荷提高;当轴承的内外环反向旋转时,虽然保持架转速较低,但滚动体自转速度极高,此时需要最大限度地减少滚动体的不平衡量以保证其工作稳定[3]。中介轴承的安装方式及转速组合均取决于发动机的总体结构设计方案。

目前,国内外现役双转子发动机大部分采用内、外环同向旋转的中介轴承,并且通常是内环安装在低压轴、外环安装在高压轴,轴承外环转速高于内环转速,如F110 等。随着对转涡轮技术的不断成熟,内、外环反向旋转的反转中介轴承开始逐渐被航空发动机采用,高、低压轴反转可以显著抵消发动机转轴的陀螺力矩,如F119 等。

由于中介轴承介于高压轴与低压轴之间,径向空间小,轴承的滑油供入以及回油、封严都比较困难。轴承的内、外环分别随内外转子旋转,其工作转速是两个转子的转速差(同向旋转)或转速和(反向旋转)。如果是止推支点(即滚珠轴承),还会存在装配困难的问题。此外,由于高压转子通过中介轴承支承在低压转子上,因此中介支点要求低压转子必须能平稳地工作,否则会给高压转子带来非常严重的后果。

中介支点及中介轴承的应用应该权衡利弊。中介支点可以缩短转子长度,节省一个承力框架,减轻发动机质量;但是中介轴承的安装、供油、封严和润滑都十分困难,并且容易引起高、低压涡轮转子间的动力耦合。此外,在转速较高的涡轴/涡桨和小尺寸发动机中,由于轴的刚度受到径向尺寸的限制,弯曲刚度较弱,为避免振动耦合,一般也不使用中介轴承。目前,为了便于安装,中介轴承一般都选用滚棒轴承,且其直径系列一般较普通支点的轴承轻一级左右。

2.4 带弹性支座的支承结构

航空发动机不断追求高推重比和宽适应性,使转子结构越来越轻柔,负荷却越来越大,发动机的振动问题异常突出,对转子支承结构的减振设计提出了挑战。

在发动机发展的初期,主轴轴承直接安装于固定在机匣上的轴承衬套中。20世纪 60 年代后,由于对发动机寿命的要求越来越高,为了控制转子振动,需要在转子支点与机匣之间设置振动隔离装置。有些发动机在轴承外环与轴承座之间留有间隙,间隙内充满高压的润滑油,形成挤压油膜;有些发动机的主轴轴承不直接固定于承力框架上,而是装在刚性较低的弹性支座中,再固定到机匣上;有时还将弹性支座与限幅环间的间隙中充以滑油,形成带挤压油膜的弹性支座[4]。

挤压油膜、弹性支座以及带挤压油膜的弹性支座已成为降低发动机振动、提高发动机寿命的一项重要措施。

2.4.1　几种常见的弹性支座结构

采用弹性支座可以改变转子的支承刚性,使转子变为柔性轴,从而改变和控制转子的临界转速。因此在弹性支座结构中一定会有可改变其刚性的部分。图 2 - 13 给出了几种发动机中采用过的弹性支座结构,主要有钢环式、鼠笼式和拉杆式三种。图 2 - 13 中,A 为钢环式,B、C、D、E、G、H、I 为鼠笼式,F 为拉杆式。

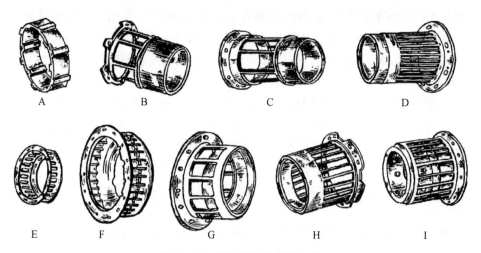

图 2 - 13　几种典型的弹性支座

A. АИ - 20 弹性支座;B. T72 弹性支座;C. T65 弹性支座;D. J69 弹性支座;E. 斯贝高压涡轮弹性支座;F. 斯贝低压涡轮弹性支座;G. J100 前弹性支座;H. J100 中弹性支座;I. J100 后弹性支座

1. 钢环式弹性支座

图 2 - 14 为一种钢环式弹性支座,用于苏联制 АИ - 20 发动机,它由内、外各带六个小凸台的钢环和止动环组成,钢环厚度为 1.15 mm。设计时可以通过改变钢环的厚度和凸起数目来改变其刚性,从而调整临界转速的大小。

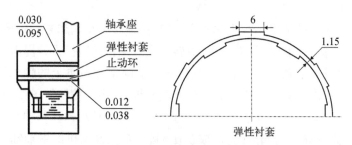

图 2 - 14　АИ - 20 发动机的前轴承钢环式弹性支座(单位: mm)

2. 鼠笼式弹性支座

鼠笼式弹性支座是 20 世纪 60 年代发展的发动机中应用较多的一种弹性支座,它由在钢制套筒上铣出若干道长槽,形成具有若干条宽度为 b 的辐条组成,如

图 2-15 所示,可以通过改变套筒的壁厚 h、辐条的宽度 b、辐条的长度 l、辐条数 z 来调整它的刚性。

图 2-16 和图 2-17 分别为 J100 发动机的轴流压气机前轴承、涡轮后轴承处采用的弹性支座。为了缩短发动机的轴向尺寸,同时保证支座的弹性辐条有足够的长度,这两个弹性支座都做成双层套筒式。外套筒上铣出槽以形成辐条,内套筒为一刚性较好的短套筒来安装轴承。

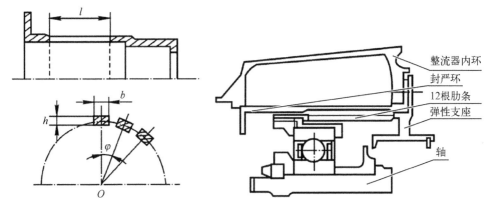

图 2-15　鼠笼式弹性支座的刚度
系数分析图

图 2-16　J100 发动机的轴流压气机前轴承弹性支座

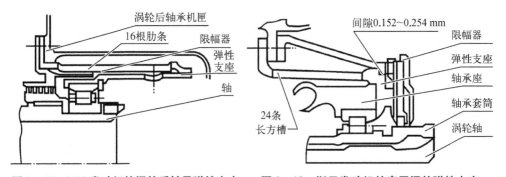

图 2-17　J100 发动机的涡轮后轴承弹性支座

图 2-18　斯贝发动机的高压涡轮弹性支座

图 2-18 为斯贝发动机的高压涡轮前轴承采用的鼠笼式弹性支座,由图可见,在安装弹性支座的机匣上,专门安装了一个向后伸的、形成限幅环的锥形套筒,限幅环与支座间的限幅间隙为 0.152~0.254 mm(直径),弹性支座上铣有 24 条长度为 52 mm、宽为 5.29 mm、厚为 5.16 mm 的辐条。

3. 拉杆式弹性支座

斯贝发动机低压涡轮后轴承采用的弹性支座是典型的拉杆式弹性支座,如图 2-19(a)所示。其结构做成后端(即右端)有一向内翻边的安装边,用以安装轴承;轴承的外环加长并带前、后安装边,后安装边与支座的右侧安装边用螺钉连接,轴承外环的前安装边用来固定封严件。支座的前安装边(即左端)向外翻边用以与机匣相连。在两个安装边之间均布有 30 根直径为 3.0 mm,长度为 32.8 mm 的钢杆,杆两端分别插入弹性支座前后安装边的钻孔内,并用钎焊焊接成一体。在滚棒轴承的外端设有限幅环,限幅间隙为 0.355~0.406 mm。

在这种拉杆式弹性支座中,如图 2-19(b)所示,可通过改变拉杆直径 d、拉杆长度 l,以及杆数来改变其刚性。

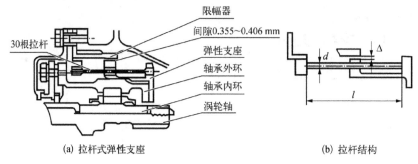

(a) 拉杆式弹性支座   (b) 拉杆结构

图 2-19 斯贝发动机的低压涡轮后轴承弹性支座

4. 折返式弹性支座

前述几种弹性支座的安装边(即固定轴承的机匣)与轴承间的距离较长,势必加长发动机的总体长度。图 2-20 为 V2500 等发动机的高压压气机前支点采用的

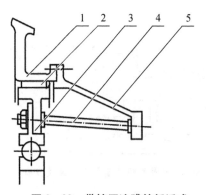

图 2-20 带挤压油膜的折返式弹性支座示意图

1. 机匣;2. 油膜;3. 轴承座;4. 长螺杆;5. 承力锥体

弹性支座示意图,是一种典型的折返式拉杆弹性支座,固定轴承的机匣与轴承基本在同一轴线位置上。这样不仅不会增加发动机长度,而且便于对已投入使用的发动机改型增装弹性支座。弹性支座由向后伸的承力锥体 5、多根长螺杆 4 与安装轴承的轴承座 3 组成。螺杆 4 在后端插焊于承力锥体中,前端用螺帽将轴承座 3 拧紧在一起,组成一个整体的弹性支座,用承力锥体的前安装边固定于机匣上,机匣的内圆作为限幅环,中间通以滑油形成挤压油膜。因此,这是一种带挤压油膜的折返式拉杆弹性支座,类似结构已用于 PW2037、PW4000 和 F100-PW-229 等发动机中。

PW2037 发动机风扇后的滚珠轴承,在初始设计中采用了常规的刚性支座,如图 2-21(a)所示,但在使用中,特别是在使用较长时间后,低压转子的振动值会明显加剧。但在改型中,发动机各零组件沿长度方向的位置更改受到限制,此时采用折返式的弹性支座就较容易实现,如图 2-21(b)所示。

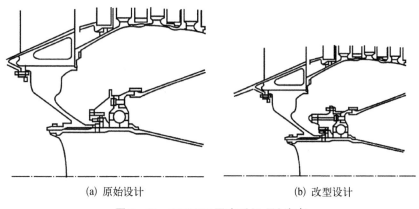

(a) 原始设计　　　　　　　　　　　　(b) 改型设计

图 2 - 21　PW2037 风扇后(1 号)支点

2.4.2　挤压油膜阻尼器

挤压油膜阻尼减振器(简称挤压油膜阻尼器,或挤压油膜),是指将轴承外环以一定间隙装入固定在机匣上的轴承套筒,在间隙中通以来自润滑系统的压力滑油形成挤压油膜。图 2 - 22 为典型挤压油膜阻尼器的结构示意图,当轴承受到来自转子的不平衡力时,外环向不平衡力作用的方向移动并挤压油膜,在液体动力作用下外环的移动受到阻碍,同时压力滑油吸收了外环运动的大部分振动能量,从而使传到机匣的振动值大大降低。采用挤压油膜后,转子的支承刚度可降低 1~2 个数量级,轴承外环的冷却效率同时可提高 1 倍左右[5]。由于这种减振措施效果好、结构简单,因此在发动机中广泛采用,如图 2 - 23 所示。

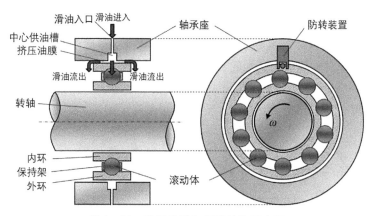

图 2 - 22　挤压油膜阻尼器结构示意图

JT8D 发动机在 1、6 号滚棒轴承处采用了挤压油膜,如图 2 - 24 所示。从图 2 - 25 可以看出,挤压油膜使发动机转子振幅在各种转速下都有了明显的降低,特

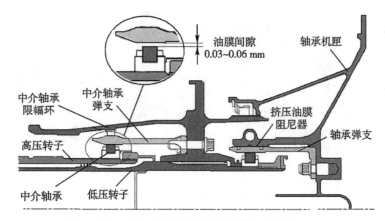

图 2-23   带有挤压油膜阻尼器的发动机涡轮支点

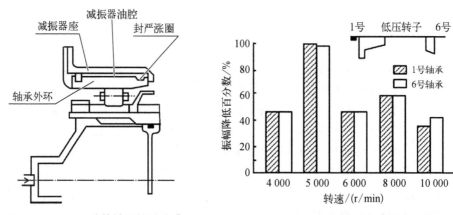

图 2-24   JT8D 滚棒轴承挤压油膜   图 2-25   JT8D 采用挤压油膜的减振效果

别是在 5 000 r/min 时,振幅几乎降低了 100%。

20 世纪 80 年代以后发展的新型军民用发动机中也大量采用了挤压油膜,图 2-26 为 GE90 发动机的高压涡轮后支点采用的挤压油膜。

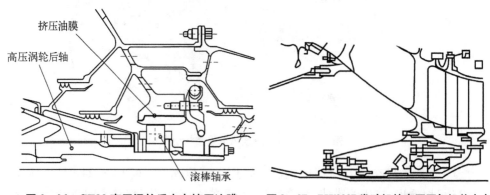

图 2-26   GE90 高压涡轮后支点挤压油膜   图 2-27   PW2037 发动机的高压压气机前支点

　　由于结构简单、应用方便,因此挤压油膜经常与其他弹性支座结构同时使用。图 2 - 27 为 PW2037 高压压气机前滚珠轴承采用的带挤压油膜的弹性支座,轴承座外环做得较宽,在其上开有一槽,而弹性支座向后伸出的薄壳形衬套内做有一向下伸的凸起插入轴承座外环的槽中,用以防止轴承座转动。

　　此外,带挤压油膜的弹性支座结构还常用于滚珠轴承、滚棒轴承并列使用的支承结构,用以调整载荷在两个轴承之间的分配,如图 2 - 28 所示。

　　GE90 发动机的高压转子前支点(3 号支点)为滚珠、滚棒轴承并排结构,两个轴承都采用了弹性支座,并在滚棒轴承处采用了挤压油膜,如图 2 - 29 所示。

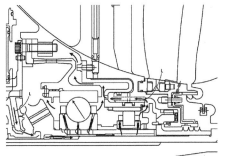

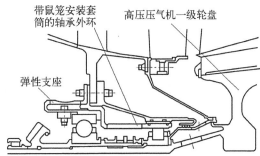

图 2 - 28　一种并列轴承的弹性支座结构　　　　　**图 2 - 29　GE90 高压压气机前支点**

　　涡桨发动机中也有大量采用带挤压油膜的弹性支座的实例,图 2 - 30 为 CT7 - 9 涡桨发动机的动力涡轮转子前支点的支承结构。该发动机的燃气发生器转子前支点(轴流压气机前)、后支点(离心压气机与涡轮间)也都采用了带挤压油膜的弹性支座。

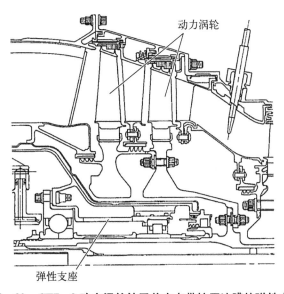

图 2 - 30　CT7 - 9 动力涡轮转子前支点带挤压油膜的弹性支座

2.5　风扇支点的结构特点

2.5.1　风扇支点的一般结构

从 1970 年初装配 JT9D 大涵道比涡扇发动机的波音 B747 投入运营,到 2000 年的近 30 年时间里,大涵道比涡扇发动机在性能、结构等方面进行了翻天覆地的改进,但是风扇转子的支承结构除了在发展初期有些变化外,一直处于停滞状态,直到进入 21 世纪以后,才又有了一些新的变化。

JT9D - 3A 是第一型民用大涵道比涡扇发动机,它由单级大直径风扇、3 级增压压气机、11 级高压压气机、2 级高压涡轮与 4 级低压涡轮组成,长约 3.2 m。

JT9D 发动机支承简图如图 2-31 所示,整个发动机转子支承在 4 个轴承上,是最简单的支承方式。其中高压转子支承在高压压气机前的 2 号支点(滚珠轴承)与高压压气机后的 3 号支点(滚棒轴承)上;风扇转子与低压涡轮转子组成的低压转子仅支承在风扇后的 1 号支点(滚珠轴承)与低压涡轮后的 4 号支点(滚棒轴承上)上,低压涡轮的传动轴(简称涡轮轴)通过前端的外套齿与风扇后轴的内套齿相连接,形成刚性的套齿联接器。这种设计虽然结构简单,但低压涡轮轴长达 2.5 m,技术要求特别高,加工难度特别大,至今在大涵道比涡扇发动机中也仅有 JT9D 采用了这种结构设计。

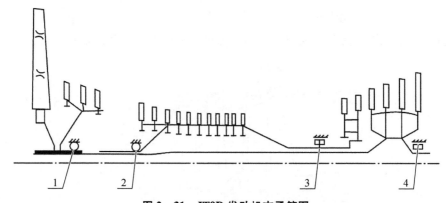

图 2-31　JT9D 发动机支承简图

之后,在 JT9D 的发展型 PW4000 发动机中,普惠公司对风扇转子的支承方式做了改进,将风扇转子支承在两个支点上,即在风扇后轴的 1 号滚珠轴承后增加 1 个滚棒轴承。为了不影响后面 3 个轴承在公司中的编号,将此新增的轴承编号为 1-1/2 或 1.5 号,如图 2-32 所示。为了避免轴承不正常工作时产生的热量传给传动轴,1 号滚珠轴承没有直接装在传动轴上,而是装在风扇盘后轴的末端。低压涡轮轴前端的外套齿插到风扇后过渡轴后端的内套齿中,用大的拧紧螺栓将二者

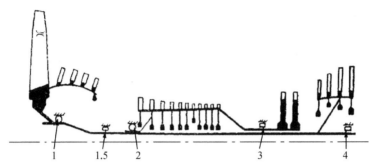

图 2-32　PW4000 发动机支承简图

连接成一体,1.5 号滚棒轴承就装在过渡轴的后端。

在某些型号发动机中,滚珠轴承虽然套在传动轴上,但轴承内环内径与传动轴外径间加装了一个供油衬套,CFM56发动机风扇支承结构图如图 2-33 所示,滑油喷嘴对着供油衬套供油,滑油流入衬套内后经过多个径向小孔流入轴承内环,在离心力作用下对轴承进行环下供油。这种设计通过轴承内环与传动轴间的滑油来阻挡轴承向传动轴传送过量的热,该措施被许多发动机采用。

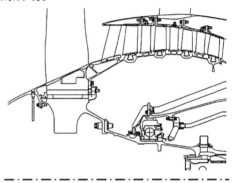

图 2-33　CFM56 风扇转子前支承结构图

2.5.2　风扇防甩出结构设计

在大涵道比涡扇发动机中,风扇不仅是发动机中最大的部件,而且处于发动机最前端,容易受到外来物打伤,而其一旦出现损伤,会对飞机的安全飞行造成极大的威胁,因此需要采取一些必要措施防止出现灾难性事故,这也是发动机安全设计的基本要求之一。在发动机设计时,应对风扇部件采取 3 项安全设计,包括如下内容:

（1）防止风扇叶片由叶根处断裂后甩出发动机的包容环设计;

（2）防止风扇后的传动轴折断后带叶片的风扇轮盘甩出发动机的阻挡装置;

（3）防止涡轮传动风扇的传动轴折断后涡轮飞转的限转速装置。

对于第一项要求,防止叶片折断后击穿机匣与损坏轴承,需要将包住风扇叶片的机匣做成具有包容折断叶片能力的包容环,如图 2-34 所示,它是在较厚的钢制机匣内嵌有较厚的铝制蜂窝层,蜂窝内环上再嵌上抗磨蜂窝层,通过蜂窝层的压缩变形来吸收断裂叶片的大部分撞击能量,使叶片无力打穿钢制机匣。现代大涵道比涡扇发动机还大量采用 Kevlar 复合材料作包容环,不仅质量轻而且包容能力也更大。

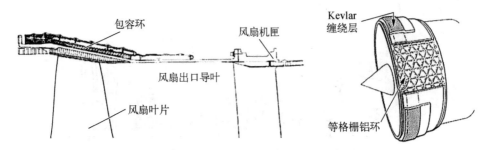

图 2 - 34　防止风扇叶片甩出的包容性设计

为了使风扇转子能承受因叶片折断或脱落所引起的不平衡离心力（约 50 kN），风扇转子普遍采用大型挤压油膜滚棒轴承，保证能在短时间内承受这种冲击而不致使发动机遭到严重损坏。

对于第二项要求，为了避免高速旋转的风扇甩出后对飞机机体造成伤害，引发更严重的故障或事故，大多数涡扇发动机会在紧靠风扇盘后采用一个大的滚珠轴承支承转子。当悬臂支承的风扇转子转轴在工作中折断时，由滚珠轴承克服风扇向前的气动力，从而将风扇盘保持在发动机中。

第三项要求将在后续章节进行介绍。

图 2 - 35 为典型双转子发动机的风扇转子支承结构图，紧靠风扇轮盘后端的 1 号支点处采用滚珠轴承，当传动轴折断后风扇轮盘会被滚珠轴承留在原位而不会甩出发动机，从 JT9D 到 GE90 - 84B 的双转子大涵道比涡扇发动机均采用了这种设计。

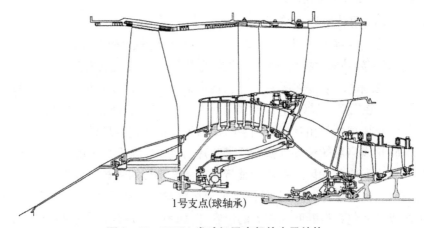

图 2 - 35　V2500 发动机风扇部件支承结构

在罗·罗公司发展的 RB211 与遄达两个系列发动机中，低压转子的止推轴承没有像其他大涵道比涡扇发动机一样置于风扇盘之后，而是安排在风扇轴的后端，紧靠风扇盘的是一个滚棒轴承。为了避免风扇盘甩出发动机，在风扇轴的 1 号和 3

号支点间专门设置了一套应急用的称为保持轴的防护装置,如图 2 - 36 所示。保持轴前端扣在风扇盘的凸边上,后端则固定于风扇轴后端的滚珠轴承处,两者间留有间隙 A。在正常工作时保持轴不传递负荷,而在风扇轴折断时,风扇转子在风扇的气动轴向力作用下前移,此时间隙 A 消除,保持轴后端与低压涡轮前拧紧螺帽接触,转子即被 3 号滚珠轴承拉住而不会甩出。但是在实际使用中发现,该保持轴并不能很好地按照预期效果发挥作用。

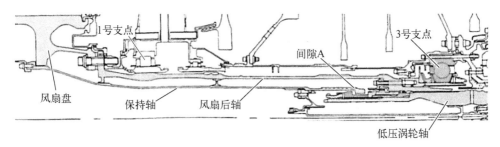

图 2 - 36　RB211 及遄达发动机中的保持轴

此外,虽然发动机的安全设计中要求风扇轴断裂时风扇盘不能甩出发动机,但是在实践中却发现,即使风扇传动轴折断,发动机少了一个大部件,也不会对飞机结构造成损伤,不会影响飞机的安全飞行。例如,L1011“三星”客机使用的 RB211 - 22B 发动机,曾在 1981 年 5 月、8月与 9 月出现三次风扇传动轴折断的重大故障,带叶片的风扇盘从发动机前端脱离坠落,但对飞机结构基本未造成损伤。2017 年 9 月 30 日,法国航空公司的一架装有四台 GP7200 发动机的 A380 客机在飞行中,飞机右翼外侧发动机的风扇转子后锥轴处突然断裂,风扇转子连同进气短舱等一同脱离发动机坠落,如图 2 - 37 所示,但飞机同样平安降落。

**图 2 - 37　飞行中的 A380 发动机
风扇部分坠落**

这些事故说明,风扇后的 1 号支点不采用滚珠轴承是可行的,在极端情况下,带叶片的风扇轮盘即使脱离发动机,也不会对飞机结构造成重大损伤。

2.5.3　风扇支点采用大直径滚棒轴承

风扇叶片位于发动机最前端,极易受到外来物打伤,造成风扇转子的平衡被破坏,导致风扇叶片的叶尖与机匣发生刮蹭。研究表明,在 1 号支点处采用大直径滚棒轴承能够有效避免刮蹭的发生。

　　GE90－115B 是由 GE90－94B 衍生发展而来的大涵道比涡扇发动机,曾是世界上推力最大的发动机,作为波音 B777－300ER 飞机的动力装置,于 2004 年 5 月投入航线使用。在衍生发展过程中,风扇转子的支承结构发生了重大调整,其中一项重要的改变就是在 1 号支点处改用了大直径的滚棒轴承,而将滚珠轴承改装到了 2 号支点处,如图 2－38 所示。

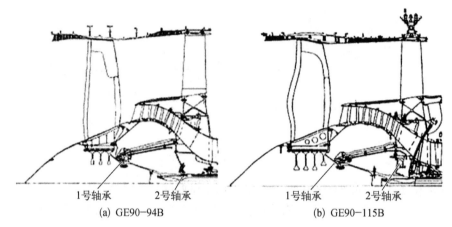

(a) GE90−94B　　　　　　　　(b) GE90−115B

图 2－38　GE90－94B 与 GE90－115B 风扇支承结构对比

　　表 2－1 列出了 GE90 两型发动机支承风扇转子的轴承参数,从表中可见,滚棒轴承内径由 GE90－94B 的 183 mm 增加 320 mm 达到 503 mm,而滚珠轴承的内径变化则较小,只减少了 39 mm。

表 2－1　GE90 两型发动机 1、2 号轴承参数

发动机型号	1 号轴承			2 号轴承		
	型　式	内径/mm	外径/mm	型　式	内径/mm	外径/mm
GE90－94B	滚珠	471	602	滚棒	183	—
GE90－115B	滚棒	503	575	滚珠	432	602

　　由于安装 2 号支点的风扇后锥轴的直径较小,如将滚珠轴承直接装在此处,会使轴承尺寸过小,无法承受足够的负荷。为此,在改型设计中在后锥轴的后端加装了一个带球头的外伸轴套,如图 2－39 所示,将轴承内环装在外伸轴套中,外环则安装在折返式的弹性支座中。

　　另外,在 GE90－115B 中,为了减少风扇叶片遭外物击伤后因转子不平衡带来的振动向外传递,风扇转子的两个支点均采用了弹性支座,如图 2－38、图 2－39 所示。其中,1 号支点处采用了带挤压油膜的弹性支座,2 号支点处采用了折返式弹性支座。

　　在 GE90－115B 以后研制的双转子大涵道比涡扇发动机中,如 LEAP、GEnx、

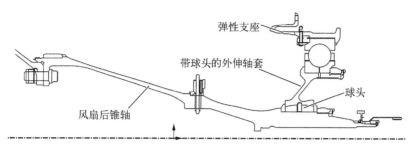

图 2 - 39 GE90 - 115B 风扇后锥轴

GE9X 与 PW6000 等,风扇转子的支承结构均采用了类似 GE90 - 115B 的结构。

2.6 涡轮支点的结构特点

2.6.1 涡轮支承的一般结构

涡轮转子支承结构的主要问题是热的影响较大。由于涡轮盘前、后的支点处于高温环境下,会有大量的热从涡轮叶片经涡轮盘、涡轮轴传到轴承上,对轴承工作十分不利。因此,不仅要注意合理选择轴承的材料,而且要在结构上采取隔热措施,防止高温热源(包括涡轮转子和高温燃气)向轴承大量传热,同时还可能要适当增加滑油供油量来强化冷却,避免轴承工作条件恶化。

WP6 发动机的涡轮转子前支承如图 2 - 40 所示。在轴承与涡轮之间安装了一个隔热衬套,以减少高温涡轮盘经涡轮轴向轴承的传热。在轴承衬套的轴承安装位置开有五道环形槽,衬套与涡轮轴仅在前、后两端接触,通过减少接触面积来减少传热量。此外,滑油喷油嘴除喷油量较其他支点轴承(前、中支点)多以外,还有

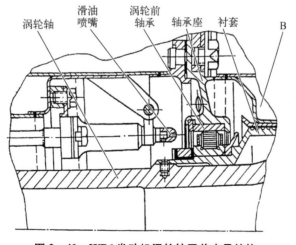

图 2 - 40 WP6 发动机涡轮转子前支承结构

一个径向小喷油孔向涡轮轴喷射一定量的滑油,以降低涡轮轴的温度。轴承后端装有两个篦齿封严环,大直径的篦齿封严环用于防止高温气体泄入轴承腔,小直径的篦齿封严环用于防止滑油外泄。两个篦齿封严环之间的空腔 B 通过管路与压气机后卸荷腔相连,将通过篦齿泄漏的高温气体引入卸荷腔。B 腔压力稍大于大气压力,而油腔内的压力等于大气压,因此能够利用两者之间的压差保证滑油封严不外泄。

图 2-41 为 JT3D 发动机的高压涡轮转子前支承,该支点采用了只承受径向负荷的滚棒轴承,轴承内、外环可分开装配,外环用螺帽 2 固定在轴承座 1 上,内环连同封严件固定在涡轮轴上。为了减少涡轮盘向轴承的传热,它在涡轮盘 10 伸出的长而薄的一段颈部上开有 32 个大孔 B 来通冷却空气,减少了涡轮盘经过轴颈向轴承的传热。此外,在轴承座外部还有含石棉夹层的隔热罩 8,可以减少高温热源向轴承的热辐射。为了加强冷却效果,利用两个喷嘴 14、16 分别从两个方向向轴承喷射滑油。

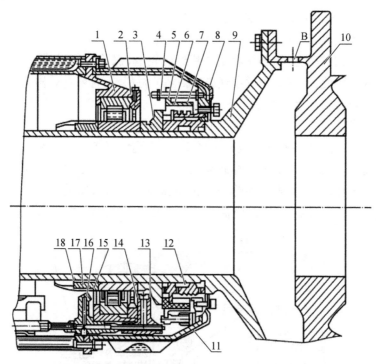

图 2-41　JT3D 的高压涡轮前支承结构

1. 轴承座;2. 螺帽;3. 封严挡环;4. 石墨座导杆;5. 具有内锥面的金属座;6. 石墨环;7. 金属涨圈;8. 隔热罩;9. 涡轮轴;10. 涡轮盘;11. 弹簧;12. 涨圈座;13. 喷嘴;14. 喷嘴;15. 螺帽;16. 喷嘴;17. 锁片;18. 卡圈;B. 冷却空气通道

高温区域的轴承密封装置,还要承担防止热空气进入滑油系统和轴承座内的作用,因而对密封性能要求更高。JT3D 发动机的涡轮前支承采用石墨端面密封装

置,石墨环 6 的端面与封严挡环 3 会产生相对滑动。为了润滑和冷却石墨的摩擦
表面,设计了专门的喷嘴 13 喷射滑油。由于石墨具有高温稳定性、良好的导热性
及润滑性,因此能在高温、高压差、高转速下可靠工作。金属涨圈 7 紧抵在石墨环
的内表面上封严,保证发动机工作时二者不发生相对转动,只在石墨环端面磨耗的
过程中产生微小的相对轴向滑动。

在涡轮转子的支承结构中,通常只使
用能承受径向载荷的滚棒轴承,而极少采
用滚珠轴承。因为涡轮部件中的环境温
度高,滚珠轴承既要承受轴向力又要承受
径向力,很难保证设计要求的寿命和可靠
性。但是在一些特殊情况下,如图 2 - 42
所示,由于装配限制,RB199 三转子发动
机在低压涡轮转子的后支承采用了滚珠
轴承。为了减小对轴承的传热,滚珠轴承
内环没有直接安置在转轴上,而是采用了
一个衬套轴,并结合环下供油来控制温
度;另外,在承力框架上也采用了多层气
体冷却,来保证轴承腔的环境温度在合理
范围内。

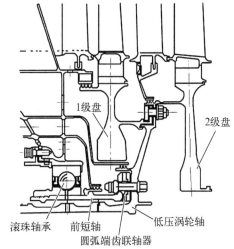

图 2 - 42　RB199 发动机低压涡
轮后支点结构

2.6.2　涡轮防飞转结构设计

在多转子燃气涡轮发动机(少数涡桨和涡轴发动机除外)中,低压涡轮轴都要
从高压涡轮轴中心穿过,向前驱动风扇或减速器,因此,低压涡轮轴的轴径相对高
压涡轮轴的轴径更小。同时,低压涡轮的转速远低于高压涡轮转速,在传动相同的
功率时,低压涡轮轴要承受更大的扭矩,但它的轴径却更小,因而要承受的剪切应
力远高于高压涡轮轴,使结构相比高压涡轮轴更脆弱。如果因为某些因素使低压
涡轮轴传动的扭矩突然增大很多或轴体材质变坏或轴径变小,都可能使其承受的
剪切应力大增而超过其许用应力,引发断轴事故。

一旦低压涡轮轴折断,低压涡轮转子与风扇转子之间失去机械联系,使低压涡
轮失去负荷,在高温燃气的持续推动下,失去负荷的低压涡轮会急剧增速以至发生
飞转。此时,工作叶片与轮盘所受的离心力急剧增大(离心力与转速的 2 次方成正
比),一旦超出其允许值,就有可能导致涡轮叶片甩离轮盘,而轮盘则爆裂成几个断
块。在极大的离心力作用下,叶片与轮盘的断块击穿发动机机匣,甩离发动机,造
成发动机非包容事故,严重时还可能会引发机毁人亡的事故。

因此在发动机设计中,防止涡轮驱动风扇或压气机的传动轴折断后涡轮发生

飞转,是必须采用的安全设计之一,这也是在涡轮转子支承结构设计时需要考虑的问题。

防止低压涡轮飞转的措施主要有二类:一类是利用静子叶片的机械刹车来防止转子飞转,通过支承结构的特殊设计,使得断轴后转子在燃气轴向力作用下向后轴向移动,使转子叶片与静子叶片相互卡咬,起到刹车作用;另一类用得比较广泛的方法是,断轴时立即放掉供往燃烧室喷油嘴的高压燃油,燃烧室熄火后没有高温燃气流向涡轮叶片,低压涡轮转子的转速也会很快下降。

图 2-43 为 PW2037 发动机的低压涡轮转子结构,其第 3、4 级导向叶片由外向内向后倾斜。当涡轮轴断裂时,涡轮转子在气动轴向力作用下向后移动,第 2、3 级工作叶片叶尖与导向叶片外端碰撞而将转子卡住。由于这种方法只是被动地卡住转子,高温燃气仍在推动涡轮,因而很少有发动机采用这种方案。

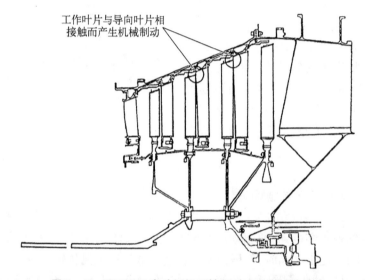

图 2-43　PW2037 发动机低压轴断裂时防超转的措施

图 2-44 为斯贝及 RB211 等发动机上采用的防止低压涡轮飞转的措施。在正常情况下,低压涡轮轴通过螺纹套筒、挺杆等结构带动滑油中心导管一同转动。一旦涡轮轴折断,风扇转子因失去动力而转速下降,连带固定在风扇轴上的滑油中心导管转速也降低。同时,低压涡轮转子因失去负载而转速上升,螺纹发生相对转动,使挺杆快速向后移动,顶到摇臂并推动摇臂转动,拉动钢索使燃油总管上的紧急放油口打开,将燃油放掉,停止燃烧来防止低压涡轮转子超转。

JT15D 小涵道比涡扇发动机中也采用了类似斯贝发动机的摇臂装置。如图 2-45 所示,在低压涡轮轴后端安装有一个顶块,而在后轴承机匣内的相应位置处有一个摇臂,摇臂的一端通过钢索与燃油总管上的紧急放油活门连接,另一端与转

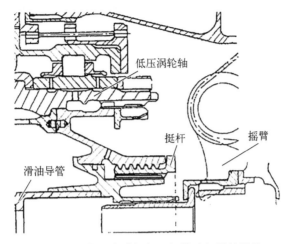

图 2-44　斯贝发动机低压涡轮防超转的措施

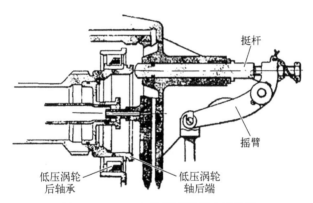

图 2-45　JT15D 防低压转子飞转装置

子上的顶块保持一定间隙。一旦低压涡轮轴发生折断,转子在燃气作用下向后移动,顶块顶到摇臂上带动钢索将放油活门打开,将高压燃油放掉。

随着全权限数控(FADEC)发动机的技术发展,传统的机械式断油装置逐渐被自动控制机构所替代,通过在 FADEC 中设定低压涡轮或动力涡轮轴的最大转速限制值,就可以在任何情况下保证低压涡轮或动力涡轮轴不会超转。

一般情况下,只需要在低压涡轮中设置防止低压涡轮飞转的安全措施,一是因为涡扇发动机中低压传动轴的直径最小;二是因为低压涡轮的转速远低于高压轴,例如,遄达 1000 发动机的低压轴转速为 2 600 r/min,而高压轴的转速高达 13 400 r/min,且直径最大。在传递相同功率的情况下,转速越高则作用在传动轴上的扭矩就越小;而在扭矩相同的情况下,传动轴的直径越小,作用在轴上的剪切应力就越大。随着大涵道比涡扇发动机涵道比的增大,高低压转子的转速差越来越大,低压轴传递的功率也越来越大,使低压轴承受的剪切应力远高于高压或中压传动轴,因而相对于中压与高压传动轴更容易折断。

但是,2010 年装于 A380 客机的遄达 900 发动机和装于 B787 客机的遄达 1000 发动机先后由于某些原因造成了中压涡轮传动轴折断,引发了严重的中压涡轮盘非包容爆破事故。罗·罗公司在这两次事件后,对发动机进行了改进,在中压传动轴上也加装了防止涡轮飞转的安全设计。

思考题

1. 请解释同一支点滚珠、滚棒轴承并列使用的原因。
2. 请思考中介轴承的应用有什么优势?应用时需要注意什么问题?
3. 顺装和倒装的两种安装方式对中介轴承有什么影响?
4. 请列举常见的几种弹性支座结构。
5. 为什么要进行风扇防甩出结构设计?
6. 请解释涡轮飞转的产生原因及危害。

参考文献

[1]　黄粤,韦桂兰,张有锵,等. CFM56 - 3 发动机 3 号轴承后油气封严装置分离故障的监控方法[J]. 航空动力学报,2003,18(5):681 - 685.
[2]　陈光. 航空发动机结构设计分析[M]. 第 2 版. 北京:北京航空航天大学出版社,2014.
[3]　BILL C. Counterrotating differental cylindrical roller bearing development[C]. San Diego:23rd Joint Propulsion Conference, 1987.
[4]　廖明夫. 航空发动机转子动力学[M]. 西安:西北工业大学出版社,2015.
[5]　夏南,孟光. 对挤压油膜阻尼器轴承和旋转机械转子——挤压油膜阻尼器轴承系统动力特性研究的回顾与展望[J]. 机械强度,2002,24(2):216 - 224.

第3章
航空发动机主轴轴承

【学习要点】

掌握：航空发动机主轴轴承的两种类型及选用原则。

熟悉：主轴轴承转速、温度、载荷及润滑设计与发动机总体的关系。

了解：几种不同的特殊主轴轴承结构设计。

通过前面章节的介绍可以发现，在航空发动机转子支承结构中，轴承发挥着至关重要的作用。目前为止，大推力航空发动机的压气机-涡轮主轴转子的支承几乎无例外地采用滚动轴承作为主轴轴承。从本章开始，将专门针对航空发动机主轴轴承及其应用中的技术问题进行详细介绍。

3.1　主轴滚动轴承简介

3.1.1　主轴轴承概述

航空发动机主轴轴承是指用于发动机主轴转子支承的轴承，又称为主轴承，以与附件传动等部位的轴承相区别。在发动机中，主轴轴承需要满足两个主要功能，一是对发动机转子和机匣进行中心及轴向定位，或将转子支承在其他转子上；二是将转子上的所有轴向载荷与径向载荷传递到机匣构件上[1]。

按照摩擦学的角度分类，轴承可以分为滑动轴承和滚动轴承，而航空发动机主轴转子支承结构中普遍采用的是滚动轴承，原因主要包括：

（1）可以最大限度地减轻重量、减小体积和降低成本；

（2）能够减少摩擦和功率损失；

（3）可以减少冷却需求量和滑油流量；

（4）具有一定的滑油中断承受能力和冷启动能力；

（5）具有承受短时大过载的能力，如机动飞行、硬着陆及叶片丢失引起的大的不平衡载荷等。

与滑动轴承相比，滚动轴承低温下易于起动，起动与停车过程的性能较好，摩擦损失小,而且在滑油系统失灵时仍可在低速下维持短时间(15~30 min)的工作。但是,滚动轴承在超高速条件下的使用性能不如滑动轴承。

　　随着航空发动机技术的发展,主轴轴承的工作条件和性能指标也变得愈加苛刻,虽然轴承的结构形式与普通轴承相似,但是对转速、载荷、温度以及寿命可靠性等方面的要求却极高,如图3-1所示。

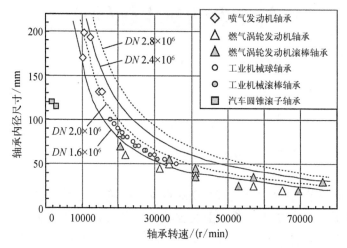

图3-1　航空发动机主轴轴承与其他装置所用轴承对比

　　尽管滚动轴承的种类有很多,但在航空发动机主轴支承中采用的一般只有两种:滚珠轴承(又称球轴承)和滚棒轴承(又称圆柱滚子轴承)。滚珠轴承能同时承受轴向、径向载荷,又称为止推轴承;滚棒轴承能承受径向载荷以及一定的径向位移,两者的特点决定了其在发动机支承结构中的应用场景。

　　通常情况下,一根转轴至少需要2个轴承(即2个支点)才能保持转轴的平衡。如果存在轴向载荷,通常会在两个支点中的一处装滚棒轴承,另一处装滚珠轴承。航空发动机的主轴转子也是如此,使用滚珠轴承来限制转子的轴向移动,同时利用滚棒轴承在一定程度上允许转子的轴向自由伸缩。当发动机转子较长时,支点的数目可以增多,但通常只在一处设置滚珠轴承,其他各处都是滚棒轴承,从而保证转子既能够轴向定位,又能轴向自由膨胀。由于滚珠轴承需要同时承受轴向和径向负荷,工作条件更恶劣,因此一般安装在工作环境温度较低的区域。此外,有时会将滚棒轴承的内环直接做到转轴上,这样既可以减轻重量、简化结构,又可以减少支点的径向尺寸。

　　图3-2为典型双转子发动机的转子支承结构,两个转子共使用了5个轴承。低压转子较长,因此有3个支点,其中1号轴承为滚珠轴承,其余两个(2号和5号)轴承都是滚棒轴承。滚珠轴承装在喇叭形低压风扇短轴上,这样一旦发生风扇断轴,可以拽住风扇转子,避免风扇甩出发动机。高压转子较短,且压气机转子和涡轮转子间采用刚性联轴器连接,整个转子的刚性较好,因此只在压气机前端(3

号轴承)以及压气机转子与涡轮转子之间(4 号轴承)设置了轴承,其中 3 号轴承是滚珠轴承。可以看出,两个滚珠轴承都位于发动机的低温区。

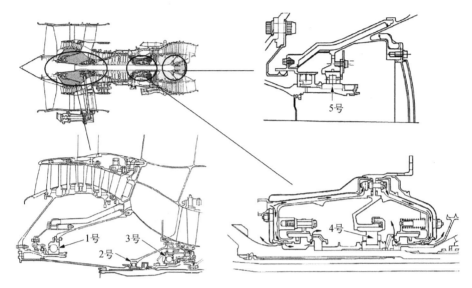

图 3-2　V2500 双转子涡发动机的主轴轴承分布

当转子轴向负荷较小时,可以只采用一个滚珠轴承,当转子轴向负荷较大时可以采用两个并列的滚珠轴承作为一个支点。在一些新研制的发动机中,有的会在滚珠轴承旁边增加一个滚棒轴承,让滚棒轴承承受径向负荷,而滚珠轴承仅承受轴向载荷,从而减轻滚珠轴承的负担。

此外,除了滚珠轴承和滚棒轴承,有的发动机中还会采用圆锥滚子轴承,图 3-3 为 PW1000G 齿轮传动风扇发动机的主轴轴承分布,在风扇轴上使用了两

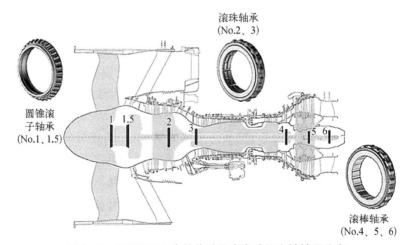

图 3-3　PW1000G 齿轮传动风扇发动机主轴轴承分布

个对向的圆锥滚子轴承。

3.1.2　主轴轴承的类型

1. 滚珠轴承

航空发动机主轴轴承使用的滚珠轴承(又称球轴承)有深沟球轴承(图3-4)和角接触球轴承(图3-5)两种,其结构主要包括内环、外环、滚动体和保持架四部分。

　　图3-4　深沟球轴承结构　　　　图3-5　角接触球轴承结构

深沟球轴承是滚动轴承的基本类型,特点是结构简单,可以单独承受径向负荷,也可以同时承受径向和轴向负荷。轴承的轴向限位能力取决于其轴向游隙的大小。该类型轴承在早期单转子发动机上用得较多,例如,WP5发动机中支点为E217QT滚珠轴承。当需要承受的轴向载荷大于径向载荷时,深沟球轴承的性能不如角接触球轴承。

角接触球轴承是航空发动机转子支承、负荷传递以及轴向限位的常用轴承类型,分为两点接触式、三点接触式和四点接触式三种,其中常用的是三点接触式,接触角大部分为26°左右。有时为了增加轴承中的钢球数目、增大承载能力,会将轴承内圈加工成分离型双半套圈,并配合以整体型保持架。

滚珠轴承使用的保持架通常有三种基本引导方式:内环引导、滚动体引导和外环引导,如图3-6所示[2]。滚动体引导的保持架造价相对低廉,通常不应用于关键场合。对于内环引导和外环引导,选择时应综合考虑轴承结构和供油润滑方式。航空发动机主轴轴承通常为内环旋转、外环固定的运转模式。外环引导的优点是:润滑剂容易进入轴承内部,使其得到良好的润滑;由于外环温度低,外引导面摩擦产生的热量可以很快散发。外环引导的缺点是:离心力和热膨胀会使引导面之间的间隙变小,容易加剧摩擦,此外,轴承内的杂质也不易排出。内环引导的情况恰好相反,而且内环能对保持架提供一定的拖动力,有利于减少或防止轴承产生高速轻载打滑。因此,对于载荷不稳定的高速旋转场合,可以选用内环引导。从供油润滑的角度来看,如果采用喷嘴喷射润滑的供油方式,则采用外环引导较好;

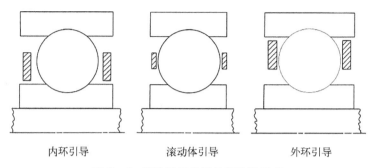

内环引导　　　　　　　滚动体引导　　　　　　外环引导

图 3 - 6　滚珠轴承的保持架结构形式

如果采用环下润滑的供油方式,则采用内环引导较好。

2. 滚棒轴承

滚棒轴承,又称短圆柱滚子轴承,是承受径向负荷的最常用轴承之一,结构简单,其标准型如图 3 - 7 所示。

由于滚棒轴承无法轴向限位,因此常用于发动机的热端部位,如涡轮轴支点,能够允许转子随温度升高而轴向伸展。滚棒轴承的径向限制位移量取决于其径向游隙的大小,如果径向游隙过大,则可能产生轴承打滑蹭伤的故障或引起发动机振动过大,如果径向游隙过小,则可能导致轴承寿命降低或轴承的"抱轴"故障。因此在轴承设计时,需要仔细核算其径向游隙,通过计算分析和试验验证来最终确定。此外,滚棒轴承对轴线歪斜的敏感性很强,一般内圈(转轴)与外圈(轴承座)轴线的相对倾斜角不宜超过 4′。

滚棒轴承滚动体的轴向位置主要靠内、外环上的引导凸缘(或称为挡边)来限制,如图 3 - 8 所示,可以分为外环引导、内环引导、内外环同时引导等。其中,内外环都具有引导凸缘的滚棒轴承可以承受一定的轴向负荷。滚棒轴承的保持架引导方式与滚珠轴承基本相同。

图 3 - 7　滚棒轴承结构

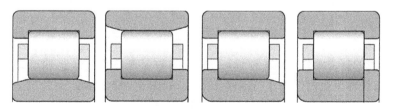

图 3 - 8　带有不同引导凸缘(挡边)的滚棒轴承

3. 特种轴承

1) 特殊结构轴承

特殊结构轴承是指套圈、滚动体和保持架中的某一个结构或多个结构采用特殊型式的轴承。由于航空发动机要求尽可能减轻重量,因此许多主轴轴承的内、外套圈会设计成异型结构。图 3 - 9 为英国斯贝发动机的低压涡轮后轴承,其外圈设计为带安装边的弹性支承结构,内圈为特宽型环下供油结构。图 3 - 10 为 CFM56 发动机的主轴 5 号轴承,其外圈加宽并带有安装边,内圈则设计有环下供油孔。CFM56 发动机的主轴轴承和附件传动轴承一共有 26 种,其中带安装边的异型结构轴承占 80%。5 个主轴轴承均采用了环下供油结构。

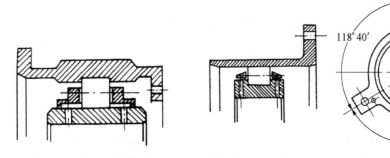

图 3 - 9　斯贝发动机低压　　　　　图 3 - 10　CFM56 带安装边的 5 号轴承
涡轮后轴承

航空发动机中大量采用特殊结构类型的轴承具有以下优点:

(1)特殊结构的主轴轴承能使发动机支承部件结构简化、紧凑,从而减轻重量;

(2)外圈加带安装边可以避免配合性质对轴承工作游隙的影响,且装卸方便、固定可靠;

(3)内圈采用环下供油结构可以使轴承获得更好的润滑冷却效果,使内外套圈温差减小,从而减小轴承的工作游隙变化量,有利于保持发动机的振动特性以及提高轴承寿命。

特殊结构轴承也存在一些缺点,如结构复杂、加工困难、成本较高等。

2)防止打滑蹭伤轴承

美国在 20 世纪 60 年代首先在 JT3D 发动机上采用了椭圆外圈滚子轴承,来克服滚子轴承的打滑蹭伤,如图 3 - 11 所示。之后又发展派生了三瓣式的非圆外圈滚子轴承,获得了更好的防止打滑蹭伤效果,如图 3 - 12 所示。

这种非圆外圈滚子轴承的外圈较薄,因而易于发生弹性变形。在自由状态下外圈内径(即内滚道)为圆形,外径为椭圆形,滚动体和保持架则为标准型。椭圆轴承装配后会对部分滚子形成预载荷,载荷大小取决于轴承的自由游隙、椭圆度、外圈壁厚、外圈与轴承座的配合性质以及机匣与外圈的相对刚度等,因此需要特别注意对轴承自由游隙和装配工艺的选择。

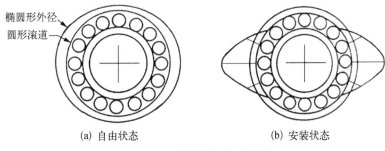

椭圆形外径
圆形滚道

(a) 自由状态　　　　　　(b) 安装状态

图 3 - 11　椭圆外圈滚子轴承

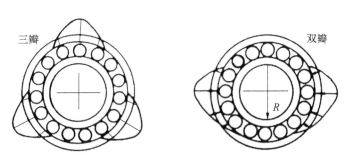

三瓣　　　　　　　　　　　　　　　双瓣

图 3 - 12　非圆外圈滚子轴承(安装状态)

3)中介轴承

中介轴承是指高、低压转子之间的支承轴承,有短圆柱滚子轴承和角接触球轴承两种,并且大都是标准型的,因此严格来说中介轴承只是常规轴承的一种特殊运转方式。中介轴承的主要功能是将一个转子上的载荷通过轴承传递到另一个转子上,轴承内、外圈同时同向或反向旋转,这使得轴承各元件的运动规律和负荷分布发生了显著变化。

对于内、外圈同向旋转的中介轴承,与外圈固定、内圈旋转的轴承相比,保持架转速增大,而滚动体的自转速度降低,轴承疲劳寿命大大降低。内、外圈反向旋转的中介轴承则相反,保持架转速降低而滚动体的自转速度增大。而且中介轴承反向旋转意味着发动机的两个转子转向相反,这样可以显著改善发动机和飞机的性能,减小发动机的陀螺力矩。但是对于圆柱滚子中介轴承,过高的滚动体自转速度可能加剧滚子端面与套圈挡边的磨损。为此,可以在轴承结构设计时采取套圈挡边带副背角的结构,并适当控制挡边与滚子端面的轴向间隙,如图 3 - 13 所示。

此外,在航空发动机的转子支承结构设计中,可以将中介轴承的外圈安装在低压转子、内圈安装在高压转子。由于内圈转速更高、离心膨胀量更大,因此有利于降低运行时轴承的径向游隙,从而稳定和改善发动机的振动特性,如图 3 - 14 所示。

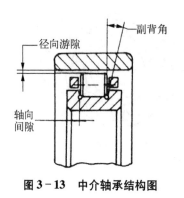

图 3-13   中介轴承结构图

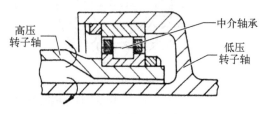

图 3-14   中介轴承"倒装"示意图

3.2   主轴轴承的设计准则

由于航空发动机这一特殊应用场景对主轴轴承转速、温度、载荷等性能指标的严苛要求,主轴轴承的设计一般都需要由航空发动机研制单位与轴承研制单位联合进行迭代设计,首先根据发动机总体要求提出对轴承的指标要求,包括工作条件(转速、温度、载荷)、安装配合、润滑冷却方式等,然后进行轴承内部结构和参数的设计。对于特殊结构型式的主轴轴承,也可直接由发动机研制单位单独自行设计。

在航空发动机主轴轴承的设计过程中,需要遵循一定的设计准则和要求,以下分节进行详细介绍。

3.2.1   轴承转速(DN 值)

一般用 DN 值(D 为轴承内径,mm;N 为轴承转速,r/min)来代表轴承的速度特性,它反映了轴承转速和离心力对总寿命的影响,涉及轴承材料、工艺状况、制造技术和润滑冷却能力等。DN 值大于 1.0×10^6 的轴承称为高速轴承,而航空发动机的主轴轴承除了初期有过低于 1.0×10^6 的情况外,大多数均高于 1.0×10^6。

在 20 世纪 60 年代,曾预计到 70 年代中期航空发动机主轴轴承的 DN 值将达到 3.0×10^6,到 80 年代则可能达到 4.0×10^6、工作温度达到 300℃。但是,由于受到整体转子强度的限制,发动机的转速并未大幅度提高,因而 DN 值也没有持续上升,而是一直维持在 2.0×10^6 左右。近年来,随着大轴径主轴轴承的应用,轴承 DN 值才又有所上升。目前,实验室中测试的主轴轴承 DN 值已超过 $4.0\times10^{6[3]}$。

表 3-1 为几种典型发动机主轴轴承的 DN 值,表中虽然只列到 1972 年的 F100,但其后的发动机主轴轴承 DN 值基本都与其相近。对于内、外圈同时旋转的中介轴承,其 DN 值通常按照内、外圈转速的叠加进行等效计算,由于滚动体、保持架的转速都与单环旋转轴承不同,因此需要特殊考虑。

表 3 - 1　几种航空发动机主轴承的 DN 值

年　份	1944	1946	1947	1951	1953	1955	1958	1959	1961	1968	1972
型　号	J33	达特	J47	J48	J75	T58	J52	T64	JT8D	JT9D	F100
DN 值$/10^6$	0.88	1.20	0.87	1.20	1.50	1.20	1.60	1.69	1.60	1.80	2.20

　　轴承中出现的很多问题都与 DN 值直接相关。DN 值越大,滚动体的离心力越大,使滚动体与外环滚道间的接触应力加大,对外环套圈的疲劳寿命造成不利影响。同时,摩擦热量增大,轴承温度升高。保持架不平衡产生的离心力也会越来越大,成为导致轴承振动的重要原因之一。因此,对于高 DN 值轴承,必须解决好轴承材料强度、冷却润滑等问题,同时提高轴承的制造精度与平衡精度,保证轴承能够在高 DN 值条件下稳定运转。此外,还要控制轴承的内圈与转轴之间的过盈量不能太大,以防内圈断裂。

　　对于角接触球轴承,在高速情况下钢球会受到极大的离心力负荷,造成钢球与内环和外环的接触角不相等,外环接触角会变小,内环接触角则会增大。钢球与滚动圆周之间的滑动增加,发热量增大,使接触区内的油膜受到破坏降低润滑效果,容易加速轴承的损坏。此外,在保持架旋转一周期间,钢球的滚动轴线会随轴承旋动中心线的圆锥顶点在一个锥形轨道上运行,因而滚动轴线会在两个圆锥角内摆动,并需要滚动接触处的摩擦力提供一个陀螺力矩。但由于高速条件下接触处摩擦力的供应能力不足,钢球便会在接触处出现陀螺旋转,对轴承疲劳寿命造成不利影响。

　　同时,轴承在承受径向和轴向负荷时,径向负荷仅由径向承载区的部分钢球承受,而且不同方位的滚动体承受的载荷也不相同。当钢球穿过径向承载区时,钢球与套圈之间的接触角会随着钢球的运动而变化,受此影响,承载区的钢球运转速度会放缓,而非承载区的钢球运转速度则会加快,引起钢球转速与保持架速度名义值发生偏离,称为钢球偏移。在轴承中,钢球会通过自由偏移运动耗尽其与保持架兜孔间的间隙,之后则只能通过滑动来适应保持架的平均速度,加快轴承破坏。内、外套圈不同心也会引发类似的影响。在轴承设计时,可以考虑通过增加钢球-保持架间隙、减少钢球数目或增加保持架兜孔厚度等措施,来控制钢球偏移。此外还可以减小轴承接触角,或者增大滚道曲率,尽量将钢球偏移保持在等于或低于保持架兜孔间隙的值。但是,上述措施都可能会减少理论计算的轴承疲劳寿命。

　　对于高速滚棒轴承,在高 DN 值情况下可能产生滚子端面的偏心磨损,可以通过提高滚子加工质量的方式来解决,将滚子导角的半径容差控制在 0.025 mm 以下,滚子与引导挡边的间隙控制在 0.03～0.05 mm。

3.2.2　轴承温度

随着航空发动机转速与涡轮前燃气温度的提高,主轴轴承的工作温度和环境温度也不断提高。在轴承工作时,不仅各元件间会相互摩擦产生热量,高温环境也会使轴承温度升高。例如,高温的燃气会通过涡轮叶片经轮盘、轴传到涡轮轴承内环上,还会由涡轮导向器、辐板、轴承座传到轴承外环。因此,不仅需要向轴承供给滑油对轴承进行润滑和冷却,而且还要采取措施来减少高温部件对轴承加温的影响。

对轴承温度的要求主要分为两点。首先,滚动轴承的材料、结构和运行特征决定了其结构温度不能超过一定的限制。一旦轴承结构超温,会使轴承材料硬度降低,极易造成轴承表面损伤、滑油结焦,进而引发滑蹭、表面剥落等,严重削减轴承寿命,甚至进一步导致发动机空中停车。其次,轴承的内、外圈温差必须控制在合理范围内,过大的内、外圈温差会造成内、外圈的热膨胀变形差异较大。如果内圈变形较小,就会增大轴承径向间隙,加剧轴承打滑;如果内圈变形较大,则可能将内圈-滚动体-外圈间的径向游隙挤死,造成过盈配合,引发严重的"抱轴"事故。

由于发动机主轴轴承的工作温度较高,因此需要能在高温下保持硬度和理化性能的高温轴承材料以及高温润滑剂。目前,主轴轴承主要工作于 200~250℃,随着航空发动机性能指标要求的提高,轴承的工作温度将要超过 400℃。而一般GCr15 轴承钢制出的轴承,工作温度只能达到 200℃,GCr15SiMn 制造的轴承,工作温度可以达到 230℃;当工作温度需要接近或超过 300℃时,必须选用热硬度更好的高速工具钢,如 M50 等[4]。

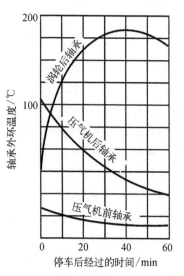

图 3-15 发动机停车后各轴承温度变化趋势

主轴轴承除了要求能够适应高温工作环境外,还要能在较大的温度变化范围内正常工作。轴承既能在 -55℃ 条件下易于启动,又能在高温下正常工作,而且还要适应发动机停车后的轴承温度变化。发动机停车后,冷却轴承的滑油系统停止工作,而此时涡轮叶片、轮盘和转轴的温度仍很高,其残余热量会逐渐传至涡轮部位的主轴轴承,使其温度逐渐上升,如图 3-15 所示。从图中可以看出,停车 40 min 左右时,涡轮轴支点轴承的温度可能高出正常工作温度 100~150℃。

对于民航用发动机,当客机降落后,经过下上乘客、补充燃料与给养,可能在 40 min 后就要重新起动。对于军用战斗机,可能会在降落后,立即加油与补充弹药,然后再次起飞。而对于在研的发动机,经常会在调试中由于某些原因停车,进行调整与排故后再次起动。如果停车与再次起动的间隔时间在半个小时左右,正好落在轴承处于最高温度的时间段。如果选用的轴承游隙过小,当再次起动时,轴承内环极有可能将滚子紧紧地卡在外环内而不能自由转动,引发"抱轴",造成轴承内环在转轴或外环在轴承座内发生相对转动,使转轴或轴承座以及内环或外环出现过度磨损。

由于以上原因,航空发动机主轴轴承的游隙通常要比轴承规范中的规定值大很多,特别是涡轮附近的热区主轴轴承要大得更多。

3.2.3　轴承载荷

按照作用力的方向划分,主轴轴承上的载荷可以分为径向载荷和轴向载荷两种。其中,径向载荷包括机动飞行产生的过载载荷(大于 1g)、转子旋转产生的振动载荷、支承不同心产生的附加载荷、转子弯曲变形载荷、齿轮传动载荷及装配的预载荷等。轴向载荷则包括作用在叶片上的气动载荷轴向分量、转子卸荷腔和空气系统作用在转子上的轴向力分量、齿轮传动系统产生的轴向力等。

作用在主轴轴承上的载荷会随着工作状态的变化而变化,但要求载荷不能过大,也不能过小。过大的载荷会引起轴承磨损甚至损坏,过小的载荷可能会引起轴承打滑而出现滑蹭磨损。因此,需要充分考虑飞行包线内的各种飞行条件,确保在不同飞行条件下,各主轴轴承的载荷状态都不能出现较长时间的过大或过小状态。

在发动机正常工作时,作用在主轴轴承的径向载荷只有转子的重力和不平衡造成的离心力。当转子转动一圈时,不平衡的离心力就会出现一次与转子重力方向相反的情况。如果转子不平衡力与转子的重力接近,二者相互抵消就会使作用于主轴轴承的径向载荷很小,甚至出现零载的情况。另外,当飞机作机动飞行时,作用在发动机转子上的过载在某一瞬间也可能会使轴承出现轻载甚至零载的情况,引起滚棒轴承出现"打滑"现象,引发轴承发生"滑蹭损伤",对轴承疲劳寿命造成很大的影响[5]。

"打滑"现象也会出现在承受轴向载荷较小的滚珠轴承上。作用于滚珠轴承的轴向载荷主要取决于压气机与涡轮的气动设计以及发动机的减荷。在发动机设计时,通常会控制轴承的轴向载荷在设计状态下较小,但不小于可能使轴承产生打滑的情况。随着发动机飞行高度和速度的变化,作用在轴承上的轴向载荷会发生变化。图 3-16 为典型战斗机发动机的滚珠轴承所受轴向载荷的变化情况。在发动机设计时,应尽量避免作用在滚珠轴承上的轴向载荷在工作过程中出现变向,因为在

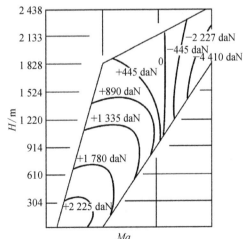

图 3-16　某发动机止推轴承的轴向载荷随高度(H)与马赫数变化图

载荷变向过程中,轴向载荷必然发生"轻载—零载—轻载"的过程,引起轴承打滑。

可以看出,轴承所受的外加载荷对轴承寿命及其可靠运转至关重要,但是,由于发动机支承系统的受力状态非常复杂,因此在发动机初始设计阶段很难精确给出各个支点轴承受到的外加载荷,而只能基于经验预估出静态和动态的径向负荷以及粗略的轴向负荷,并留出充分的余量。在正常情况下,主轴轴承设计需要考虑的载荷包括轴向载荷、静态和动态径向载荷、径向预加载荷、静态和动态轴向不同心度、轴承座圆锥度、轴承几何形状和材料性能等。此外,还需要考虑很多非正常情况下轴承可能承受的外加载荷,包括稳态振动载荷、由转子热弯曲引起的振动载荷、由压气机喘振引起的振动载荷、由叶片飞出引起的动载荷和飞机机动载荷等。

对不同承载条件下的主轴轴承,目前仍主要以疲劳寿命作为轴承寿命预测的设计准则。图 3-17 为威布尔(Weibull)概率纸上用直线描述的轴承疲劳寿命分布。轴承的可靠性、翻修及维护时间间隔,都可以根据飞行任务图和设计循环来确定轴承寿命。通常,民用飞机发动机要求 L10 寿命为 35 000 h,战斗机发动机的要求小很多,且为 L1 寿命。

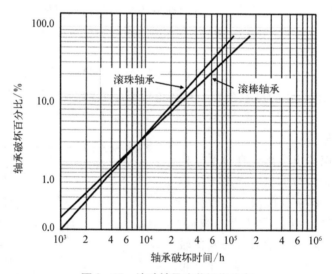

图 3-17　滚动轴承疲劳损伤分布

3.2.4　轴承润滑与冷却

为了减少轴承摩擦对偶面之间的摩擦磨损,防止轴承表面锈蚀,需要向主轴轴承供给滑油,对其摩擦接触表面进行润滑。同时,主轴轴承工作过程中产生的大量热量,以及外界高温环境传给轴承的热量,也需要通过供入的滑油流动来将热量带走,对轴承进行冷却,确保轴承在可承受的温度下工作。

　　主轴轴承的润滑和冷却设计中需要合理选择轴承的供油方式,图 3 – 18 为几种不同类型的供油结构及其配合的保持架引导方式。

　　轴承供油结构分为直接喷射供油和间接环下供油两种。直接喷射润滑,是通过一个标定的喷油孔直接从侧面向轴承供应一定温度和压力的滑油,各种工作情况下的滑油流量由喷油孔尺寸确定,油路上安装有若干个油滤,以免异物堵塞喷油孔。直接喷射润滑结构简单,但不适合保持架内圈引导的轴承,需要滑油的流量较大,因此流体搅拌损耗大,不适用于高速工况,一般只在 DN 值为 2×10^6 以下时使用。间接环下润滑,是将滑油喷射到空心的转子轴内壁,在离心力作用下通过轴和轴承内滚道的径向供油孔进入轴承内部。环下润滑所需滑油流量较少,因此流体搅拌损失也较小,相比喷射润滑在高速条件下润滑冷却效果更好。但环下润滑容易产生局部应力集中,而且环下供油孔容易堵塞。

　　现代航空发动机主轴轴承大量采用环下润滑方式,其中,压气机部分的主轴轴承常采用图 3 – 18(a)的形式,涡轮部分常采用图 3 – 18(c),DN 值在 2×10^6 以上的常采用图 3 – 18(c)或 3.18(d)的形式。

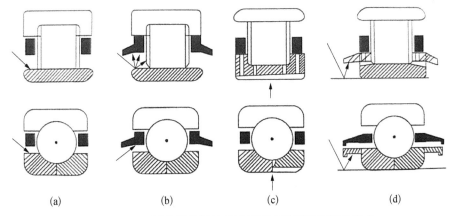

(a)　　　　　　(b)　　　　　　(c)　　　　　　(d)

图 3 – 18　不同的轴承保持架引导型式及匹配的润滑方式

3.3　主轴轴承的结构设计

　　航空发动机主轴承通常采用标准尺寸和标准结构形式的轴承,但在有些发动机上,为了适应发动机总体结构的要求,需要根据不同发动机安装、配合和滑油冷却等情况,将轴承尺寸或结构做成非标准变形结构,如外环带安装边、内圈加宽并带有封严环、套圈上加工油孔油槽等。保持架也有各种不同的结构,如兜孔形状、兜孔锁边、保持架加宽或带翅等。有的发动机由于径向尺寸受到限制,还可能会采用无内环或无外环的滚动轴承。

3.3.1 内环分半的滚珠轴承

航空发动机的止推轴承为了增加接触角和滚珠数目,提高轴承承受轴向载荷的能力,同时确保保持架能做成整体式,一般会将内环设计为分半的结构。同时,为了使分半设计不影响滚珠的工作,止推轴承会设计为三点接触式轴承,如图3-19所示[6]。在设计这种轴承时,需要合理选择滚道曲率半径 R 与滚珠半径 r 之比。为了提高承载能力,选用的 R/r 有时可能达到 1.02。轴承接触角则通常设计在 $20°\sim30°$ 的范围内。

图 3-19 三点接触式形滚珠轴承

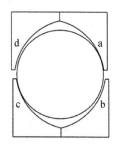

图 3-20 四点接触的内环分开
滚珠轴承

罗·罗公司设计了一种四点接触的内环分半轴承,如图3-20所示。轴承中对称的两个接触点(a 与 c,b 与 d)在不同的直径位置上,这样可以减少滚珠表面承受载荷的重复次数,避免轴承在工作期内出现表面剥落。据称,"达特"发动机的压气机止推轴承在其他尺寸不变的情况下,仅通过采取这一措施就将轴承的承载能力提高了 80%。

3.3.2 集成设计轴承

20 世纪 90 年代中后期,一些轴承厂家已开始为航空发动机公司提供"集成设计轴承",将与轴承有关的零件与轴承作为一体,例如,将高压压气机前短轴与轴承内环作为一体;将鼠笼式弹性支座与轴承外环作为一体;将带齿轮的传动轴与轴承作成一体等。

"集成设计轴承"可以显著减少发动机的零件数,简化发动机装配过程,提高发动机可靠性并降低整个集成结构的质量和成本。德国 FAG 轴承公司的统计数据表明,民用大涵道比涡扇发动机的高压压气机前轴承如果采用集成设计,将滚珠轴承、鼠笼式弹性支座与挤压油膜环做成一个整体,其生产成本可降低 23% 左右,质量可减少 30% 左右。

有的主轴轴承会在外环上集成设计安装边结构,通过安装边用螺钉将轴承固定在支座上,不仅省去了轴承座,而且可以保证轴承在长期工作中不松动,避免轴承在支座中转动而出现磨损如图 3-21 所示。而传统的轴承与轴承座通常为间隙配合,受到大负荷和长时间工作后,可能会引起轴承支座变形。但是,虽然采用外环带安装边的轴承可以简化支承结构,但也对轴承加工提出了挑战。

图 3-22 为 JT9D 的 2 号轴承采用的带安装边设计,罗·罗公司的很多发动机主轴轴承也采用了类似结构。

图 3-21　带安装边及弹性支座的
　　　　　集成设计轴承

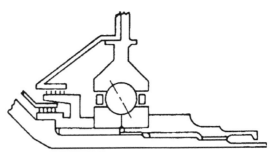

图 3-22　带安装边的轴承(JT9D 2 号轴承)

3.3.3　腰鼓形滚棒轴承

相比滚珠轴承规则的球形滚动体,滚棒轴承需要精细地设计滚动体的外廓尺寸,如图 3-23 所示,包括滚子平直段长度、滚子冠半径、冠的下降量、拐角半径等,

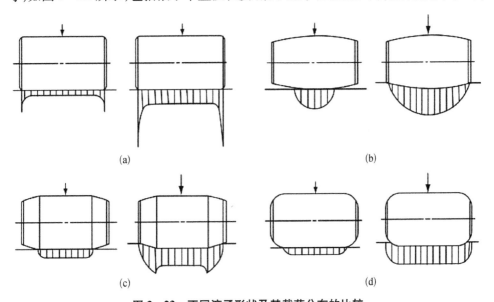

(a)　　　　　　　　　　　　　　　　(b)

(c)　　　　　　　　　　　　　　　　(d)

图 3-23　不同滚子形状及其载荷分布的比较

　　这些尺寸的优化与组合,对保证滚棒轴承的工作品质至关重要。此外,滚子歪斜对高速滚棒轴承的性能也特别关键。

　　在航空发动机中,由于加工、装配不当以及载荷的作用等因素影响,可能出现转子轴线与轴承座孔轴线不重合的情况,造成轴承偏斜。当轴线偏斜时,圆柱形滚棒轴承就会在滚棒两端产生过大的集中载荷,造成滚道剥落、滚棒端面磨损以及保持架过度磨损等损伤。

　　因此,发动机主轴轴承使用的滚棒轴承大都采用两端直径较小的腰鼓形滚棒,来改善滚棒上的载荷分配。图 3 - 24 为典型的腰鼓形滚棒设计。较大的轴线偏斜需要配合较大的鼓形差度,但当鼓形差度大于 0.017 8 mm 时,对纠正偏斜的作用效果就不大了。有时也会将滚棒轴承的滚动体做成圆柱形,而将内、外环滚道做成反腰鼓形。

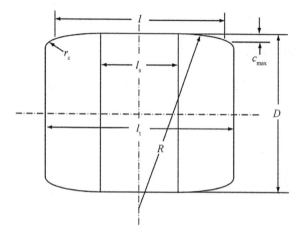

图 3 - 24　腰鼓形滚棒轴承滚子的设计

l_t. 滚子长度;l_s. 平直段长度;l. 有效长度;R. 鼓形半径;
r_c. 圆角半径;c_{max}. 鼓形差度;D. 滚子直径

　　在腰鼓形滚棒中,如果滚棒端面与外径的垂直度不够,或鼓形半径对滚棒的平直段偏心过大,或者腰鼓型面相对滚棒的平直段发生偏斜,如图 3 - 25 所示,则会

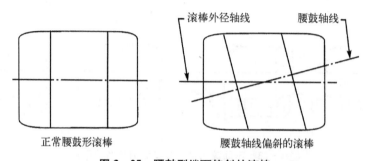

正常腰鼓形滚棒　　　　　　腰鼓轴线偏斜的滚棒

图 3 - 25　腰鼓型端面偏斜的滚棒

引起滚棒的不平衡,在运行中造成滚棒的回转偏斜,进而造成滚棒端面磨损。因此,对于 DN 值大于 2.0×10^6 的高速滚棒轴承,必须对鼓形半径相对平直段的偏心度、腰鼓型面相对平直段的不同心度以及滚棒端面对外径的垂直度等参数进行严格要求。

此外,为了避免滚棒与保持架兜孔产生过度磨损,滚棒与保持架兜孔间应保持相当于滚棒直径 5% 的间隙。同时,滚棒与滚道之间也应有 $0.025 \sim 0.038$ mm 的端面轴向间隙,从而保证滚道中形成良好的润滑,保证滚棒能得到合适的导引。

3.3.4　空心滚珠轴承

当滚珠轴承的 DN 值大于 1.5×10^6 时,滚珠公转运动会产生很大的离心力,引起外滚道的接触应力和发热量增大,严重影响轴承的疲劳寿命。虽然可以通过选用小滚动体轴承的方法缓解该问题,但这种方法仍有很大的局限性。20 世纪 60 ~ 70 年代国外曾大力研究过空心滚珠技术,美国普惠公司通过对空心滚珠轴承的大量研究,总结其优势如下:

（1）可以显著减小轴承质量;

（2）在高 DN 值下可以减小作用于外环的离心力与发热量,提高轴承疲劳寿命;

（3）滚珠变为柔性,且能施加弹性载荷,消除打滑;

（4）可以通过控制滚珠的纤维流线来获得最高的疲劳寿命[7]。

如图 3-26 所示,空心滚珠是由两个半球形薄壳体通过电子束焊接在一起而成的。在高 DN 值下,内径为 150 mm 的滚珠轴承通过采用外、内直径比为 1.25 的空心滚珠,可以使滚珠质量减少 50%,使轴承疲劳寿命提高 3 倍以上,如图 3-27 所示。而空心滚珠的刚性几乎与实心滚珠相同。

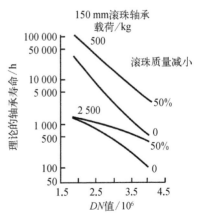

图 3-26　空心滚珠轴承及焊接的空心滚珠　　图 3-27　空心滚珠对轴承寿命的影响

空心滚珠的加工是该技术应用的关键,而电子束焊可能在焊缝处产生焊接缺陷,如焊接不均匀、局部焊球等。这不仅会造成滚珠不平衡,而且还会产生滚珠疲劳裂纹,裂纹向外表面发展后,会造成滚珠表面疲劳剥落。图3-28为空心滚珠内焊接区形成的裂纹导致表面疲劳剥落的情形。由于难以保证焊接后的壁厚均匀,以及沿圆周焊缝的穿透性一致,空心滚珠技术迄今未能在发动机型号中使用。而且随着新材料的发展,陶瓷等轻质、高强度材料开始越来越多地应用到主轴轴承滚动体中。

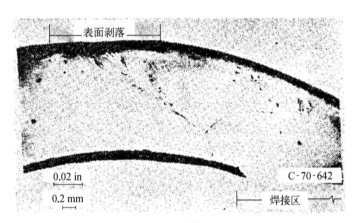

图3-28　空心滚珠内焊接区的裂纹导致表面疲劳剥落

思考题

1. 请解释航空发动机主轴轴承会选用滚动轴承的原因。
2. 请解释 DN 值的含义,及其对滚动轴承的影响。
3. 采用集成设计的发动机主轴轴承有什么优势?

参考文献

[1]　林基恕.航空燃气涡轮发动机机械系统设计[M].北京:航空工业出版社,2005.

[2]　HARRIS T A, KOTZALAS M N.滚动轴承分析(原书第5版):第2卷轴承技术的高等概念[M].罗继伟,译.北京:机械工业出版社,2010.

[3]　GUPTA P K. Thermal interactions in rolling bearing dynamics[R]. AFRL - PR - WP - TR - 2002 - 2042, 2002.

[4]　张美宏.M50钢表面损伤行为和胶合失效机制分析[D].哈尔滨:哈尔滨工业大学,2017.

[5]　孔德龙,杨宇.角接触球轴承打滑蹭伤原因浅析[C].无锡:中国航空学会第九届轻型燃气轮机学术交流会,2014.

[6]　梁霄,贾朝波,高福达,等.某发动机用三点接触球轴承失效分析[J].轴承,2013(1):25-28.

[7]　魏延刚.空心球轴承接触状态和承载性能理论研究初探[J].机械设计,2006(4):54-56.

第4章
滚动轴承基础分析

【学习要点】

掌握：滚动轴承的几何参数含义及理想运动关系计算。

熟悉：Hertz接触理论,轴承内的载荷分布分析。

了解：滚珠轴承的一般运动状态描述。

如图4-1所示,标准的滚动轴承结构一般由内圈、外圈、滚动体(滚珠或滚棒)和保持架组成。内圈通常装在转轴上,与转轴紧密配合,并与转轴一起旋转,内圈外表面上有供滚珠或滚棒滚动的沟槽,称为内沟或内滚道。外圈通常在轴承座或机械壳体上,与轴承座孔过盈配合或间隙配合,起支撑滚珠和滚棒的作用,也有的轴承是外圈旋转、内圈固定。外圈内表面也有供滚珠或滚棒滚动的沟槽,称为外沟或外滚道。滚动体在内圈和外圈之间的滚道上滚动,在旋转过程中允许滚动体与套圈间发生相对滑动,滚动体的大小和数量决定着轴承的承载能力。保持架的作用是将轴承的一组滚动体均匀地相互隔开,避免滚动体互相碰撞和摩擦,并使每个滚动体均匀和轮流地承受载荷。

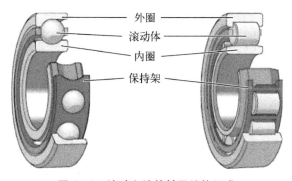

图4-1 滚珠和滚棒轴承结构组成

4.1　滚动轴承的几何关系

滚珠轴承和滚棒轴承虽然是简单的机械元件,但内部几何关系十分复杂,而这些几何相对关系又与轴承零件的运动学、动力学密切相关,并且影响到轴承内部的载荷分布、应力与变形、刚度、摩擦、润滑、振动、噪声以及轴承寿命等。

4.1.1　滚珠轴承

图4-2为滚珠轴承的内部几何结构图,图4-3为内、外圈轴向相对移动后的套圈滚道沟曲率中心位置。

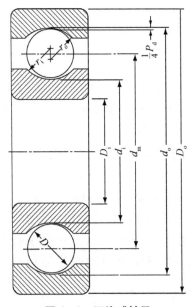

图4-2　深沟球轴承

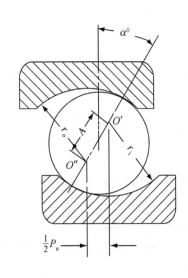

图4-3　内、外圈轴向移动后的深沟球轴承

1. 密合度

在垂直于滚动方向的横截面内,滚动体的曲率半径与套圈滚道沟曲率半径之比称为密合度,又称吻合度。密合度表示滚动体与套圈滚道在接触点处的密接程度,它对轴承内的负荷分布、接触应力和变形、摩擦以及轴承寿命都有重要影响。

滚珠轴承的密合度可以表示为

$$\Phi = \frac{D}{2r} \tag{4-1}$$

式中,D 为滚动体直径;r 为沟曲率半径。

滚珠轴承中常用如下表达式计算滚道沟曲率半径：

$$r = fD \qquad (4-2)$$

式中，f 为沟曲率半径系数。对于深沟球轴承，f 值通常为 0.515~0.525。

由式(4-1)和式(4-2)可得

$$\varPhi = \frac{1}{2f} \qquad (4-3)$$

轴承内圈和外圈的吻合度可以不相等，沟曲率半径系数也可以不同，分别以 f_i 和 f_o 表示。

密合度的大小会直接影响轴承的载荷容量以及高速性能。一般来说，密合度越小，轴承的载荷容量越大，但摩擦发热越多，高速性能不好；密合度越大，虽然高速性能得到改善，但载荷容量却相对降低。为了克服旋滚比对轴承造成的不利影响，常取内沟曲率系数 f_i 大于外沟曲率系数 f_o，并严格按照高速运转条件进行设计计算。各轴承厂家在设计中选取的沟曲率系数如表 4-1 所示，大都为 $f_i > f_o$。

表 4-1　航空发动机主轴轴承沟道曲率系数的选取[1]

发动机类型	内沟曲率系数 f_i	外沟曲率系数 f_o	内、外沟曲率系数对比
JT9D 发动机	0.525	0.525	$f_i = f_o$
斯贝发动机	0.509~0.512	0.506~0.507	$f_i > f_o$
刘易斯研究中心	0.54	0.52	$f_i > f_o$
PT4-T 发动机	0.521~0.522	0.518~0.519	$f_i > f_o$
HF1 发动机	0.525	0.515	$f_i > f_o$

2. 节圆直径

滚珠轴承的节圆直径近似等于轴承内径 D_i 和轴承外径 D_o 的平均值，即

$$D_m \approx \frac{1}{2}(D_i + D_o) \qquad (4-4)$$

但确切地说，轴承节圆直径应是内、外套圈滚道接触直径的平均值，即

$$D_m \approx \frac{1}{2}(d_i + d_o) \qquad (4-5)$$

3. 游隙

游隙是指当一个套圈固定时，另一个套圈在规定负荷下沿径向或轴向从一个极限位置到另一个极限位置的移动量。按移动方向对应分为径向游隙和轴向游隙两种。

如图 4-2 所示，径向游隙可以表示为

$$P_d = d_o - d_i - 2D \tag{4-6}$$

对于向心轴承,通常测量其径向游隙。一般不测量角接触球轴承的游隙。

　　4. 接触角和轴向游隙

　　接触角是指滚动体与滚道接触区中点的法向负荷向量与垂直于轴承轴线的径向平面间的夹角。轴承静止且不受外负荷作用时的接触角称为初始接触角。对于滚珠轴承,接触角也是球体与内、外滚道接触点的连线与轴承径向平面的夹角。

　　图4-3为消除轴向游隙后深沟球轴承的几何关系,从图中可以看出,内、外沟曲率中心 O' 和 O'' 的距离为

$$A = r_o + r_i - D \tag{4-7}$$

代入 $r = fD$,得

$$A = (f_o + f_i - 1)D \tag{4-8}$$

　　从图4-3还可以看出,初始接触角是球体与内外滚道接触点连线与垂直于轴承旋转轴线的径向平面之间的夹角。其大小可由式(4-9)确定:

$$\cos \alpha^0 = \frac{\frac{1}{2}A - \frac{1}{4}P_d}{\frac{1}{2}A} = 1 - \frac{P_d}{2A} \tag{4-9}$$

　　如果采用过盈配合装配轴承,则必须改变套圈的直径以减小径向间隙,才能得到初始接触角, α^0 的表达式为

$$\alpha^0 = \arccos\left(1 - \frac{P_d + \Delta P_d}{2A}\right) \tag{4-10}$$

　　由于存在径向游隙,向心轴承在无载荷状态下可以在轴向自由浮动。初始轴向游隙定义为零载荷下内圈相对外圈的最大轴向移动量,表达式为

$$P_e = 2A \sin \alpha^0 \tag{4-11}$$

　　滚珠轴承的接触角决定了轴承能够承受轴向载荷的能力,而外加轴向载荷和惯性载荷对其接触角也有显著的影响。惯性载荷总是使轴承外圈接触角减小,内圈接触角增大,随着速度的提高,内、外圈接触角之差增大,旋滚比也随之增大;而轴向载荷则会导致内、外圈接触角同时增大,但随着轴向载荷的继续增大,内、外圈接触角之差减小,这些都对轴承的工作有利。所以,高速轻载滚珠轴承务必施加一定的轴向载荷,以防止轴承运转中出现旋转滑动。

　　选择设计轴承接触角时,要综合考虑载荷、转速、润滑条件以及对寿命的要求,

表 4-2 所示为 JT9D 发动机、斯贝发动机主轴轴承轻载荷下的测量接触角和 HF1、HF2 发动机主轴轴承的设计接触角[2]。

表 4-2　不同发动机主轴轴承的接触角

接　触　角	JT9D 1 号支点	斯贝 4 号支点	斯贝 5 号支点	HF1 3 号支点	HF2 2 号支点	HF2 3 号支点
内环接触角	46°44′	31°04′	40°3′	26°	30°	18°
外环接触角	56°44′	29°54′	40°8′	26°	30°	18°

5. 自由偏转角

在没有外加载荷时,径向游隙还能使滚珠轴承产生轻微的偏转,自由偏转角是指轴承零件在受力前,内圈轴线相对于外圈轴线转动的最大角度。如图 4-4 所示,利用余弦定理可得

$$\cos\theta_i = 1 - \frac{P_d\left[(2f_i - 1)D - \frac{1}{4}P_d\right]}{2d_m\left[d_m + (2f_i - 1)D - \frac{1}{2}P_d\right]} \qquad (4-12)$$

$$\cos\theta_o = 1 - \frac{P_d\left[(2f_o - 1)D - \frac{1}{4}P_d\right]}{2d_m\left[d_m + (2f_o - 1)D - \frac{1}{2}P_d\right]} \qquad (4-13)$$

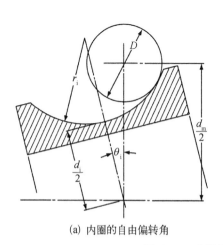

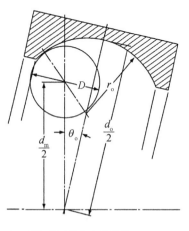

(a) 内圈的自由偏转角　　　　　　　(b) 外圈的自由偏转角

图 4-4　球轴承的自由偏转角

因此,轴承的自由偏转角可以表示为

$$\theta = \theta_i + \theta_o \tag{4-14}$$

由三角恒等式可得

$$\cos\theta_i + \cos\theta_o = 2\cos\left(\frac{\theta_i + \theta_o}{2}\right)\cos\left(\frac{\theta_i - \theta_o}{2}\right) \tag{4-15}$$

由于 $\theta_i - \theta_o \approx 0$,所以有

$$\theta = 2\arccos\left(\frac{\cos\theta_i + \cos\theta_o}{2}\right) \tag{4-16}$$

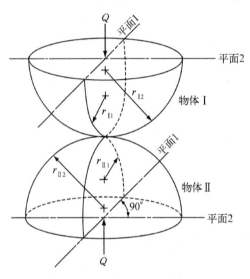

图 4-5　接触体的几何关系

6. 主曲率

在不受负荷作用时,两物体接触于一点,这种状态称为点接触,如图 4-5 所示。

物体 I 在接触点一对主平面中的主曲率表示为 ρ_{I1}、ρ_{I2},物体 II 的主曲率为 ρ_{II1}、ρ_{II2},第一个下标表示所指的物体,第二个下标表示所在的主平面。主曲率有正负号:凸面,即曲面与曲率中心在切线同一侧时为正;凹面,即曲面与曲率中心在切线不同侧时为负。

曲率半径用 r 表示,则曲率定义为

$$\rho = \frac{1}{r} \tag{4-17}$$

主曲率和是两接触物体在接触处主曲率的总和,即

$$\sum\rho = \rho_{I1} + \rho_{I2} + \rho_{II1} + \rho_{II2} \tag{4-18}$$

在一般接触问题中,主曲率函数用下式表示:

$$F(\rho) = \frac{\sqrt{(\rho_{I1} - \rho_{I2})^2 + 2(\rho_{I1} - \rho_{I2})(\rho_{II1} - \rho_{II2})\cos 2\omega + (\rho_{II1} - \rho_{II2})^2}}{\sum\rho}$$

$$\tag{4-19}$$

式中,ω 为两接触物体相应主平面间的夹角。

在滚动轴承中,两接触零件的相应主平面相互重合,即 $\omega = 0$,因此式可以改写为

$$F(\rho) = \frac{|(\rho_{I1} - \rho_{I2}) + (\rho_{II1} - \rho_{II2})|}{\sum \rho} \tag{4-20}$$

此时,$F(\rho)$ 也称为主曲率差,应注意 $F(\rho)$ 总为正值。

以图 4-6 所示的角接触球轴承为例,令

$$\gamma = \frac{D\cos\alpha}{d_{\mathrm{m}}} \tag{4-21}$$

球体与内圈滚道接触的主曲率 ρ、主曲率和 $\sum \rho_i$ 以及主曲率函数 $F(\rho_i)$ 表示为

$$\rho_{I1} = \rho_{I2} = \frac{2}{D} \tag{4-22}$$

$$\rho_{II1} = \frac{2}{D}\left(\frac{\gamma}{1-\gamma}\right) \tag{4-23}$$

$$\rho_{II2} = -\frac{1}{f_i D} \tag{4-24}$$

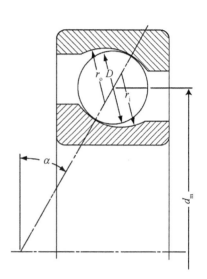

图 4-6　球轴承几何关系

$$\sum \rho_i = \frac{4}{D} - \frac{1}{f_i D} + \frac{2}{D}\left(\frac{\gamma}{1-\gamma}\right) = \frac{1}{D}\left(4 - \frac{1}{f_i} + \frac{2\gamma}{1-\gamma}\right) \tag{4-25}$$

$$F(\rho_i) = \frac{\dfrac{2}{D}\left(\dfrac{\gamma}{1-\gamma}\right) - \left(-\dfrac{1}{f_i D}\right)}{\sum \rho_i} = \frac{\dfrac{1}{f_i} + \dfrac{2\gamma}{1-\gamma}}{4 - \dfrac{1}{f_i} + \dfrac{2\gamma}{1-\gamma}} \tag{4-26}$$

同样,球体与外圈滚道接触时,$\rho_{I1} = \rho_{I2} = \dfrac{2}{D}$,与上面相同,即

$$\rho_{II1} = -\frac{2}{D}\left(\frac{\gamma}{1+\gamma}\right) \tag{4-27}$$

$$\rho_{II2} = -\frac{1}{f_o D} \tag{4-28}$$

$$\sum \rho_\mathrm{o} = \frac{1}{D}\left(4 - \frac{1}{f_\mathrm{o}} - \frac{2\gamma}{1+\gamma}\right) \tag{4-29}$$

$$F(\rho_\mathrm{o}) = \frac{\dfrac{1}{f_\mathrm{o}} - \dfrac{2\gamma}{1+\gamma}}{4 - \dfrac{1}{f_\mathrm{o}} - \dfrac{2\gamma}{1+\gamma}} \tag{4-30}$$

$F(\rho)$ 的值始终为 $0\sim1$，对于滚珠轴承其典型值在 0.9 左右。

7. 挡边高度

轴承套圈的挡边高度会影响轴承的轴向负荷能力。在设计中，可以根据球径按下式计算：

$$h_\mathrm{i} = \frac{d_{\mathrm{I}\,\mathrm{i}} - d_\mathrm{i}}{2} = K_\mathrm{I} D \tag{4-31}$$

$$h_\mathrm{o} = \frac{d_\mathrm{o} - d_{\mathrm{I}\,\mathrm{o}}}{2} = K_\mathrm{I} D \tag{4-32}$$

式中，h_i、h_o 分别为内、外套圈的挡边高度系数；$d_{\mathrm{I}\,\mathrm{i}}$、$d_{\mathrm{I}\,\mathrm{o}}$ 分别为内、外圈挡边高度；d_i、d_o 分别为内、外滚道直径；K_I 为挡边高度系数，与轴承的直径系列有关。

8. 垫片角

现代航空发动机主轴轴承承载重、转速高，常采用三点接触或四点接触的双半内圈球轴承。双半内圈球轴承在磨削内圈时会在两半内圈之间加有垫片，如图 4-7 所示。当垫片移去后，将双半内圈贴紧，就形成了双半内圈球轴承，如图 4-8 所示。

垫片角 α_s 与垫片厚度 w_s 有关，可以由以下公式进行计算：

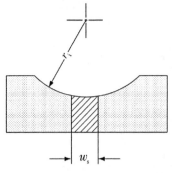

图 4-7　带垫片的待磨削内圈

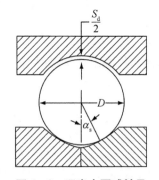

图 4-8　双半内圈球轴承

$$\alpha_{\rm s} = \arcsin\left(\frac{w_{\rm s}}{2r_{\rm i} - D}\right) \qquad (4-33)$$

轴承的垫片角 $\alpha_{\rm s}$ 和轴承成品的径向游隙 $P_{\rm d}$ 共同决定了轴承的初始接触角。由图 4-8 可以确定轴承的有效游隙 $P_{\rm d}$ 为

$$P_{\rm d} = S_{\rm d} + (2f_{\rm i} - 1)(1 - \cos \alpha_{\rm s})D \qquad (4-34)$$

则轴承的初始接触角为

$$\alpha^0 = \arccos\left[1 - \frac{P_{\rm d}}{2(f_{\rm o} + f_{\rm i} - 1)D} - \frac{(2f_{\rm i} - 1)(1 - \cos \alpha_{\rm s})}{2(f_{\rm o} + f_{\rm i} - 1)}\right] \qquad (4-35)$$

式中,内、外圈沟道曲率系数 $f_{\rm i}$、$f_{\rm o}$ 的计算方法与深沟球轴承相同。

4.1.2 滚棒轴承

1. 节圆直径和径向游隙

滚棒轴承的节圆直径以及径向游隙的定义与滚珠轴承相同,滚珠轴承的计算公式也适用于滚棒轴承。

在航空发动机中,考虑到涡轮支点处的环境温度较高,支点轴承的热变形量较大,因此涡轮支点处的滚棒轴承一般会采用较大的径向游隙,如表 4-3 所示。

表 4-3 航空发动机涡轮支点滚棒轴承径向间隙(mm)

发动机	WP7	WP8	JT9D 前	JT9D 后	PW4000 前	PW4000 后
轴承内径	130	160	235	165	182	165
径向游隙	0.27~0.300	0.150~0.850	0.127~0.128	0.216~0.241	0.195~0.230	0.109~0.134

2. 轴向游隙

如图 4-9 所示,滚棒轴承的滚子在内滚道和外滚道各有两个引导挡边,滚子与引导挡边之间存在轴向游隙。从图中可以看出,轴承的轴向游隙为

$$P_{\rm e} = l_{\rm f} - l_{\rm t} \qquad (4-36)$$

式中,$l_{\rm f}$ 为套圈上引导挡边之间的距离;$l_{\rm t}$ 为滚子的总长度。

3. 接触角

滚棒轴承的接触角不受径向游隙的影响,其接触角为零。

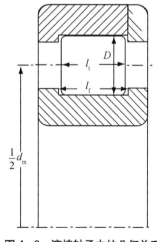

图 4-9 滚棒轴承内的几何关系

4. 滚子的轮廓形状

为了避免滚子两端产生应力集中,通常将滚子外形做成略微凸出的形状。图 4 - 10 为几种常用的带凸度的滚子。也可以将套圈滚道做成带凸度的形状,但效果不如带凸度的滚子。

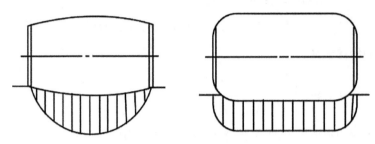

图 4 - 10   带凸度的圆柱滚子

带凸度的滚子素线主要有全凸形、半弧形(修正形)和对数曲线形。全凸形滚子的缺点是形状难于加工,滚子容易歪斜,载荷容量不能充分利用;修正形滚子没有全凸形的缺点,特别适用于航空发动机轴承轻载荷的特点;而近期研究表明,滚子的最佳凸度轮廓为对数曲线形,它可以使接触压力均匀分布。滚子的凸度量,应根据实际载荷通过理论计算选取。表 4 - 4 为一些国外航空发动机滚棒轴承的修正型滚子尺寸参数。

表 4 - 4   航空发动机主轴滚棒轴承的修正型滚子尺寸参数

发动机型号	滚子直径×长度/mm	凸出量/μm	端部凸出部分长度/mm
斯贝发动机	5.556×5.556	5.1	0.43
	6.35×6.35	5.1	0.43
	7.144×7.144	7.6	0.50
	7.937×7.937	7.6	0.56
	9.525×9.525	10.0	0.66
	11.112×11.112	15.0	0.70
JT9D 发动机	22.78×23	27	6.75
	18×18	23	2.338

5. 主曲率

不受负荷作用时,两物体接触于一条直线或曲线,称为线接触。滚棒轴承中滚动体与套圈滚道可能是线接触,如短圆柱滚子轴承或圆锥滚子轴承;也可能是点接触,如球面滚子轴承。

滚珠轴承关于主曲率和 $\sum \rho$ 及主曲率函数 $F(\rho)$ 的定义同样适用于线接触,但是,即使是全凸滚子,其凸度或轮廓的半径 R 也非常大。此外,滚道也可以带有凸度,但由于 $R = r_i = r_o \Rightarrow \infty$,即描述内、外滚道接触处的曲率与关系式中的半径的

倒数之差基本为零,因此

$$\sum \rho_i = \frac{1}{D}\left(\frac{2}{1-\gamma}\right) \quad\quad (4-37)$$

$$\sum \rho_o = \frac{1}{D}\left(\frac{2}{1+\gamma}\right) \quad\quad (4-38)$$

主曲率函数 $F(\rho)_i = F(\rho)_o = 1$。

对于航空发动机主轴滚棒轴承,通常将滚子的长径比设计为 1,即"方形"滚子。这样可以得到最长的疲劳寿命,并且滚子摆动最小。为了保证高转速时滚子具有良好的平衡,以及径向和轴向应力分布均匀,对滚子的各部分公差要求控制极严。例如,直径公差约为 0.001 mm;长度公差为 0.002~0.002 5 mm;拐角半径公差则不超过 0.025 mm。

4.2　接触应力和变形

接触应力和变形是指当两个曲面物体发生相互挤压时,在接触部位附近产生的应力和变形。滚动轴承中的滚动体和套圈滚道之间为点接触或线接触,在负荷作用下,接触点(线)周围邻域发生变形,使两个物体互相趋近,并将负荷作用在微小面积上,称其为接触面。接触面的面积随负荷增加而增大,其形状取决于两个物体在接触点(线)的曲率,同时接触面内的压力分布是不均匀的。因此,接触应力和变形分析需要获得接触部位的应力分布、接触面的形状和尺寸,以及两个物体的互相趋近量。

4.2.1　弹性接触的 Hertz 理论

Hertz(赫兹)最早研究了两个弹性体的接触问题,获得了接触面内的压力分布和物体内部的应力分布。虽然 Hertz 采用了一些简化和假设,但计算结果与试验结果很吻合,表达形式也较简单,至今仍是滚动轴承应力计算的主要方法[3]。

1. 空间接触问题的 Hertz 弹性理论

在 Hertz 进行弹性体的接触应力和变形分析过程中,采用了如下假设:

（1）接触的两个物体只产生弹性变形,并服从胡克定律;

（2）接触表面完全光滑且与负荷垂直,不考虑接触物体之间的摩擦力;

（3）接触面的尺寸与接触物体表面的曲率半径相比很小。

图 4-11 为各向同性材料构成的无限小弹性立方体的应力状态,在不考虑重力的情况下,x 方向上应力的静力平衡条件为

$$\sigma_x \mathrm{d}y\mathrm{d}z + \tau_{xy}\mathrm{d}x\mathrm{d}z + \tau_{xz}\mathrm{d}x\mathrm{d}y - \left(\sigma_x + \frac{\partial \sigma_x}{\partial x}\mathrm{d}x\right)\mathrm{d}y\mathrm{d}z$$

$$-\left(\tau_{xy} + \frac{\partial \tau_{xy}}{\partial y}\mathrm{d}y\right)\mathrm{d}x\mathrm{d}z - \left(\tau_{xz} + \frac{\partial \tau_{xz}}{\partial z}\mathrm{d}z\right)\mathrm{d}x\mathrm{d}y = 0 \qquad (4-39)$$

简化后为

$$\frac{\partial \sigma_x}{\partial x} + \frac{\partial \tau_{xy}}{\partial y} + \frac{\partial \tau_{xz}}{\partial z} = 0 \qquad (4-40)$$

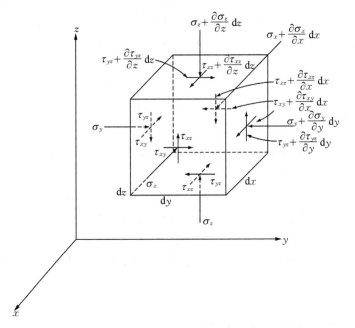

图 4 - 11 作用在无限小立方体上的应力状态

相似地,在 y 和 z 方向上分别有

$$\frac{\partial \sigma_y}{\partial y} + \frac{\partial \tau_{xy}}{\partial x} + \frac{\partial \tau_{yz}}{\partial z} = 0 \qquad (4-41)$$

$$\frac{\partial \sigma_z}{\partial z} + \frac{\partial \tau_{xz}}{\partial x} + \frac{\partial \tau_{yz}}{\partial z} = 0 \qquad (4-42)$$

式(4-39)~式(4-42)是直角坐标系中的平衡方程。在比例极限范围内,弹性材料的 Hooke(胡克)定律为

$$\varepsilon = \frac{\sigma}{E} \tag{4-43}$$

式中，ε 是应变量；E 为变形材料的弹性模量。切应力和切应变的关系可以表示为

$$\gamma_{xy} = \frac{\tau_{xy}}{G}, \quad \gamma_{xz} = \frac{\tau_{xz}}{G}, \quad \gamma_{yz} = \frac{\tau_{yz}}{G} \tag{4-44}$$

式中，G 为切变模量，表达式为

$$G = \frac{E}{2(1+\nu)} \tag{4-45}$$

式中，ν 为泊松比，对于钢材 $\nu = 0.3$。

对应变关系式进行微分运算可以得到一组相容方程组：

$$\begin{cases} \nabla^2 u + \dfrac{1}{1-2\nu}\dfrac{\partial \varepsilon}{\partial x} = 0 \\[2mm] \nabla^2 v + \dfrac{1}{1-2\nu}\dfrac{\partial \varepsilon}{\partial y} = 0 \\[2mm] \nabla^2 w + \dfrac{1}{1-2\nu}\dfrac{\partial \varepsilon}{\partial z} = 0 \end{cases} \tag{4-46}$$

其中，

$$\nabla^2 = \frac{\partial^2}{\partial x^2} + \frac{\partial^2}{\partial y^2} + \frac{\partial^2}{\partial z^2} \tag{4-47}$$

式(4-46)表示一组条件，只有当这些条件都满足时才能在已知应力作用下求解出物体的应变和内部的应力状态。

2. 表面压力与位移的关系

布辛涅斯克(Boussinesq)通过极坐标系分析了半无限空间界面上的接触应力和弹性变形分布。

如图 4-12 所示，半无限空间界面上的接触区域 Ω 内作用的分压力为 $\sigma(x, y)$，可以证明，界面上坐标 (x, y) 点沿 z 轴方向的位移为

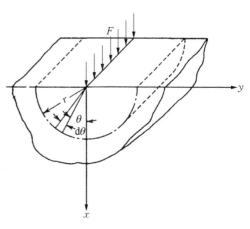

图 4-12　Boussinesq 半无限空间分析模型

$$w = \frac{1 - \nu^2}{\pi E} \iint\limits_{\Omega} \frac{\sigma(\xi\eta)\,\mathrm{d}\xi\mathrm{d}\eta}{\sqrt{(x - \xi)^2 + (y - \eta)^2}} \qquad (4-48)$$

如果接触区域 Ω 为椭圆,则有

$$\frac{x^2}{a^2} + \frac{y^2}{b^2} = 1 \qquad (4-49)$$

如果表面压力分布符合半椭球分布,如图 4-13 所示,则分压力可以表示为

$$\sigma(x,\,y) = \sigma_{\max}\sqrt{1 - \left(\frac{x}{a}\right)^2 - \left(\frac{y}{b}\right)^2} \qquad (4-50)$$

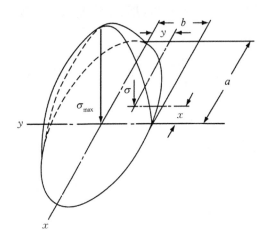

图 4-13　点接触椭圆面上的压应力分布

式中, a、b 分别为椭圆的长、短半轴; $\sigma_{\max}$ 为椭圆中心的压力。

将式(4-49)和式(4-50)代入式(4-48),积分可得

$$w = \frac{1 - \nu^2}{E}b\sigma_{\max}\left[K(e) - D(e)\frac{x^2}{a^2} - B(e)\frac{y^2}{b^2}\right] \qquad (4-51)$$

式中, $K(e)$ 为第一类完全椭圆积分,表达式为

$$K(e) = \int_0^{\pi/2} \frac{\mathrm{d}\varphi}{\sqrt{1 - e^2\sin^2\varphi}} \qquad (4-52)$$

$D(e)$ 和 $B(e)$ 为椭圆积分的组合,其表达式分别为

$$D(e) = \frac{1}{e^2}[K(e) - L(e)] \qquad (4-53)$$

$$B(e) = K(e) - D(e) \qquad (4-54)$$

$L(e)$ 为第二类完全椭圆积分,表达式为

$$L(e) = \int_0^{\pi/2} \sqrt{1 - e^2\sin^2\varphi}\,\mathrm{d}\varphi \qquad (4-55)$$

e 为椭圆的偏心率,表达式为

$$e = \sqrt{1 - \left(\frac{b}{a}\right)^2} \qquad (4-56)$$

界面上的表面压力沿接触区域的积分应与界面所受的总负荷相等,即

$$Q = \iint\limits_{\Omega} p(x,y) \mathrm{d}\Omega \qquad (4-57)$$

式中,Q 为外加的总负荷。

将式(4-50)代入式(4-57),积分可得

$$\sigma_{\max} = \frac{3}{2} \frac{Q}{\pi ab} \qquad (4-58)$$

显然,$Q/(\pi ab)$ 是在椭圆区域的平均压力。当表面压力为半椭球规律分布时,最大压力是平均压力的 1.5 倍。

3. 弹性力学平面接触

1)平面接触问题

对于平面接触问题,Hertz 理论的基本假设中前两点仍适用,而第 3 点应改为:接触面的宽度与接触物体表面的曲率半径相比很小。此外还需要增加第 4 点假设,即柱体的长度远大于其直径,因而可视为无限长。对于滚子轴承,圆柱滚子的长度通常大于或等于其直径,但不等于套圈滚道的宽度,因此只能认为近似满足第 4 点假设,可以采用弹性力学平面应变问题的处理方法。

如图 4-14 所示,在负荷 Q 的作用下,在接触区形成宽度 $2b$、长度 l 的矩形接触面,两个柱体的弹性趋近量为 δ。

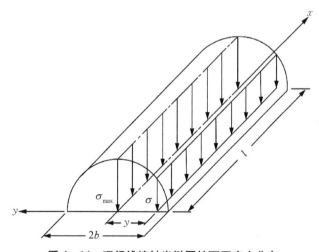

图 4-14　理想线接触半椭圆柱面压应力分布

负荷线密度与总负荷的关系为

$$q = \frac{Q}{l} \qquad (4-59)$$

2）接触应力及接触面尺寸

接触压力沿接触区域按椭圆规律分布,可以表示为

$$\sigma(y) = \sigma_{\max} \sqrt{1 - \left(\frac{y}{b}\right)^2} \qquad (4-60)$$

其中,最大接触应力为

$$\sigma_{\max} = \sqrt{\frac{2}{\pi} \frac{q}{\left(\frac{1-\nu_1^2}{E_1} + \frac{1-\nu_2^2}{E_2}\right)} \sum \rho} = \frac{2Q}{\pi l b} \qquad (4-61)$$

接触半宽度为

$$b = \sqrt{\frac{4}{\pi}\left(\frac{1-\nu_1^2}{E_1} + \frac{1-\nu_2^2}{E_2}\right)\frac{q}{\sum \rho}} \qquad (4-62)$$

可以看出,最大接触压力等于接触面平均压力 $Q/(2bl)$ 的 $4/\pi$ 倍。

3）弹性趋近量

平面接触问题的弹性趋近量没有精确解,而只能采用经验计算公式。滚动轴承常用的是 Palmgren 公式,对于一个有限长的圆柱体,在两个无限大的平面物体间受到挤压,假设两个物体的材料相同,那么从圆柱体的轴线到平面物体上某一点法向距离的趋近量可以表示为

$$\delta = 3.81 \left[\frac{2(1-\nu^2)}{\pi E}\right]^{0.9} \frac{Q^{0.9}}{l^{0.8}} \qquad (4-63)$$

滚子轴承中滚动体与滚道之间的接触状态与上述条件相似,而且试验表明,式(4-63)的计算结果与实测结果吻合良好,因此可以用于分析滚子轴承中的弹性变形。另外可以看出,圆柱体的直径对弹性趋近量没有影响。

4.2.2　次表面应力分布

Hertz 的弹性理论仅适用于垂直作用于表面的集中力所引起的表面应力。试验数据表明,滚动轴承的接触疲劳是裂纹发生和扩展的结果,裂纹可能是先从接触表面下的某一深度产生,继而扩展到表面,如图 4-15 所示,也可能先在表面产生,逐渐向深度扩展。裂纹的产生和扩展除了与物体表面或内部的材料缺陷有关外,还主要受到次表面的应力分布,特别是剪切应力分布的影响。

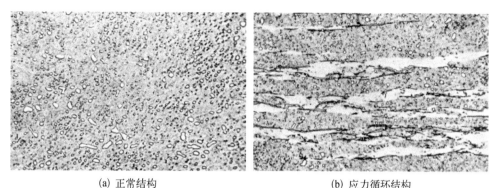

(a) 正常结构   (b) 应力循环结构

图 4 - 15 载荷重复滚动时次表面的金相结构变化(酸洗后放大 1 300 倍)

1. 最大静态切应力

图 4 - 16 为受接触应力作用的弹性半空间。最大切应力发生在接触表面下沿 z 轴的一定深度处。由于对称性,沿 z 轴各点的切应力分量 τ_{xy}、τ_{yz}、τ_{zx} 均等于零,而主应力的表达式为

$$
\sigma_x = -\sigma_{max} \frac{\frac{b}{a}}{1-\frac{b^2}{a^2}} \left\{ 1 - \sqrt{\frac{\frac{b^2}{a^2}+\frac{z^2}{a^2}}{1+\frac{z^2}{a^2}}} + 2\frac{z}{a}(L-K) \right.
$$

$$
\left. -2\nu \left[1 - \frac{b^2}{a^2}\sqrt{\frac{\frac{b^2}{a^2}+\frac{z^2}{a^2}}{1+\frac{z^2}{a^2}}} + \frac{z}{a}\left(\frac{a^2}{b^2}L-K\right) \right] \right\} \tag{4-64}
$$

$$
\sigma_y = -\sigma_{max} \frac{\frac{b}{a}}{1-\frac{b^2}{a^2}} \left\{ -1 + \frac{1+\frac{z^2}{a^2}\left(2\frac{a^2}{b^2}-1\right)}{\sqrt{1+\frac{z^2}{a^2}\left(\frac{b^2}{a^2}+\frac{z^2}{a^2}\right)}} - 2\frac{z}{a}\left(\frac{a^2}{b^2}L-K\right) \right.
$$

$$
\left. +2\nu \left[1 - \sqrt{\frac{\frac{b^2}{a^2}+\frac{z^2}{a^2}}{1+\frac{z^2}{a^2}}} + \frac{z}{a}(L-K) \right] \right\} \tag{4-65}
$$

$$\sigma_z = -\sigma_{\max} \frac{1}{\sqrt{1 + \dfrac{z^2}{a^2}} \sqrt{1 + \dfrac{z^2}{b^2}}} \tag{4-66}$$

式中，K、L 分别为第一、二椭圆积分，表达式为

$$K(e, \psi) = \int_0^\psi \frac{\mathrm{d}\varphi}{\sqrt{1 - e^2 \sin^2 \varphi}} \tag{4-67}$$

$$L(e, \psi) = \int_0^\psi \sqrt{1 - e^2 \sin^2 \varphi}\, \mathrm{d}\varphi \tag{4-68}$$

式中，e 为椭圆偏心率；参数 $\psi = \arctan \dfrac{z}{a}$。

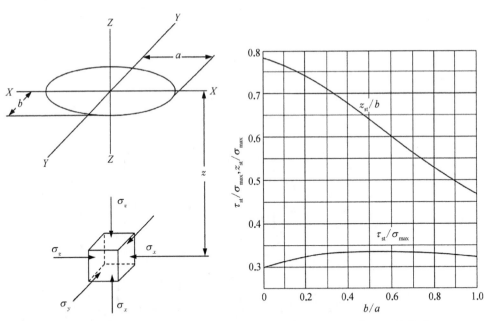

图 4-16　位于表面下 Z 轴上的主应力　　　　图 4-17　τ_{st} 与 b/a 的关系

在与坐标轴 y 和 z 成 45° 的平面上，τ_{yz} 在接触表面下某一深度 z_{st} 处达到最大值 τ_{st}，将此切应力 τ_{st} 称为最大静态切应力。如图 4-17 所示，最大切应力 τ_{st} 及其位置 z_{st} 与接触椭圆的形状 b/a 有关。当 b/a 等于 0.5 时，τ_{st} 在位置 $z_{st} = 0.62b$ 处达到最大，为 $0.325\sigma_{\max}$。当滚动体沿接触表面滚过时，其 z 轴上一点的切应力将在 $0 \sim \tau_{st}$ 之间变化。

2. 最大动态切应力

Lundberg 和 Palmgren 指出,如果滚动体沿图 4-16 中的 y 轴方向滚过,接触表面下平行于滚动方向的切应力将按交变应力规律进行变化。在某一深度的振幅达到最大值 τ_0,称其为最大动态切应力或最大正交切应力,所在点的深度表示为 z_0。τ_{zy} 的表达式为

$$\tau_{zy} = \frac{3Q}{2\pi} \frac{\cos^2 \Phi \sin \Phi \sin \theta}{a^2 \tan^2 \theta + b^2 \cos^2 \Phi} \tag{4-69}$$

对辅助变量 θ 和 Φ 求 τ_{zy} 的极值,可以导出在接触表面下深度为 z_0 且沿滚动方向距离为 $\pm y_0$ 处的最大值 τ_0,表达式为

$$\begin{cases} \dfrac{z_0}{b} = \dfrac{1}{(t+1)\sqrt{2t-1}} \\[3mm] \dfrac{y_0}{b} = \dfrac{t}{t+1}\sqrt{\dfrac{2t+1}{2t-1}} \\[3mm] \dfrac{\tau_0}{p_0} = \dfrac{\sqrt{2t-1}}{2t(t+2)} \end{cases} \tag{4-70}$$

式中,t 为辅助参数,根据椭圆接触面尺寸由下式确定:

$$\frac{a}{b} = \sqrt{(t^2-1)(2t-1)} \tag{4-71}$$

此时,θ 和 Φ 的表达式为

$$\begin{cases} \tan^2 \Phi = t \\ \tan^2 \theta = t - 1 \end{cases} \tag{4-72}$$

最大动态切应力的变化幅度 $2\tau_0$ 和深度 z_0 与接触面尺寸 b/a 的关系如图 4-18 所示。最大动态切应力 τ_0 对接触疲劳裂纹的发生和扩展起主要作用,而最大静态切应力 τ_{st} 对接触表面下的塑性变形的形成起主要作用。如果轴承为渗碳钢,则渗碳层厚度应大于深度 z_0,而在特大型轴承采用表面淬火工艺时,硬化层深度则应大于 z_{st}。

4.2.3　变形与负荷的关系

由于任意时刻下滚动轴承内的负荷都由至少两个滚动体承受,因此负荷分布的计算属于静不定问题。在确定轴承中的负荷分布时,必须考虑变形协调的影响,分析滚动体与套圈滚道在接触处的变形量与负荷的关系。

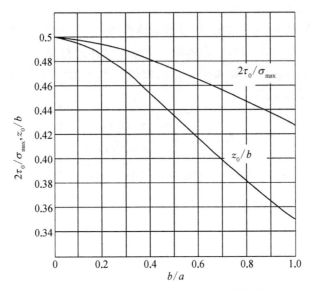

图 4 - 18　$2\tau_0/\sigma_{\max}$ 和 z_0/b 与 b/a 的关系

对于滚珠轴承,球形滚动体与套圈滚道为点接触,变形与负荷有如下关系:

$$\delta = K_p Q^{\frac{2}{3}} \qquad (4-73)$$

$$K_p = \frac{2K(e)^3}{\pi m_a} \sqrt{\frac{1}{8}\left[\frac{3}{2}\left(\frac{1-\nu_1^2}{E_1}+\frac{1-\nu_2^2}{E_2}\right)\right]^2 \sum \rho} \qquad (4-74)$$

对于滚棒轴承,圆柱形滚动体与套圈滚道为线接触,有

$$\delta = K_l Q^{0.9} \qquad (4-75)$$

$$K_l = 3.81\left(\frac{1-\nu_1^2}{\pi E_1}+\frac{1-\nu_2^2}{\pi E_2}\right)^{0.9}\frac{1}{l^{0.8}} \qquad (4-76)$$

可以统一表示为

$$\delta = K Q^n \qquad (4-77)$$

式中,n 为指数,点接触时为 2/3,线接触时为 0.9。

当内外圈接触角相同时,滚动体与内、外套圈接触处的总弹性变形量为

$$\delta_n = \delta_i + \delta_o \qquad (4-78)$$

式中,δ_i、δ_o 分别为滚动体与内、外套圈接触处的弹性趋近量。

也可表示为

$$\delta_n = K_n Q^n \tag{4-79}$$

点接触时,

$$K_n = 2.79 \times 10^{-4} \left[C_E^{\frac{2}{3}} \frac{2K(e)}{\pi m_a} \left(\sum \rho_i \right)^{\frac{1}{3}} + C_E^{\frac{2}{3}} \frac{2K(e)}{\pi m_a} \left(\sum \rho_o \right)^{\frac{1}{3}} \right] \tag{4-80}$$

线接触时,

$$K_n = 7.66 \times 10^{-5} \frac{C_E^{0.9} Q^{0.9}}{l^{0.8}} \tag{4-81}$$

4.3　滚动轴承中的载荷分布

作用于轴承的载荷通过滚动体由一个套圈传递到另一个套圈,负荷大小、套圈滚道每一点的应力以及循环次数都会对轴承的性能和寿命产生影响。通常将确定外负荷作用下轴承内部各滚动体所受的负荷,称为滚动轴承中的负荷分布。以下将对滚动轴承的静态载荷分布进行分析,其结果可以满足大多数滚动轴承的应用需求,同时也可以作为动态载荷分布计算的初值。

4.3.1　径向载荷下的轴承

对于只承受径向载荷的深沟球轴承或圆柱滚子轴承,在任意方位角度处滚动体的径向位移为

$$\delta_\psi = \delta_r \cos \psi - \frac{P_d}{2} \tag{4-82}$$

式中,δ_r 是 $\psi = 0°$ 处套圈的径向移动量;P_d 是径向游隙。

对于图 4-19 所示的有径向游隙的轴承,式(4-82)可按照最大变形量改写为

$$\delta_\psi = \delta_{max} \left[1 - \frac{1}{2\varepsilon} (1 - \cos \psi) \right] \tag{4-83}$$

式中,ε 定义为载荷分布参数,表达式为

$$\varepsilon = \frac{1}{2} \left(1 - \frac{P_d}{2\delta_r} \right) \tag{4-84}$$

根据式(4-84)可以得到由径向游隙确定的负荷区域夹角范围的一半,为

$$\psi = \arccos \frac{P_{\mathrm{d}}}{2P_{\mathrm{d}}} \qquad (4-85)$$

对于零游隙的轴承，$\psi = 90°$。

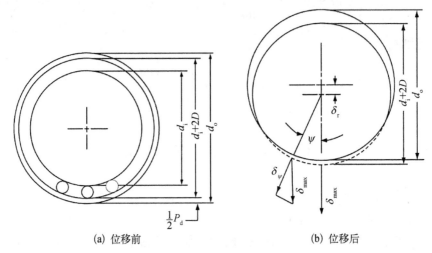

(a) 位移前　　　　　　　　　　　(b) 位移后

图 4 - 19　轴承套圈位移几何关系

由式(4 - 77)可得

$$\frac{Q_{\psi}}{Q_{\max}} = \left(\frac{\delta_{\psi}}{\delta_{\max}}\right)^{n} \qquad (4-86)$$

由式(4 - 83)和式(4 - 86)可得

$$Q_{\psi} = Q_{\max}\left[1 - \frac{1}{2\varepsilon}(1 - \cos\psi)\right]^{n} \qquad (4-87)$$

由于静力平衡，作用在轴承上的径向载荷等于滚动体载荷的竖直分量之和，即

$$F_{\mathrm{r}} = \sum_{\psi=0}^{\psi=\pm\psi_1} Q_{\psi}\cos\psi \qquad (4-88)$$

或

$$F_{\mathrm{r}} = Q_{\max}\sum_{\psi=0}^{\psi=\pm\psi_1}\left[1 - \frac{1}{2\varepsilon}(1 - \cos\psi)\right]^{n}\cos\psi \qquad (4-89)$$

式(4 - 89)还可以写作积分形式：

$$F_{\mathrm{r}} = ZQ_{\max} \times \frac{1}{2\pi}\int_{-\psi_1}^{\psi_1}\left[1 - \frac{1}{2\varepsilon}(1 - \cos\psi)\right]^{n}\cos\psi\,\mathrm{d}\psi \qquad (4-90)$$

或

$$F_r = ZQ_{max}J_r(\varepsilon) \qquad (4-91)$$

式中，Z 为滚动体数目，$J_r(\varepsilon)$ 的表达式为

$$J_r(\varepsilon) = \frac{1}{2\pi}\int_{-\psi_1}^{\psi_1}\left[1 - \frac{1}{2\varepsilon}(1 - \cos\psi)\right]^n \cos\psi \mathrm{d}\psi \qquad (4-92)$$

对于不同的 ε 值，可以对式(4-98)所表示的径向积分 $J_r(\varepsilon)$ 进行数值计算。

由式(4-79)可得

$$Q_{max} = \frac{F_r}{ZJ_r(\varepsilon)} = K_n\delta_{\psi=0}^n = K_n\left(\delta_r - \frac{1}{2}P_d\right)^n \qquad (4-93)$$

因此，有

$$F_r = ZK_n\left(\delta_r - \frac{1}{2}P_d\right)^n J_r(\varepsilon) \qquad (4-94)$$

对于给定了径向游隙和载荷的特定轴承，可以用控制误差的试解法求解式(4-94)。首先假定 δ_r 的值，然后由式(4-84)计算 ε，最后再计算得到 $J_r(\varepsilon)$ 的值。如果不能满足式(4-94)，则重复上述过程。图 4-20 为 $J_r(\varepsilon)$ 与 ε 的对应关系。

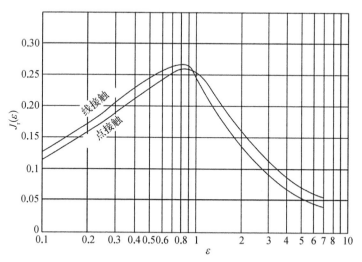

图 4-20　径向载荷下轴承 $J_r(\varepsilon)$ 与 ε 的关系

图 4-21 为不同 ε 值条件下轴承的径向载荷分布，对于零游隙，$\varepsilon = 0.5$；对于正游隙，$0 < \varepsilon < 0.5$；对于负游隙或过盈配合，$0.5 < \varepsilon < 1$。因此，ε 可以认为是载荷区域在轴承直径上的投影与其直径之比[4]。

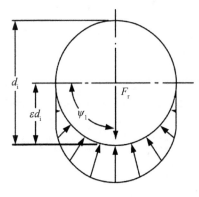

(a) $\varepsilon=0.5, \psi_1=\pm 90°$，零游隙

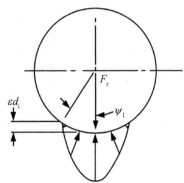

(b) $0<\varepsilon<0.5, 0<\psi_1<90°$，正游隙

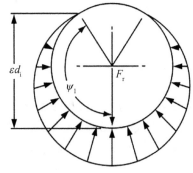

(c) $0.5<\varepsilon<1, 90°<\psi_1<180°$，负游隙

图 4-21　不同游隙时的滚动体载荷分布

对于承受单一径向载荷而游隙为零的球轴承,Stribeck 给出:

$$Q_{\max} = \frac{4.37F_r}{Z\cos\alpha} \qquad (4-95)$$

考虑到轴承中正常的径向游隙,可以采用下面的近似公式:

$$Q_{\max} = \frac{5F_r}{Z\cos\alpha} \qquad (4-96)$$

对于承受单一径向载荷且内部径向游隙为零的圆柱滚子轴承,有

$$Q_{\max} = \frac{4.08F_r}{Z} \qquad (4-97)$$

式(4-97)对于有径向游隙的滚子轴承也是近似有效的,但该式不能用于求解轻载荷轴承的最大滚动体载荷。

综上,可以按照下列步骤用迭代法确定径向载荷作用下轴承中各个滚动体的接触负荷:

(1) 计算弹性变形系数 K_n;

(2) 采用式(4-95)或式(4-97)的计算结果作为受载最大的滚动体负荷 Q_{max} 的初次近似值;

(3) 计算弹性变形量 δ_{max};

(4) 由已知的径向游隙 P_d 和弹性变形量 δ_{max} 计算负荷分布参数 ε;

(5) 计算与 ε 相对应的 $J_r(\varepsilon)$ 值;

(6) 由式(4-93)计算受载最大的滚动体负荷 Q_{max} 的第一次近似值并与初次近似值比较。若相差超过允许值,则返回第三步,再行计算,直至满足要求;

(7) 由式(4-94)计算各个滚动体的负荷。

4.3.2 轴向载荷下的轴承

轴向载荷通常由角接触球轴承来承受。在没有离心力载荷时,角接触球轴承的内、外滚道接触角相等,但都大于无载荷状态下的接触角。无载荷状态时,初值接触角为

$$\cos \alpha_0 = 1 - \frac{P_d}{2BD} \qquad (4-98)$$

式中,P_d 是安装后的径向游隙。

如图 4-22 所示,轴向载荷 F_a 作用于内圈时将产生一个轴向位移 δ_a,它是内圈沿接触线方向的法向位移的轴向分量,表达式为

$$\delta_n = BD\left(\frac{\cos \alpha_0}{\cos \alpha} - 1\right) \qquad (4-99)$$

由于 $Q = K_n \delta_n^{1.5}$,因此

$$Q = K_n(BD)^{1.5}\left(\frac{\cos \alpha_0}{\cos \alpha} - 1\right)^{1.5} \qquad (4-100)$$

当接触角为 α 时,轴向载荷 F_a 产生的球体载荷为 $\theta = F_a/(Z \cdot \sin \alpha)$,代入式(4-100),可得

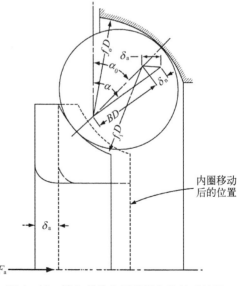

内圈移动后的位置

图 4-22 轴向载荷作用下的角接触球轴承

$$\frac{F_a}{ZK_n(BD)^{1.5}} = \sin\alpha\left(\frac{\cos\alpha_0}{\cos\alpha} - 1\right)^{1.5} \qquad (4-101)$$

由于 K_n 是最终接触角 α 的函数,因此必须用控制误差的试解法求解式(4-101),才能得到 α 的精确解。

Jones 定义了如下的轴向位移常数:

$$K = \frac{B}{g(+\gamma) + g(-\gamma)} \qquad (4-102)$$

式中, $\gamma = (D\cos\alpha)/d_m$, $g(+\gamma)$ 与内滚道有关, $g(-\gamma)$ 与外滚道有关。Jones 指出, $g(+\gamma)$ 与 $g(-\gamma)$ 之和对于所有的接触角都保持为常数,因此 K 仅取决于总曲率 B, $B = f_i + f_o - 1$,如图4-23 所示。

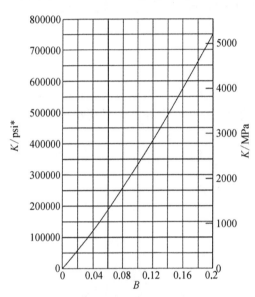

图 4-23 轴向位移常数 K 与球轴承总曲率 B 的关系

轴向位移常数 K 与 K_n 的关系为

$$K_n = \frac{KD^{0.5}}{B^{1.5}} \qquad (4-103)$$

因此有

$$\frac{F_a}{ZD^2K} = \sin\alpha\left(\frac{\cos\alpha_0}{\cos\alpha} - 1\right)^{1.5} \qquad (4-104)$$

由图 4-23 查出 K 值后,可用 Newton-Raphson 法对式(4-104)进行数值求解,需要满足的迭代方程为

$$\alpha' = \alpha + \frac{\dfrac{F_a}{ZD^2K} - \sin\alpha\left(\dfrac{\cos\alpha_0}{\cos\alpha} - 1\right)^{1.5}}{\cos\alpha\left(\dfrac{\cos\alpha_0}{\cos\alpha} - 1\right)^{1.5} + 1.5\tan^2\alpha\left(\dfrac{\cos\alpha_0}{\cos\alpha} - 1\right)^{0.5}\cos\alpha_0} \qquad (4-105)$$

当 $\alpha' - \alpha$ 趋近于零时,式(4-105)即可得到满足。

图 4-24 给出了一系列曲线用于速算接触角的改变量,以及作为初始接触

---

* 1 psi = 6.895 kPa = 0.006 895 MPa。

角和 $t = F_a / (ZD^2 K)$ 的函数的轴向位移。从图中可以得到与 δ_n 对应的轴向位移 δ_a 为

$$\delta_a = (BD + \delta_n) \sin \alpha - BD \sin \alpha_0 \qquad (4-106)$$

用式 (4-99) 代替 δ_n，可得

$$\delta_a = \frac{BD \sin(\alpha - \alpha_0)}{\cos \alpha} \qquad (4-107)$$

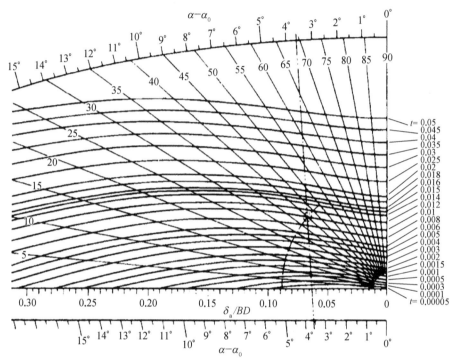

图 4-24　$\delta_a / (BD)$、$\alpha - \alpha_0$ 与 $t = F_a / (ZD^2 K)$、α_0 的关系

4.3.3　径向和轴向联合载荷下的轴承

对于无径向游隙的滚动轴承,如果在滚动体中心平面同时承受了径向载荷和中心轴向载荷,则轴承内、外套圈将保持平行,并在轴向和径向分别产生相对位移 δ_a 和 δ_r。以最大载荷滚动体为起点,在任意角度位置 ψ 套圈的移动量为

$$\delta_\psi = \delta_a \sin \alpha + \delta_r \cos \alpha \cos \psi \qquad (4-108)$$

如图 4-25 所示,当 $\psi = 0°$ 时位移达到最大,为

$$\delta_\psi = \delta_a \sin \alpha + \delta_r \cos \alpha \qquad (4-109)$$

合并式(4-108)和式(4-109),可得

$$\delta_\psi = \delta_{\max}\left[1 - \frac{1}{2\varepsilon}(1 - \cos\psi)\right] \qquad (4-110)$$

该式在形式上与式(4-83)相同,但是

$$\varepsilon = \frac{1}{2}\left(1 + \frac{\delta_a\tan\alpha}{\delta_r}\right) \qquad (4-111)$$

显然有

$$Q_\psi = Q_{\max}\left[1 - \frac{1}{2\varepsilon}(1 - \cos\psi)\right]^n \qquad (4-112)$$

对于球轴承,$n = 1.5$;对于滚子轴承,$n = 1.11$。

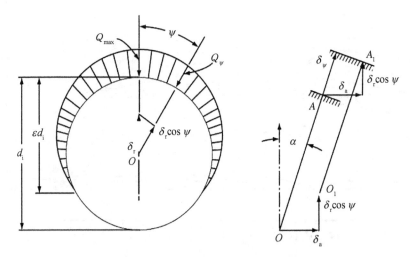

图 4-25 径向和轴向载荷联合作用下的轴承位移

为了保持静力平衡,在各个方向上滚动体的受力之和等于该方向上的外加载荷,即

$$F_r = \sum_{\psi=-\psi_1}^{\psi=\psi_1} Q_\psi \cos\alpha\cos\psi \qquad (4-113)$$

$$F_a = \sum_{\psi=-\psi_1}^{\psi=\psi_1} Q_\psi \cos\alpha \qquad (4-114)$$

式中,载荷角定义为

$$\psi_1 = \arccos\left(-\frac{\delta_a \tan\alpha}{\delta_r}\right) \tag{4-115}$$

式(4-113)和式(4-114)可以分别写为径向积分和轴向积分的形式:

$$F_r = ZQ_{max}J_a(\varepsilon)\cos\alpha \tag{4-116}$$

$$J_r(\varepsilon) = \frac{1}{2\pi}\int_{-\psi_l}^{+\psi_l}\left[1 - \frac{1}{2\varepsilon}(1-\cos\psi)\right]^n\cos\psi\,\mathrm{d}\psi \tag{4-117}$$

以及

$$F_a = ZQ_{max}J_a(\varepsilon)\sin\alpha \tag{4-118}$$

$$J_a(\varepsilon) = \frac{1}{2\pi}\int_{-\psi_l}^{+\psi_l}\left[1 - \frac{1}{2\varepsilon}(1-\cos\psi)\right]^n\mathrm{d}\psi \tag{4-119}$$

需要指出的是,对所有受力的球体或滚子,由于假定其接触角不变,因此积分值为近似结果。但对于大多数计算,这些积分值仍具有足够的精度。利用这些积分,可得

$$Q_{max} = \frac{F_r}{Z\cos\alpha J_r(\varepsilon)} = \frac{F_a}{Z\sin\alpha J_a(\varepsilon)} \tag{4-120}$$

图 4-26 分别给出了点接触和线接触下 J_r、J_a 和 ε 与 $F_r\tan\alpha/F_a$ 的关系。

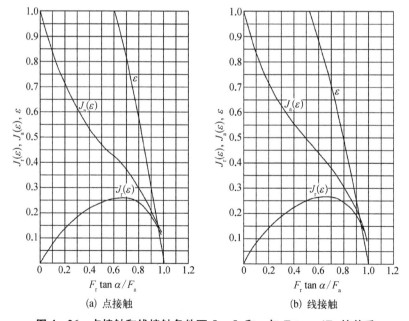

(a) 点接触　　　　　　　　　　　(b) 线接触

图 4-26 点接触和线接触条件下 J_r、J_a 和 ε 与 $F_r\tan\alpha/F_a$ 的关系

4.4　滚动轴承的运动学关系

4.4.1　滚动轴承的理想运动

滚动轴承内部的运动学关系非常复杂,滚动体既绕自身轴线旋转,同时又绕轴承中心轴线公转,滚动时还伴随一定的滑动。当滚珠轴承的接触角不等于零时,球体会伴随有垂直于接触面的自旋滑动。在高速运转时,球体还会因受到陀螺力矩而产生运动。高速运转的滚棒轴承中,除了滚子的公转和自转运动外,滚子的离心力会将滚子紧压在外滚道上,当轴承外加载荷不够大时,滚子便会在内滚道上产生公转滑动,即打滑运动;另外,由于轴承元件的制造精度以及轴承元件和转轴受载后发生弹性变形等综合因素影响,还可能使滚子轴线相对内、外滚道轴线产生倾斜或歪斜,从而产生滚子切向摆动和轴向窜动等不规则运动。

但是在多数工况下,特别是在低速工况时,可以假定轴承中所有元件均按照理想情况进行运动,计算结果可以满足精度要求,同时也可以作为动态运动分析的初值。在分析理想条件下轴承内的运动关系时,需要做如下假设:

(1) 轴承元件为刚体,不考虑接触变形的影响;

(2) 滚动体沿套圈滚道为纯滚动,即滚动体表面与内、外滚道接触点的速度与内、外滚道上对应点的速度相等,滚动体中心的线速度 v_m 是内、外滚道接触点线速度 v_1、v_2 的平均值;

(3) 保持架中心圆周的线速度 v_c 与滚动体中心的线速度 v_m 相等;

(4) 忽略径向游隙的影响;

(5) 不考虑润滑油膜的影响。

1. 保持架速度

如图 4-27 所示,假定轴承内圈和外圈同时旋转,内、外圈具有相同的接触角 α。绕轴旋转的线速度为

$$v = \omega r \tag{4-121}$$

式中,ω 以 rad/s 为单位。因此

$$v_i = \frac{1}{2}\omega_i(d_m - D\cos\alpha) = \frac{1}{2}\omega_i d_m(1 - \gamma) \tag{4-122}$$

$$v_o = \frac{1}{2}\omega_o d_m(1 + \gamma) \tag{4-123}$$

由于 $\omega = 2\pi n/60$,n 以 r/min 为单位,则

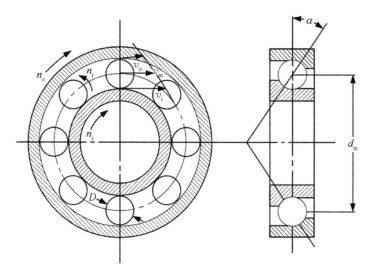

图 4-27　球轴承中的滚动速度和线速度

$$v_i = \frac{\pi n_i d_m}{60}(1 - \gamma) \qquad (4-124)$$

$$v_o = \frac{\pi n_o d_m}{60}(1 + \gamma) \qquad (4-125)$$

如果在沟道接触处没有严重滑动,则保持架和滚动体公转的线速度是内圈和外圈沟道线速度平均值,即

$$v_m = \frac{1}{2}(v_i + v_o) \qquad (4-126)$$

把式(4-124)和式(4-125)代入式(4-126),可得

$$v_m = \frac{\pi d_m}{120}[n_i(1 - \gamma) + n_o(1 + \gamma)] \qquad (4-127)$$

由于 $v_m = \frac{1}{2}\omega_m d_m = \frac{\pi n_m d_m}{60}$,因此

$$n_m = \frac{1}{2}[n_i(1 - \gamma) + n_o(1 + \gamma)] \qquad (4-128)$$

2. 滚动体的转速

保持架相对于内圈的角速度为

$$n_{mi} = n_m - n_i \qquad (4-129)$$

假设内圈沟道与球体接触处没有严重滑动,接触点上球体的线速度应等于沟道线速度,于是

$$v_m = \frac{1}{2}\omega_m d_m (1-\gamma) = \frac{1}{2}\omega_r D \qquad (4-130)$$

由于 n 正比于 ω,并将式(4-129)代入,可得

$$n_r = (n_m - n_i)\frac{d_m}{D}(1-\gamma) \qquad (4-131)$$

将式(4-128)代入式(4-131),可得

$$n_r = \frac{d_m}{2D}(1-\gamma)(1+\gamma)(n_o - n_i) \qquad (4-132)$$

仅考虑内圈旋转时,式(4-128)和式(4-132)可以写为

$$n_m = \frac{n_i}{2}(1-\gamma) \qquad (4-133)$$

$$n_r = \frac{d_m n_i}{2D}(1-\gamma^2) \qquad (4-134)$$

4.4.2　滚珠轴承的一般运动

4.4.1 节中对于滚动体公转和自转速度的计算是基于简单滚动的运动学关系建立的。当滚动体与滚道间有载荷作用时,滚动体相对于变形表面不仅会发生滚动,还会发生滑动运动,需要通过复杂的方程来计算滚动体速度。以下将分析滚珠轴承中的一般运动。

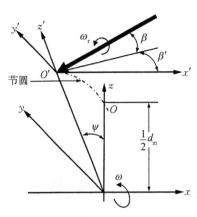

图 4-28　球体与滚道接触中的速度矢量

　　图 4-28 为滚珠轴承中球体的速度矢量,以轴承的轴线作为 x 轴建立直角坐标系。图中球体的中心 O' 点相对于 xz 平面偏移角度 ψ,x' 轴过 O' 点,与 x 轴平行且相距 $0.5d_m$。当球体分别绕偏离 x' 轴 β 和 β' 角度的轴线以 ω_r 角速度旋转时,轴承绕 x 轴以角速度 ω 旋转。此时,球体绕轴承轴线以角速度 ω_m 旋转。如果球体完全受保持架约束,则 ω_m 即为保持架速度。

图 4 - 29 给出了球体与外圈滚道接触以及球体与滚道间的法向力 Q 在接触椭圆表面的分布,该椭圆表面分别由投影长半轴 $2a_{\rm o}$ 和投影短半轴 $2b_{\rm o}$ 确定。Hertz 定义的变形受压表面等效曲率半径为[5]

$$R_{\rm o} = \frac{2r_{\rm o}D}{2r_{\rm o} + D} \qquad (4-135)$$

式中,$r_{\rm o}$ 是外圈滚道曲率半径。用沟曲率系数 $f_{\rm o}$ 表示式(4 - 135)后为

$$R_{\rm o} = \frac{2f_{\rm o}D}{2f_{\rm o} + 1} \qquad (4-136)$$

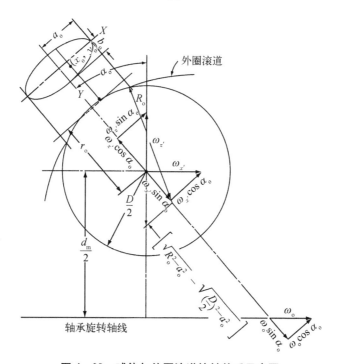

图 4 - 29　球体与外圈滚道接触关系示意图

假设球体中心固定,而外圈滚道以角速度 $\omega_{\rm o}$ 旋转,由图 4 - 28 可以看出,当 $\psi = 0$ 时,球体旋转角速度 $\omega_{\rm r}$ 在纸平面内的分量分别为 $\omega_{x'}$ 和 $\omega_{z'}$。

由图 4 - 29 可知,球体角速度矢量 $\omega_{x'}$ 和 $\omega_{z'}$ 及沟道角速度矢量 $\omega_{\rm o}$ 都有垂直于接触表面的分量,产生绕接触角垂直方向的转动,即球体相对于外圈滚道的自旋。自旋运动的纯角速度可以表示为

$$\omega_{\rm so} = -\omega_{\rm o}\sin\alpha_{\rm o} + \omega_{x'}\sin\alpha_{\rm o} - \omega_{z'}\cos\alpha_{\rm o} \qquad (4-137)$$

从图 4 - 28 中可以看出:

$$\begin{cases} \omega_{x'} = \omega_r \cos \beta \cos \beta' \\ \omega_{y'} = \omega_r \cos \beta \sin \beta' \\ \omega_{z'} = \omega_r \sin \beta \end{cases} \quad (4-138)$$

将式(4-138)代入式(4-137),可得

$$\omega_{so} = \left(\frac{\omega_r}{\omega_o} \cos \beta \cos \beta' \sin \alpha_o - \frac{\omega_r}{\omega_o} \sin \beta \cos \alpha_o - \sin \alpha_o \right) \omega_o \quad (4-139)$$

类似的分析也可以用于内圈滚道接触,如图4-30所示,可以得到

$$\omega_{si} = \left(-\frac{\omega_r}{\omega_i} \cos \beta \cos \beta' \sin \alpha_i + \frac{\omega_r}{\omega_i} \sin \beta \cos \alpha_i + \sin \alpha_i \right) \omega_i \quad (4-140)$$

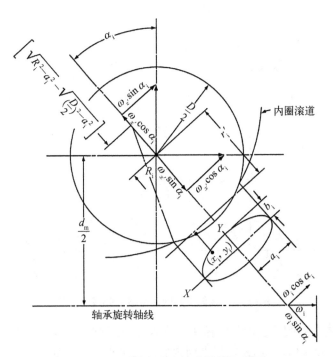

图4-30 球体与内圈滚道接触示意图

在陀螺转动被阻止或非常小的情况下,角度β'为0,此时

$$\omega_{y'} = 0, \ \omega_{x'} = \omega_r \cos \beta, \ \omega_{z'} = \omega_r \sin \beta \quad (4-141)$$

$\beta' = 0$的另一个结果是

$$\frac{\omega_r}{\omega_o} = \frac{\left(\dfrac{d_m}{2}\right) + r_o{}'\cos\alpha_o}{r_o{}'(\cos\alpha_o\cos\beta + \sin\beta\sin\alpha_o)} \tag{4-142}$$

$$\frac{\omega_r}{\omega_i} = \frac{-\left(\dfrac{d_m}{2}\right) + r_i{}'\cos\alpha_i}{r_i{}'(\cos\alpha_i\cos\beta + \sin\beta\sin\alpha_i)} \tag{4-143}$$

旋滚比是衡量滚珠轴承滚动体运动状态的一个重要参数。假设 r_i、r_o 与 $0.5D$ 基本相等,则球体相对外圈滚道的滚动速度为

$$\omega_{roll} = -\omega_o\frac{d_m}{D} = -\frac{\omega_o}{\gamma'} \tag{4-144}$$

忽略陀螺力矩 $(\beta' = 0)$,根据图 4 - 29 中的运动关系可得

$$\omega_{so} = \omega_r\cos\beta\sin\alpha_o - \omega_r\sin\beta\cos\alpha_o - \omega_o\sin\alpha_o \tag{4-145}$$

或

$$\omega_{so} = \omega_r\sin(\alpha_o - \beta) - \omega_o\sin\alpha_o$$

用上式除以式(4 - 144)的 ω_{roll},可得

$$\left(\frac{\omega_s}{\omega_{roll}}\right)_o = -\gamma'\frac{\omega_r}{\omega_o}\sin(\alpha_o - \beta) + \gamma'\sin\alpha_o \tag{4-146}$$

根据式(4 - 142),用 γ' 代替 $2r_o{}'/d_m$,得

$$\frac{\omega_r}{\omega_o} = \frac{1 + \gamma'\cos\alpha_o}{\gamma'(\cos\beta\cos\alpha_o + \sin\beta\sin\alpha_o)} \tag{4-147}$$

或

$$\frac{\omega_r}{\omega_o} = \frac{1 + \gamma'\cos\alpha_o}{\gamma'\cos(\alpha_o - \beta)} \tag{4-148}$$

于是,外圈滚道处滚动体的旋滚比可以表示为

$$\left(\frac{\omega_s}{\omega_{roll}}\right)_o = -(1 + \gamma'\cos\alpha_o)\tan(\alpha_o - \beta) + \gamma'\sin\alpha_o \tag{4-149}$$

同样,内圈滚道处滚动体的旋滚比可以表示为

$$\left(\frac{\omega_{s}}{\omega_{roll}}\right)_{i} = (1 - \gamma'\cos\alpha_{i})\tan(\alpha_{i} - \beta) + \gamma'\sin\alpha_{i} \qquad (4-150)$$

式(4-149)和式(4-150)的求解非常复杂,不仅需要假设陀螺速度 $\omega_{y'} = 0$,而且还取决于球体-滚道接触角 α_{i}、α_{o} 以及球体速度矢量与节圆的夹角 β,使求解过程依赖于轴承法向力、摩擦力以及力矩平衡方程的求解。Jones 对此做了简化假设:与内、外圈同时接触的球体只在一个滚道上存在滚动和自旋,而在另一个滚道上做纯滚动,即套圈控制假设。假定外圈发生纯滚动,即为控制滚道,此时 $\omega_{so} = 0$,有

$$\tan\beta = \frac{\dfrac{1}{2}d_{m}\sin\alpha_{o}}{\dfrac{1}{2}d_{m}\cos\alpha_{o} + r_{o}'} \qquad (4-151)$$

由于 $r_{o}' \approx 0.5D$,以及 $D/d_{m} = \gamma'$,式(4-151)变为

$$\tan\beta = \frac{\sin\alpha_{o}}{\cos\alpha_{o} + \gamma'} \qquad (4-152)$$

确定了球体速度矢量节圆角 β 后,即可求解其他的速度方程。

但是,如图 4-31 所示,对于滑油润滑的角接触球轴承,外圈滚道控制状态仅在高速及轻载条件下才会出现,此时球体在外滚道的自旋速度 ω_{so} 趋近于零。Harris 研究了摩擦系数不变的情况下相同尺寸角接触球轴承在固体润滑及推力载荷作用下的性能,如图 4-32 所示,外圈滚道控制假设也不成立。尽管如此,Jones 的假设仍然十分有意义。

令 $\beta' = 0$,由式(4-152)可得球体与滚道角速度之比为

$$\frac{\omega_{r}}{\omega} = \frac{\pm 1}{\left(\dfrac{\cos\alpha_{o} + \tan\beta\sin\alpha_{o}}{1 + \gamma'\cos\alpha_{o}} + \dfrac{\cos\alpha_{i} + \tan\beta\sin\alpha_{i}}{1 - \gamma'\cos\alpha_{i}}\right)\gamma'\cos\beta} \qquad (4-153)$$

式中,上面的"+"适用于外圈滚道旋转;下面的"-"适用于内圈滚道旋转。

此外,利用式(4-152)确定的外圈滚道控制条件,可以用于确定球体公转角速度与滚道速度之比。对于内圈旋转,$\omega_{m} = -\omega_{o}$,可得

$$\frac{\omega_{m}}{\omega} = \frac{1}{1 + \dfrac{(1 + \gamma'\cos\alpha_{o})(\cos\alpha_{i} + \tan\beta\sin\alpha_{i})}{(1 - \gamma'\cos\alpha_{i})(\cos\alpha_{o} + \tan\beta\sin\alpha_{o})}} \qquad (4-154)$$

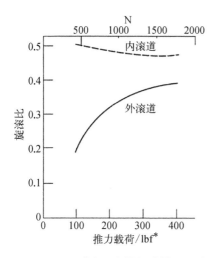

图 4-31　油膜润滑角接触球轴承旋滚
比与推力载荷的关系

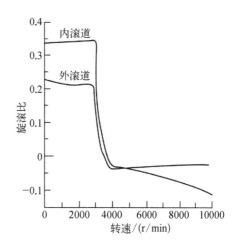

图 4-32　推力载荷作用下角接触球轴承
旋滚比与转速的关系

式(4-154)是根据 $r_o \approx r_i \approx 0.5D$ 的合理假设得到的。同样,对于外圈旋转,有

$$\frac{\omega_m}{\omega} = \frac{1}{1 + \dfrac{(1 - \gamma' \cos \alpha_i)(\cos \alpha_o + \tan \beta \sin \alpha_o)}{(1 + \gamma' \cos \alpha_o)(\cos \alpha_i + \tan \beta \sin \alpha_i)}} \quad (4-155)$$

将外圈滚道控制条件[式(4-152)]代入式(4-154)和式(4-155),可以得到所需的 ω_m / ω 比值的计算式。对于内圈滚道旋转的轴承,有

$$\frac{\omega_m}{\omega} = \frac{1 - \gamma' \cos \alpha_i}{1 + \cos(\alpha_i - \alpha_o)} \quad (4-156)$$

对于外圈滚道旋转的轴承,则有

$$\frac{\omega_m}{\omega} = \frac{\cos(\alpha_i - \alpha_o) + \gamma' \cos \alpha_i}{1 + \cos(\alpha_i + \alpha_o)} \quad (4-157)$$

需要说明的是,式(4-159)、式(4-160)、式(4-163)、式(4-164)是在忽略球体陀螺运动,即 $\beta' = 0$ 的条件下得到的。

思考题

1. 请思考滚珠轴承和滚棒轴承的几个尺寸参数的含义。

---

* 1 lbf=4.448 N。

2. 描述 Hertz 接触理论以及载荷与变形间的关系。

3. 描述不同载荷作用条件下的轴承内部载荷分布。

4. 请对理想运动条件下滚珠轴承内滚动体和保持架的运动进行分析。

———————— 参考文献 ————————

[1] 焦育洁,马美玲.航空发动机主轴轴承的结构分析及参数选取[J].轴承,2006(3)：1 - 3.

[2] 徐从儒.航空发动机主轴轴承设计[J].航空发动机,1998(4)：11 - 16.

[3] 陆明万,罗学富.弹性理论基础[M].北京：清华大学出版社,1990.

[4] 万长森.滚动轴承的分析方法[M].北京：机械工业出版社,1987.

[5] 罗继伟,罗天宇.滚动轴承分析计算与应用[M].北京：机械工业出版社,2009.

第5章
滚动轴承的摩擦效应

【学习要点】
掌握：弹性流体动力润滑理论和流体动力润滑理论。
熟悉：滚珠、滚棒轴承拟静力学分析模型，中介轴承几何平衡关系。
了解：滚动轴承不同部位相互作用的分析方法。

滚动轴承内存在复杂的摩擦效应，包括滚动体与滚道之间的摩擦、滚动体与保持架之间的摩擦、保持架与套圈之间的摩擦，以及运动元件与润滑油之间的摩擦。除了转速、载荷等因素外，轴承中的其他因素也会对摩擦产生显著的影响，例如，润滑油的润滑方式、轴承中润滑油的数量、保持架与滚动体及保持架与套圈引导面之间的相互作用等，都是摩擦产生的重要因素。

各种摩擦力效应会对整个轴承的运转及性能造成影响。滚动体的速度会受到摩擦的影响，速度又影响到滚动零件的离心力、陀螺力矩以及轴承寿命。在高速下，过大的摩擦会使滚动体在整个滚道内滑动，这种打滑将严重缩短轴承寿命。对滚棒轴承，还存在滚动体端面与套圈引导挡边之间的摩擦，易造成滚子的歪斜，进而缩短轴承寿命。

本章仅介绍充分润滑条件下滚动轴承内主要的三类摩擦效应，包括流体动力润滑摩擦、弹性流体动力润滑摩擦，以及流体黏性摩擦。

5.1 滚动轴承中的流体动力润滑

5.1.1 流体动压润滑理论

滚动轴承中，滚动体与套圈滚道接触区入口、滚动体与保持架兜孔接触区入口以及保持架与内、外套圈之间的润滑行为可以看作是流体动力润滑。

1. Reynolds(雷诺)方程

在一定载荷、速度条件下，滚动体与滚道接触区内存在润滑油膜，一些学者应用经典流体动压润滑理论研究了滚动轴承中润滑油的流体动压作用。早在1916

年,Martin 就提出了刚性圆柱体的解,1959 年 Osterle 分析了滚子轴承中的流体动压润滑[1]。以下介绍二维流体动压润滑理论。

假设一个无限长滚子在无限平面上滚动,并采用黏度为 η 的不可压缩等黏度牛顿流体润滑。对于牛顿流体,任意一点的流体剪切力 τ 服从下列关系:

$$\tau = \eta \frac{\partial u}{\partial z} \tag{5-1}$$

式中,$\partial u/\partial z$ 是局部流体 z 方向上的速度梯度,如图 5-1 所示。由于流体具有黏性,流体惯性力相对于黏性剪切力较小。因此从图 5-2 中可以看出流体质点仅受流体压力和剪切力作用。

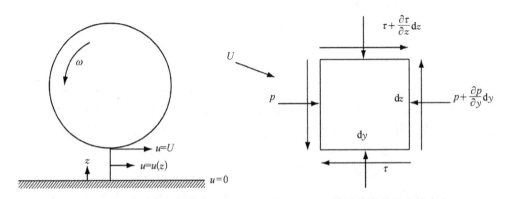

图 5-1   平面上滚动的圆柱体   图 5-2   二维流体微单元上的应力

图 5-2 中的各个应力是静力平衡的,即任何方向上,合力必定为零,因此有

$$\sum F_y = 0$$

$$p\mathrm{d}z - \left(p + \frac{\partial p}{\partial y}\right)\mathrm{d}z + \tau\mathrm{d}y - \left(\tau + \frac{\partial \tau}{\partial z}\right)\mathrm{d}y = 0 \tag{5-2}$$

整理式(5-2)可得

$$\frac{\partial p}{\partial y} = -\frac{\partial \tau}{\partial z} \tag{5-3}$$

式(5-1)对 z 微分,可得

$$\frac{\partial \tau}{\partial z} = -\eta \frac{\partial^2 u}{\partial z^2} \tag{5-4}$$

将式(5-4)代入式(5-3),可得

$$\frac{\partial p}{\partial y} = \eta \frac{\partial^2 u}{\partial z^2} \qquad (5-5)$$

假设 $\partial p / \partial y$ 为常数,将式(5-5)对 z 进行二次积分,可以得到局部流体速度 u 的表达式为

$$u = \frac{1}{2\eta}\frac{\partial p}{\partial y}z^2 + c_1 z + c_2 \qquad (5-6)$$

　　设速度 u 是滚子表面的流体移动速度,而在另一界面,假定 $u = 0$,即 $z = 0$ 时,$u = U$;$z = h$ 时,$u = 0$。将这些边界条件代入式(5-6),可得

$$u = \frac{1}{2\eta}\frac{\partial p}{\partial y}z(z - h) + U\left(1 - \frac{z}{h}\right) \qquad (5-7)$$

式中,h 为油膜厚度。

　　考虑流体微单元周围的流体速度,如图5-3所示,可应用稳态流体连续定律,即流入的流体质量一定等于流出的流体质量。由于不可压缩流体的密度不变,于是

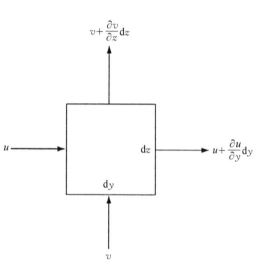

图5-3　二维流体微单元的速度

$$u\mathrm{d}z - \left(u + \frac{\partial u}{\partial y}\mathrm{d}y\right)\mathrm{d}z + v\mathrm{d}y - \left(v + \frac{\partial v}{\partial z}\mathrm{d}z\right)\mathrm{d}y = 0 \qquad (5-8)$$

整理式(5-8)可得

$$\frac{\partial u}{\partial y} = -\frac{\partial v}{\partial z} \qquad (5-9)$$

将式(5-7)对 y 微分,并将其代入式(5-9),得

$$\frac{\partial v}{\partial z} = -\frac{\partial}{\partial y}\left[\frac{1}{2\eta}\frac{\partial p}{\partial y}z(z - h) + u\left(1 - \frac{z}{h}\right)\right] \qquad (5-10)$$

将式(5-10)对 z 积分得到

$$\int\frac{\partial v}{\partial z}\mathrm{d}z = -\int_0^h\mathrm{d}v = 0 = \int_0^h\frac{\partial}{\partial y}\left[\frac{1}{2\eta}\frac{\partial p}{\partial y}z(z - h) + U\left(1 - \frac{z}{h}\right)\right]\mathrm{d}z \qquad (5-11)$$

即

$$\frac{\partial}{\partial y}\left(h^3 \frac{\partial p}{\partial y}\right) = 6\eta U \frac{\partial h}{\partial y} \qquad (5-12)$$

通常将式(5-12)称为二维 Reynolds 方程。

2. 油膜厚度

为了求解 Reynolds 方程,还需要知道油膜厚度 h 与 y 的函数关系,即 $h = h(y)$。对于在平面上滚动的圆柱滚子,如图 5-4 所示,可以看出:

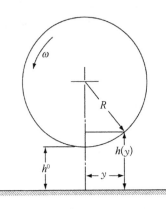

图 5-4   滚动体与平面之间的油膜厚度

$$h = h^0 + \frac{y^2}{2R} \qquad (5-13)$$

式中,h^0 是最小油膜厚度。把式(5-13)代入式(5-12),可得

$$\frac{\partial}{\partial y}\left[\left(h^0 + \frac{y^2}{2R}\right)^3 \frac{\partial p}{\partial y}\right] = \frac{6\eta Uy}{R} \qquad (5-14)$$

式(5-14)仅随 y 变化,因此

$$\frac{\mathrm{d}}{\mathrm{d}y}\left[\left(h^0 + \frac{y^2}{2R}\right)^3 \frac{\mathrm{d}p}{\mathrm{d}y}\right] = \frac{6\eta Uy}{R} \qquad (5-15)$$

3. 油膜载荷

对式(5-15)进行积分可以得到作为距离 y 的函数的润滑膜上的压力分布。如果两个接触表面都是旋转圆柱体的一部分,则

$$U = U_1 + U_2 \qquad (5-16)$$

式中,下标 1、2 分别表示两个圆柱体。同时,定义等效半径 R 为

$$R = (R_1^{-1} + R_2^{-1})^{-1} \qquad (5-17)$$

注意,对于外圈滚道,R^{-1} 为负值。单位轴向长度上由润滑油膜承受的载荷为

$$q = \int p(y)\mathrm{d}y \qquad (5-18)$$

对于等黏性流体的动压润滑问题,在相对轻的接触载荷下,例如,对于流体润滑的滑动轴承,旋转轴与轴承座之间的润滑方式为流体动压润滑,可以使用上述方程的解。

5.1.2 "长滑动轴承"模型

如果滑动轴承中转轴的长径比 L/D 足够大,即可忽略流体动压润滑油膜中的轴向流动,并假定流动仅沿环向进行,成为"长滑动轴承"模型。通常认为,当 $L/D > 4$ 时,即可被称为"长滑动轴承"模型。

在长滑动轴承中,雷诺方程可简写为

$$\frac{\mathrm{d}}{\mathrm{d}x}\left(h^3\frac{\mathrm{d}p}{\mathrm{d}x}\right) = 6\mu R\omega\frac{\mathrm{d}h}{\mathrm{d}x} \tag{5-19}$$

或写作柱坐标形式:

$$\frac{\mathrm{d}}{\mathrm{d}\theta}\left(h^3\frac{\mathrm{d}p}{\mathrm{d}\theta}\right) = 6\mu R^2\omega\frac{\mathrm{d}h}{\mathrm{d}\theta}$$

Sommerfeld[2]假设在 $\theta = 0$ 的位置处压力为 $p = P_a$,即边界条件为

$$p(\theta = 0) = p(\theta = 2\pi) = P_a \tag{5-20}$$

对式(5-19)进行一次积分后可得

$$\frac{\mathrm{d}p}{\mathrm{d}\theta} = 6\mu R^2\omega\frac{h - h^*}{h^3} \tag{5-21}$$

式中,h^* 为压力梯度为 0 位置处的油膜厚度。

从图 5-5 中可知,偏心角 θ 处的油膜厚度为

$$h = C(1 + \varepsilon\cos\theta) \tag{5-22}$$

式中,C 为滑动轴承的平均径向间隙;ε 为偏心率。

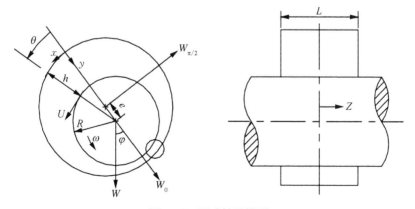

图 5-5　滑动轴承模型

对式(5-21)再次进行积分,并将式(5-22)代入,可得

$$p = 6\mu\omega\left(\frac{R}{C}\right)^2\left\{\int\frac{\mathrm{d}\theta}{(1+\varepsilon\cos\theta)^2} - \frac{h^*}{C}\int\frac{\mathrm{d}\theta}{(1+\varepsilon\cos\theta)^3}\right\} + K \qquad (5-23)$$

式中,K 为积分常数。

为了计算式(5-23)中的积分过程,采用 Sommerfeld 变量

$$1 + \varepsilon\cos\theta = \frac{1-\varepsilon^2}{1-\varepsilon\cos\varphi} \qquad (5-24)$$

因此,压力表达式(5-23)可写作

$$p = \frac{6\mu\omega(R/C)^2}{(1-\varepsilon^2)^{3/2}}\left\{\varphi - \varepsilon\sin\varphi - \frac{2\varphi - 4\varepsilon\sin\varphi + \varepsilon^2\varphi + \varepsilon^2\sin\varphi\cos\varphi}{2C(1-\varepsilon^2)}\right\} + K$$

$$(5-25)$$

式中的两个常数,h^* 和 K 可通过边界条件确定:

$$\begin{cases} K = P_a \\ \dfrac{h^*}{C} = \dfrac{2(1-\varepsilon^2)}{2+\varepsilon^2} \end{cases} \qquad (5-26)$$

因此有

$$p = \frac{6\mu\omega(R/C)^2}{(1-\varepsilon^2)^{3/2}}\left\{\varphi - \varepsilon\sin\varphi - \frac{2\varphi - 4\varepsilon\sin\varphi + \varepsilon^2\varphi + \varepsilon^2\sin\varphi\cos\varphi}{2+\varepsilon^2}\right\} + P_a$$

$$(5-27)$$

图5-6为滑动轴承圆周方向内的压力分布示意图。

下面计算滑动轴承的承载能力 W,以及方位角 ϕ。如果忽略切向应力的影响,建立滑动轴承的受力平衡为

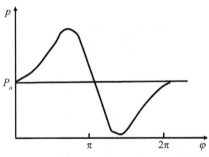

图5-6　滑动轴承圆周方向的压力分布

$$\begin{cases} W\cos\phi + L\displaystyle\int_0^{2\pi} p\cos\theta R\mathrm{d}\theta = 0 \\ -W\sin\phi + L\displaystyle\int_0^{2\pi} p\sin\theta R\mathrm{d}\theta = 0 \end{cases}$$

$$(5-28)$$

对式(5-28)进行积分并将式(5-26)代入,可得

$$\begin{cases} W\cos\phi = 0 \\ W\sin\phi = \dfrac{12\mu R^3 \omega L\pi\varepsilon}{C^2(2+\varepsilon^2)\sqrt{1-\varepsilon^2}} \end{cases} \tag{5-29}$$

通常情况下，$\phi = \pi/2$，此时

$$W = 12\mu\omega\frac{R^3 L}{C^2}\frac{\pi\varepsilon}{(2+\varepsilon^2)\sqrt{1-\varepsilon^2}} \tag{5-30}$$

在求解润滑问题过程中，引入一个 Sommerfeld 数 S，S 的表达式为

$$S = \frac{\mu LR\omega}{\pi W}\left(\frac{R}{C}\right)^2 = \frac{\sqrt{1-\varepsilon^2}(2+\varepsilon^2)}{12\pi^2\varepsilon} \tag{5-31}$$

对作用于旋转轴的切向应力进行积分，即可获得作用在轴上的摩擦力矩为

$$C_a = R^2 L\int_0^{2\pi}\tau_{xy}(y-h)\,\mathrm{d}\theta \tag{5-32}$$

式中，

$$\tau_{xy} = \mu\frac{\mathrm{d}u}{\mathrm{d}y},\quad u = \frac{1}{2\mu}\frac{\mathrm{d}p}{\mathrm{d}x}y(y-h) + \frac{R\omega y}{h} \tag{5-33}$$

因此，式(5-32)可改写为

$$C_a = R^2 L\int_0^{2\pi}\left\{\mu\frac{R\omega}{h} + \frac{h}{2}\frac{\mathrm{d}p}{\mathrm{d}x}\right\}\mathrm{d}\theta \tag{5-34}$$

对式(5-34)进行积分可得

$$C_a = \frac{R^3\mu\omega L}{C}\frac{2\pi}{\sqrt{1-\varepsilon^2}} + \frac{e}{2}W\sin\phi \tag{5-35}$$

将(5-30)代入，得

$$C_a = \frac{4\mu\omega R^3 L\pi}{C}\left[\frac{1+2\varepsilon^2}{(2+\varepsilon^2)\sqrt{1-\varepsilon^2}}\right] \tag{5-36}$$

同样的，作用于外圈轴承座的摩擦力矩为

$$C_c = \frac{R^3\mu\omega L}{C}\frac{2\pi}{\sqrt{1-e^2}} - \frac{e}{2}W\sin\phi \tag{5-37}$$

或者可写为

$$C_c = \frac{4\mu\omega R^3 L\pi}{C} \frac{\sqrt{1-\varepsilon^2}}{2+\varepsilon^2} \qquad (5-38)$$

因此,作用在旋转轴颈上的摩擦系数为

$$f_a = \frac{C_a}{RW} = \frac{C}{R}\left\{\frac{\varepsilon}{2}\sin\phi + \frac{2\pi^2 S}{\sqrt{1-\varepsilon^2}}\right\} \qquad (5-39)$$

为了消除 R/C,引入摩擦系数 f 的表达式为

$$f = \frac{R}{C}f_a = \frac{\varepsilon}{2}\sin\phi + \frac{2\pi^2 S}{\sqrt{1-\varepsilon^2}} = \frac{1+2\varepsilon^2}{3\varepsilon} \qquad (5-40)$$

在圆柱滚子轴承中,滚动体柱面与保持架兜孔之间的接触关系可以被视为一个"长滑动轴承"模型,可以应用该模型的求解方法进行分析计算。

5.1.3 "短滑动轴承"模型

当滑动轴承的长径比 L/D 较小时,相比轴向压力梯度,环向的压力梯度可以忽略不计,形成"短滑动轴承"模型。该假设由 Michell 首次提出,并经过 Ocvirk 和 Dubois 发展[3]。研究发现,当 L/D 增大至 0.5 时,该假设造成的误差仍在可接受范围内。此时,雷诺方程可写作

$$\frac{\partial}{\partial z}\left(h^3 \frac{\mathrm{d}p}{\mathrm{d}z}\right) = 6\mu R\omega \frac{\mathrm{d}h}{\mathrm{d}x} \qquad (5-41)$$

或者柱坐标形式:

$$\frac{\partial}{\partial z}\left(h^3 \frac{\mathrm{d}p}{\mathrm{d}z}\right) = 6\mu\omega \frac{\mathrm{d}h}{\mathrm{d}\theta}$$

边界条件为

$$\begin{cases} p(\theta, z = -L/2) = 0 \\ p(\theta, z = +L/2) = 0 \end{cases} \qquad (5-42)$$

式中,L 为滑动轴承的轴向长度。

对式(5-41)积分,可求得滑动轴承内的压力分布为

$$p(\theta, z) = -\frac{3\mu\omega}{C^2}\left(z^2 - \frac{L^2}{4}\right)\frac{\varepsilon\sin\theta}{(1+\varepsilon\cos\theta)^3} \qquad (5-43)$$

Ocvirk 和 Dubois 对短滑动轴承雷诺方程进行了分析求解,当滑动轴承偏心率

为 ε 时,轴承承受的载荷为

$$W = \mu L R \omega \left(\frac{L}{D}\right)^2 \left(\frac{R}{J}\right)^2 \frac{\varepsilon}{(1-\varepsilon^2)^2} \sqrt{16\varepsilon^2 + \pi^2(1-\varepsilon^2)} \qquad (5-44)$$

Sommerfeld 数的表达式为

$$S = \frac{1}{\left(\frac{L}{D}\right)^2} \frac{(1-\varepsilon^2)^2}{\pi\varepsilon\sqrt{16\varepsilon^2 + \pi^2(1-\varepsilon^2)}} \qquad (5-45)$$

偏心方位角的表达式为

$$\tan\phi = \frac{\pi}{4}\frac{\sqrt{1-\varepsilon^2}}{\varepsilon} \qquad (5-46)$$

滑动轴承旋转轴的摩擦力矩为

$$C_a = \frac{\mu\omega R^3 L}{C} \frac{\pi(2+\varepsilon)}{(1+\varepsilon)\sqrt{1-\varepsilon^2}} \qquad (5-47)$$

式中, C 为滑动轴承的径向间隙。

摩擦系数为

$$f = \frac{C_a}{CW} = \frac{\pi^2 S(2+\varepsilon)}{(1+\varepsilon)\sqrt{1-\varepsilon^2}} \qquad (5-48)$$

在滚动轴承中,内、外套圈挡边宽度相对于保持架内、外圆柱面直径很小,因此保持架与内、外套圈挡边之间的相互作用可看作是一个"短滑动轴承"模型,并通过以上过程求解保持架与内、外套圈之间的相互作用。

5.2　滚动轴承的弹性流体动力润滑

弹性流体动力润滑理论主要用于研究在相互滚动或滚动伴随有滑动的条件下,两弹性体间流体动力润滑膜的力学性质。与一般流体润滑的区别主要是根据接触应力高的特点,放弃润滑边界的刚性假设,并考虑润滑油的黏压特性。运用弹性流体动力润滑理论可以建立起弹性体表面几何形状、尺寸、材料物理性能、润滑流体物理性能、两接触物体表面速度、负荷与油膜厚度、压力分布、摩擦力和温升等参数间的定量关系。实际应用中最关心的是计算最小油膜厚度和摩擦力,前者影响轴承寿命,后者决定了轴承中滚动体和保持架的运动状态。

弹性流体动力润滑理论的发展对于滚动轴承起着重要的作用,通过严控设计和制造精度从而形成充分的流体润滑膜,可以有助于延长轴承寿命和提高可靠性。试验表明,油膜厚度为两接触体表面粗糙度 3~4 倍时,轴承寿命可提高一倍以上。同时,基于弹性流体动力润滑理论的油膜厚度和切向摩擦力的计算,也是高速轴承精确运动和力学分析的基础。

5.2.1　弹性流体动力润滑理论

润滑理论的基本方程是雷诺方程。如图 5-7 所示,不可压缩流体定常流动的雷诺方程为

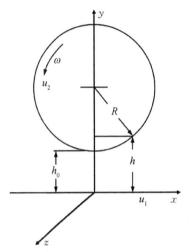

$$\frac{\partial}{\partial x}\left(\frac{h^3}{\eta}\frac{\partial p}{\partial x}\right) + \frac{\partial}{\partial z}\left(\frac{h^3}{\eta}\frac{\partial p}{\partial x}\right) = 12\frac{\partial}{\partial x}(uh)$$

$$(5-49)$$

式中,h 为油膜厚度;η 为润滑剂的动力黏度;p 为油膜压力;u 为接触区平均速度,$u = (u_1 + u_2)/2$;x、z 为坐标变量。

对于滚动体的润滑问题,Martin 在分析时假定:

（1）滚动体是刚性的,不考虑接触变形;

（2）润滑剂是等黏度的,不随压力变化而变化;

图 5-7　油膜润滑接触坐标系

（3）接触区为等温润滑状态。

对于两圆柱体滚动的情况,求得最小油膜厚度为

$$\frac{h_0}{R} = 2.45\eta_0\frac{u_1 + u_2}{q}$$

$$(5-50)$$

式中,R 为当量曲率半径,$R = R_1 R_2/(R_1 + R_2)$,R_1、R_2 分别为两圆柱体的曲率半径;η_0 为标准大气压下的润滑剂黏度,单位为 Pa.s;q 为接触线单位长度上的负荷,单位为 N/m。

但是,试验发现,由式(5-50)求出的油膜厚度太小,与实际相差甚远。实际上,润滑油的黏度随压力的变化是很显著的,如图 5-8 所示,通常用黏压系数来表示

$$\eta = \eta_0\exp(\alpha_1 p)$$

$$(5-51)$$

式中,η 为压力为 p 时的黏度;α_1 为润滑剂的黏压系数。

通过求解变黏度的压力雷诺方程,可得最小油膜厚度为

$$\frac{h_0}{R} = 1.66\left[\frac{\alpha_1\eta_0(u_1 + u_2)}{2R}\right]^{2/3}$$

$$(5-52)$$

但是,按照此式计算的油膜厚度仍然低于实际测量值,这启发人们思考,在滚动体的润滑理论中,采用刚体的流体动力润滑理论是否合适,是否需要计入接触物体的弹性变形。

1. 问题的提出和基本方程

在考虑图 5-9 所示两个弹性圆柱体接触的情况时,为了处理简便,常将其简化为一个弹性圆柱体与刚性平面接触的情况。弹性柱体具有相应的当量曲率半径和当量弹性模量。

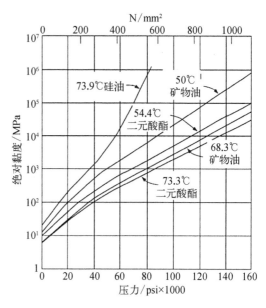

图 5-8　润滑油的黏压关系

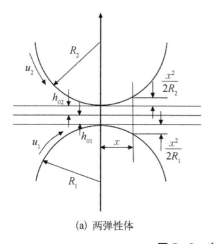

(a) 两弹性体

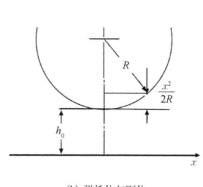

(b) 弹性体与刚体

图 5-9　当量接触物体

图 5-9(a)所示的油膜厚度为

$$h = h_{01} + h_{02} + \frac{x^2}{2R_1} + \frac{x^2}{2R_2} \qquad (5-53)$$

图 5-9(b)所示的油膜厚度为

$$h = h_0 + \frac{x^2}{2R} \qquad\qquad (5-54)$$

其中,当量曲率半径 R 取为

$$R = (R_1^{-1} + R_2^{-1})^{-1} \qquad\qquad (5-55)$$

类似的,为了使力和位移关系相同,当量弹性模量取为

$$\frac{1}{E_0} = \frac{1}{2}\left[\frac{1-\nu_1^2}{E_1} + \frac{1-\nu_2^2}{E_2}\right] \qquad\qquad (5-56)$$

式中,E_1、E_2 为柱体 1、2 的杨氏弹性模量;ν_1、ν_2 为泊松比。

这样,问题就归结为具有当量曲率半径和当量弹性模量的柱体与刚性平面接触的流体动力润滑问题。

求解等温线接触弹流问题时,采用的基本方程如下,即雷诺方程:

$$\frac{\mathrm{d}}{\mathrm{d}x}\left(\frac{h^3}{12\eta}\frac{\mathrm{d}p}{\mathrm{d}x}\right) = \frac{1}{2}(u_1 + u_2)\frac{\mathrm{d}h}{\mathrm{d}x} \qquad\qquad (5-57)$$

油膜厚度方程为

$$h = h_0 + \frac{x^2}{2R} + v \qquad\qquad (5-58)$$

式中,v 为沿 y 方向的弹性变形,表达式为

$$v = -\frac{2}{\pi E_0}\int_{x_1}^{x_2} p(s)\ln(x-s)^2\mathrm{d}s + c \qquad\qquad (5-59)$$

式中,c 为积分常数;x_1、x_2 为产生压力的范围。

考虑到黏度的表达式,利用边界条件:

$$当\ x_1 \to -\infty\ 时,p = 0;$$

$$当\ x = x_2\ 时,\frac{\mathrm{d}p}{\mathrm{d}x} = 0$$

以及平衡条件:

$$q = \int_{x_1}^{x_2} p(x)\mathrm{d}x \qquad\qquad (5-60)$$

可以对方程进行求解并确定积分常数的值。

2. 几个无量纲参数

不考虑热效应的情况下,油膜厚度可以表示为下列函数形式:

$$h_0 = f(\alpha_1, \eta_0, u, R, q, E_0)$$

为了便于分析和与试验对比,可以将其简化为几个无量纲参数的关系。常用的是 Dowson 无量纲参数式,即

$$H_0 = \phi(U, W, G) \qquad (5-61)$$

式中,油膜厚度参数表示名义的无量纲油膜厚度,表达式为

$$H_0 = \frac{h_0}{R}$$

速度参数为

$$U = \frac{\eta_0 u}{E_0 R}$$

负荷参数为

$$W = \frac{q}{E_0 R}$$

材料参数为

$$G = \alpha_1 E_0$$

应用这些参数,Martin 方程(5-50)可以表示为

$$H = 4.9 \frac{U}{W} \qquad (5-62)$$

式(5-52)相应地变为

$$H = 1.66(GU)^{2/3} \qquad (5-63)$$

3. 一个近似解

Grobin[4] 假定在接触区域中弹性变形与干接触时完全相同,且在接触区入口处形成了相当高的流体动压力,较简便地得出了油膜的计算公式。

引进变量代换:

$$Q = \frac{1}{\alpha_1 E_0} [1 - \exp(-\alpha_1 p)] \qquad (5-64)$$

求解雷诺方程(5-57),可以得到,在接触区入口处有

$$Q_{x=-b} = 48 \left(\frac{W}{2\pi}\right)^{1/2} U \left(\frac{\pi}{2W}\right)^2 \times 0.098\,6 \left(\frac{\pi H_0}{2W}\right)^{-11/8} \qquad (5-65)$$

考虑到入口处压力高,以致 $\exp(-\alpha p)=1$。 由式(5-64)可得

$$Q_{x=-b} \approx \frac{1}{\alpha_1 E_0}$$

代入式(5-65),求得无量纲油膜厚度表达式为

$$H_0 = \frac{1.95(GU)^{8/11}}{W^{1/11}} \tag{5-66}$$

此近似解与后来的数值解以及试验测定的结果很接近。

4. 热效应的影响

高速滚动时,接触区入口处因油膜中大的速度梯度会导致产生大量黏性剪切热,使油膜温度升高,黏度降低,从而使油膜厚度减小。Murch 和 Wilson[5] 在求解考虑热效应的雷诺方程时,采用了下列黏温关系式:

$$\eta = \eta_0 \exp[\alpha_1 p - \delta_t(T - T_0)] \tag{5-67}$$

式中,η 为温度为 T、压力为 p 时的润滑剂黏度;δ_t 为润滑剂的黏温系数;T_0 为初始参考温度。

计算结果表明,随着滚动速度的增加,油膜厚度会相应减小,用式(5-68)表示:

$$H_h = C_h H_0 \tag{5-68}$$

式中,H_h 为考虑热效应的油膜厚度;C_h 为油膜厚度的温度修正系数,可按下式进行计算:

$$C_h = \frac{3.94}{3.94 + L^{0.82}} \tag{5-69}$$

$$L = \frac{\eta_0 u^2 \delta_t}{k} \tag{5-70}$$

式中,k 为润滑剂的导热系数;L 为热效应参数。

试验研究表明,当轴承在低速和中速条件下运转时,可以不考虑热效应的影响;在接近极限转速或高速下运转时,应该考虑热效应。另外,当在滚动中伴随有滑动时,由于剪切热的存在,会使油膜温度升高,可能影响润滑状态。但接触区内部的滑动对油膜厚度几乎没有影响。

5.2.2 弹流状态的油膜厚度

1. 线接触状态的弹流油膜厚度

Dowson 等[6] 求得了等温条件下线接触状态弹性流体动力润滑的数值计算解,

其最小油膜厚度的计算公式为

$$H_{\min} = \frac{h_{\min}}{R} = 1.6 \frac{G^{0.6} U^{0.7}}{W^{0.13}} \qquad (5-71)$$

1967 年,Dowson 又提出了一个修正式如下:

$$H_{\min} = \frac{h_{\min}}{R} = 2.65 \frac{G^{0.54} U^{0.7}}{W^{0.13}} \qquad (5-72)$$

典型的油膜厚度形状和压力分布如图 5-10 所示。在大部分接触区域,油膜厚度几乎不变,称此为中心油膜厚度或名义油膜厚度,以 h_0 表示,也可简称油膜厚度。由图 5-10 可以看出,在接触区出口处有一个油膜的收缩区,对应有最小油膜厚度,以 $h_{\min}$ 表示。Dowson 公式所计算的结果为最小油膜厚度,通常 $h_{\min} \approx (3/4) h_0$。

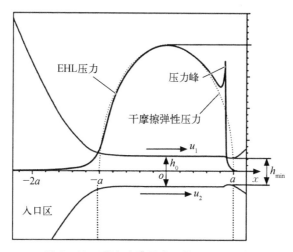

图 5-10　弹流油膜厚度形状及压力分布

通过弹性流体动力润滑的油膜厚度表达式可以得出以下结论。

(1) 负荷对油膜厚度的影响很小。由 Martin 方程(5-50)可知,油膜厚度与载荷成反比。而在 Dowson 的公式中,油膜厚度仅与负荷的 0.13 次幂成反比。在轻载时可以不考虑弹性变形,而在重载时必须考虑。

(2) 弹性变形对油膜厚度影响很大,重负载时按式(5-72)计算的油膜厚度比式(5-50)的计算结果要大 10~100 倍。

(3) 速度参数对油膜厚度和压力分布的影响显著。油膜厚度与速度参数的 0.7 次幂成正比。油膜厚度虽然与材料参数也有类似关系,但对于钢和油的组合,G 的变化范围很窄,影响并不显著。

（4）在大部分接触区域中油膜厚度保持不变。在接触区出口处有一个油膜厚度的收缩区，与此相应的存在一个压力峰值。随速度参数的增加，压力峰值会向接触区入口处偏移。

（5）考虑润滑剂压缩性时，压力峰值会有所降低，且向接触区出口处偏移，而中心油膜厚度会稍有下降，但相差不大，最小油膜厚度基本不变，因此油润滑时通常不考虑压缩性的影响。

2. 点接触状态的弹流油膜厚度

如图 5 – 11 所示，点接触状态是三维问题，计算过程比线接触复杂得多。围绕点接触的弹性流体动力润滑问题，Archard 和 Cowking[7] 对其油膜厚度提出了一个近似解，在工程应用特别是滚动轴承计算方面得到了普遍应用。

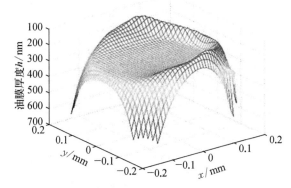

图 5 – 11   弹性流体动力润滑点接触油膜厚度分布

$$H_0 = 2.04 \frac{(\phi G U)^{0.74}}{W'^{0.074}} \tag{5-73}$$

式中，ϕ 为考虑侧向泄漏的修正因子，表达式为

$$\phi = \left(1 + \frac{2}{3}\frac{R_x}{R_y}\right)^{-1} \tag{5-74}$$

R_x、R_y 为 x 方向（沿运动方向）和 y 方向的当量曲率半径。相应的，无量纲参数为

$$W' = \frac{Q}{E_0 R_x^2} \tag{5-75}$$

$$U = \frac{\eta_0 u}{E_0 R_x} \tag{5-76}$$

Harmrock 和 Dowson 提出了点接触弹性流体动力润滑的数值解。

无量纲中心油膜厚度公式为

$$H_0 = 2.69 \frac{U^{0.67} G^{0.53}}{W'^{0.067}} (1 - 0.61 e^{-0.78k}) \qquad (5-77)$$

无量纲最小油膜厚度公式为

$$H_{\min} = 3.63 \frac{U^{0.68} G^{0.49}}{W'^{0.073}} (1 - e^{-0.68k}) \qquad (5-78)$$

式中,k 为椭圆率,$k = a/b$。由于 a、b 未知,可用下式近似计算:

$$k = 1.0339 \left(\frac{R_y}{R_x}\right)^{0.636} \qquad (5-79)$$

可以看出,点接触中各参数对油膜厚度的影响关系与线接触相似。

3. 表面粗糙度对润滑油膜的影响

以上用于计算油膜厚度的方法仅考虑了滚动元件的宏观几何尺寸,即假定元件表面是光滑的。实际上,每个球体、滚子或滚道的表面都具有一定的粗糙度,或称为表面形貌,如图 5-12 所示。

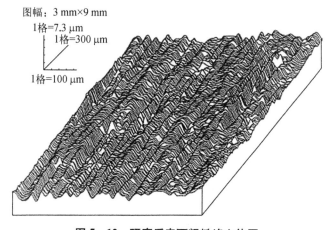

图幅: 3 mm×9 mm
1格=7.3 μm
1格=300 μm
1格=100 μm

图 5-12　研磨后表面粗糙峰立体图

表面粗糙度纹理方向可能影响润滑油膜的形成能力。如果沟道的表面粗糙度纹理垂直于运动方向,则会有利于润滑油膜的建立;反之,如果表面粗糙度纹理平行于运动方向,则会减小润滑油膜的厚度。而且,随着接触表面粗糙度与润滑油膜厚度比值的不同,工作表面粗糙度对润滑油膜的形成也有不同的影响。当油膜厚度较薄时,粗糙表面的凸峰可能穿透油膜而直接接触,称此状态为部分弹性流体动力润滑。最佳状态应使滚动体与滚道之间的油膜厚度大到足以完全隔开这两个元件。

为了正确计算润滑油膜厚度,并界定轴承是否处于完全弹性流体动力润滑状态,通常引入油膜润滑参数 Λ,即

$$\Lambda = \frac{h}{\sqrt{\sigma_1^2 + \sigma_2^2}} \tag{5-80}$$

式中,h 表示最小油膜厚度;σ_1、σ_2 分别为两个相互作用物体的方均根粗糙度(rms),如图 5-13 所示。一般情况下,方均根表面粗糙度的值取为表面粗糙度的 1.25 倍。

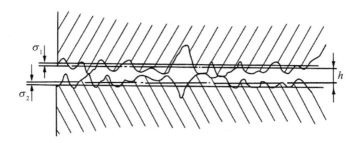

图 5-13   穿透部分油膜的粗糙峰接触

通过大量的试验证明,当 $\Lambda>3$ 时,两接触面形成的油膜称为完全弹流润滑油膜,又称延长寿命区。当 $3>\Lambda>1$ 时,两接触表面只部分形成了弹性流体动力润滑区域,在没有形成弹性流体动力润滑的区域就会形成金属间的直接接触。当 $\Lambda<1.5$ 时,轴承运转时会出现滑动现象,导致两接触表面的损伤,该区域称为引起表面损伤区。当 $\Lambda<1$ 时,会出现两接触表面间金属的直接接触,除引起表面损伤外还会造成发热等不良后果,从而使轴承表面出现早期的疲劳剥落。因此,当 $\Lambda<3$ 时,必须要考虑粗糙度的影响。

5.2.3   弹性流体动力润滑的摩擦力

弹性流体动力润滑理论对于求解油膜厚度是很成功的,而且可以考虑热效应和供油不足的情况。但是对于润滑油膜中的切向摩擦力的计算,目前仍需要进一步研究。

试验所得的典型的摩擦系数曲线如图 5-14 所示,试验是在双圆盘机上进行的。两个圆盘的相对滑动速度 $\Delta u = u_2 - u_1$,滑滚比为 $\Delta u/u$,两圆盘间的正压力为 Q,摩擦力为 F。

可以看出,摩擦系数随滑滚比的变化较为复杂。通常分为三个区域,Ⅰ 为线性区,摩擦系数随滑动线性地增加,可按牛顿流体计算;Ⅱ 为非线性区,摩擦系数随滑动的增加逐渐减缓,且往往存在最大值;Ⅲ 为发热区,摩擦系数随滑动的增加而

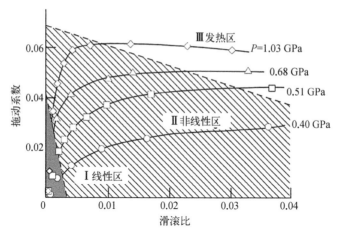

图 5-14　线接触条件下圆盘机拖动力曲线

减小。

在线性区以外,按牛顿流体计算的摩擦力远大于试验测定值,有时甚至高出一个数量级。在高速滚动轴承动力学分析中,有时会将润滑剂视为牛顿流体来计算其摩擦力,这是欠妥当的。为了解决这个矛盾,可以采用非牛顿流体的流变学模型,可以得到与试验接近的结果。但其剪应变率与切应力的关系比较复杂,还很难用于滚动轴承的分析。

除了采用牛顿流体假设外,在滚动轴承中也有一些其他处理方法。在近似计算时,可以简单假设摩擦系数为常数,如取为 0.007。或者采用半经验公式,取摩擦系数为 Hertz 接触应力和滑滚比的函数,即

$$f = A\Delta u \exp\left(-\frac{BC\Delta u}{p_0}\right)\left[1 - \exp\left(\frac{B - p_0}{B}\right)\right] + D\left[1 - \exp(-C\Delta u)\right]$$

$$(5-81)$$

式中,A、B、C、D 分别为润滑剂所决定的常数,起调整作用。在滚动轴承的动力学分析中,采用式(5-81)计算摩擦力可以取得较好的结果。

5.3　滚动轴承内的流体黏性摩擦

滚动轴承运转时,轴承空腔内存在有大量的润滑油,滚动体在润滑油中运动时,会受到来自滑油的阻力和涡动损失,这些损失构成了滚动轴承总功率损失中相当大的一部分。通常,将轴承零件在滑油中平移时所受的力称为拖曳阻力,而将轴承零件在润滑油中转动时所受的力矩称为涡动力矩。轴承的内部几何形状和工作

环境对搅动阻力及涡动力矩的真实模拟带来了困难。经典的层流和湍流理论虽然是最好的分析工具,但用这些理论只能粗略地估算搅动和涡动的影响。

5.3.1　滚动体拖曳阻力

　　滚动轴承的滚动体伴随保持架在轴承内、外圈之间的空腔进行公转运动,滚动体会受到滑油流体的拖曳阻力。拖曳阻力由两部分组成,一部分是由滚动体运动方向前后的压差造成的,称为压差阻力;另一部分是由滑油流体的黏性对滚动体表面的切向应力造成的,称为黏性阻力。拖曳阻力的分析方法已成为流体力学的经典模型,可以表示为无量纲的拖曳阻力系数的函数。

　　阻力系数的表达式为

$$C_d = \frac{F_{ol}}{\frac{1}{2}\rho S V^2} \tag{5-82}$$

式中,$\rho = [X_{ol} \cdot \rho_{oil} + (100 - X_{ol}) \cdot \rho_{air}]/100$,为轴承空腔中油气混合物的质量等效密度;$S$ 为物体在流动方向上的前向面积;$V = 1/2 D_m \omega_m$,为物体的平动线速度。

　　滚动轴承中的滚动体可以分为球体和圆柱体两类,可以分别根据对球体和圆柱体定义的阻力系数 C_d 的计算表达式,估算球体和圆柱体在液体中平移时所受的阻力。

　　对于有保持架的滚珠轴承和滚棒轴承,其有效前向面积如图 5-15 中的阴影部分所示。根据图中所示的各个尺寸,可将所求的面积表示出来。

　　对滚珠轴承,有

$$S = \frac{1}{4}\pi d^2 - wd \tag{5-83}$$

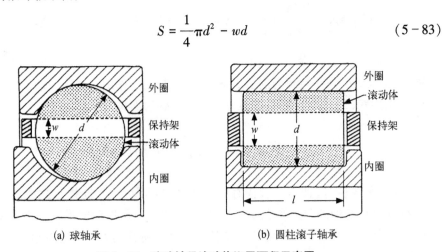

(a) 球轴承　　　　　　　　　　(b) 圆柱滚子轴承

图 5-15　滚动轴承滚动体迎风面积示意图

对滚棒轴承,有

$$S = l(d - w) \tag{5-84}$$

对于无保持架的轴承,只需将上述两式中的 $w = 0$ 即可。

阻力系数的选取根据流动状态由雷诺数确定,阻力系数是雷诺数的函数,其具体关系如图 5-16 所示。其中,雷诺数的计算公式为

$$Re = \frac{\rho V D_m}{\mu} \tag{5-85}$$

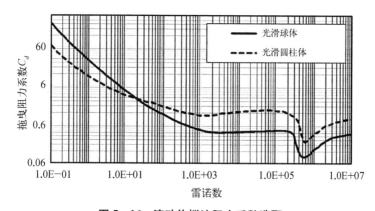

图 5-16　滚动体搅油阻力系数选取

除阻力系数之外,为了获取轴承空腔内油气混合物的等效密度,油气混合物中滑油体积比的计算也成为影响滚动轴承拖曳阻力计算的另一重要因素。

对于传统单环旋转滚动轴承,滑油体积比可以按照下式计算[8]:

$$X_{ol} = 10^7 \frac{Q_h^{0.37}}{N_i d_m^{1.7}} \tag{5-86}$$

式中,X_{ol} 为滑油体积比;Q_h 为滑油流量,单位为 cm^3/min;N_i 为内圈转速,单位为 r/min;d_m 为节圆直径,单位为 mm。

对于内、外圈同时旋转的中介滚棒轴承,有

$$X_{ol} = K \cdot 10^7 \frac{Q_h^{0.37}}{\left(N_c \dfrac{D_m}{D_m/2 - R_b}\right) D_m^{1.7}} \tag{5-87}$$

式中,K 为滑油供给系数,对外环引导滚子,$K=1$,对内环引导轴承,$K=0.5$;N_c 为相对滑油供给速度,对外部固定喷嘴供油,$N_c = \omega_m$,对环下供油,N_c =保持架与内环的相对转速。

5.3.2　滚动体受到的涡动力矩

真实估算滚动轴承中各个零件的涡动力矩是极为困难的,目前所用的各种方法都只能提供相当粗略的近似。Rumbarger、Filetti 和 Gubernick[9]对圆柱体提出的关系式可用于估算圆柱滚子轴承中的涡动力矩,但仍缺少直接的表达式可用来计算球体上的涡动力矩。因此本节仅分析圆柱滚子轴承中滚子受到的涡动力矩,涡动损失包括圆柱面和端面两个部分。

1. 滚子柱面涡动阻力

滚子轴承中,第 j 个滚动体的圆柱面上受到的滑油涡动阻力矩可以表示为

$$M_{fj} = \frac{1}{2}f_j\rho_{oa}U_j^2 AR_r \qquad (5-88)$$

式中,U_j 为第 j 个滚动体的质量平均速度,$U_j = \dfrac{R_r\bar{\omega}_{rj}}{2}$;$A$ 为接触面积,$A = (2\pi - 4\theta_2)R_r l_e$,滚子在保持架中的位置关系如图 5-17 所示,其中 JCC 为滚子与保持架兜孔间的周向间隙。

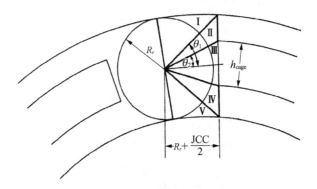

图 5-17　滚子在保持架中的位置关系

f_j 为摩擦系数,与流动性质有关,假设滚子表面的流动为涡旋紊流,则有

$$f_j/f_{lj} = 1.3\left[\frac{Ta_j}{41}\right]^{0.539474} \qquad (5-89)$$

式中,f_{lj} 为滑油流动为层流时的摩擦系数,$f_{lj} = \dfrac{16}{Re_j}$。

雷诺数为

$$Re_j = \frac{\rho_{oa}R_r\bar{\omega}_{rj}C_H}{\mu} \qquad (5-90)$$

泰勒数为

$$Ta_j = \frac{\rho_{oa} R_r \bar{\omega}_{rj} C_H}{\mu} \sqrt{\frac{C_H}{R_r}} \qquad (5-91)$$

式中,C_H 为运动过程中滚子与保持架横梁之间的距离,表达式为

$$C_H = 2\left[R_r\left(\ln\sqrt{\frac{1+\sin\theta_1}{1-\sin\theta_1}} - \theta_1\right) + \frac{R_r + 0.5\text{JCC}}{2}\left(\ln\frac{1+\cos\theta_1}{1-\cos\theta_1} - \right.\right.$$

$$\left.\left.\ln\frac{1+\sin\theta_2}{1-\sin\theta_2}\right) - R_r\left(\frac{\pi}{2} - \theta_1 - \theta_2\right)\right] / (\pi - 2\theta_2) \qquad (5-92)$$

当 $Ta_j < 41$ 时,滑油流动为层流,此时 $f_j = f_{Lj}$。

2. 滚子端面涡动阻力

滚动体端面受到的滑油涡动阻力矩可以表示为

$$M_{ej} = \frac{1}{2}\rho_{oa}\bar{\omega}_{rj}^2 R_r^5 C_{Nj} \qquad (5-93)$$

式中,系数 C_{Nj} 为

$$C_{Nj} = \begin{cases} 3.87/Re_j^{0.5}, & Re_j < 300\,000 \\ 0.146/Re_j^{0.2}, & Re_j > 300\,000 \end{cases} \qquad (5-94)$$

$$Re_j = \frac{\rho_{oa} R_r^2 \bar{\omega}_{rj}}{\mu} \qquad (5-95)$$

5.3.3　保持架受到的涡动力矩

与圆柱形滚子表面的涡动阻力矩分析过程相似,保持架在滑油中旋转所受到的涡动阻力矩也分为圆柱面和端面两个部分。

1. 保持架柱面涡动阻力

以内圈引导保持架为例,分析保持架在滑油中旋转时保持架柱面受到滑油的涡动阻力矩。其计算表达式为

$$M_{mf} = \frac{1}{2}f_m\rho_{oa}U_m^2 A_{mo}R_{mo} \qquad (5-96)$$

式中,U_m 为质量平均速度,$U_m = \dfrac{R_{mo}\bar{\omega}_m}{2}$;$A_{mo}$ 为保持架外表的面积;R_{mo} 为保持架外

表面半径; f_m 为摩擦系数, 通常情况下采用 Coutte 流模型来近似保持架表面上的流动, 其表达式如下:

$$\frac{f_m}{f_{mL}} = 3.0 \left[\frac{Re_m}{2\,500}\right]^{0.855\,96} \tag{5-97}$$

式中, $f_{mL} = \dfrac{16}{Re_m}$。 f_m 的取值与流动的雷诺数有关, Re_m 的表达式为

$$Re_m = \frac{\rho_{oa} R_m \bar{\omega}_m C_m}{\mu} \tag{5-98}$$

式中, C_m 为保持架外表面与外圈间的平均径向间隙。当 $Re_m < 2\,500$ 时, 流动为层流, 此时 $f_m = f_{mL}$。

2. 保持架端面涡动阻力

保持架端面受到滑油的涡动阻力矩表达式为

$$M_{me} = \frac{1}{2} \rho_{oa} \bar{\omega}_m^2 R_c^5 C_{Nm} \tag{5-99}$$

式中, R_c 为保持架当量半径, $R_c^5 = R_{out}^3 (R_{out}^2 - R_{in}^2)$。 C_{Nm} 为与流动状态有关的系数, 即

$$C_{Nm} = \begin{cases} 3.87/Re_m^{0.5}, & Re_m < 300\,000 \\ 0.146/Re_m^{0.2}, & Re_m > 300\,000 \end{cases} \tag{5-100}$$

$$Re_m = \frac{\rho_{oa} R_c^2 \bar{\omega}_m}{\mu} \tag{5-101}$$

以上所有的公式中都假定: 要计算涡动和拖曳阻力损失的零件完全浸没在黏度为 μ 和密度为 ρ 的液体中。然而, 对于大多数轴承应用, 滑油液体只占轴承空腔体积的很小一部分, 对涡动和拖曳阻力起有效作用的是油气混合物。轴承零件通过这种混合物时, 剪切应力主要由混合物中黏度较高的成分决定, 因此通常将润滑油的黏度作为计算涡动和拖曳阻力时的有效黏度, 而有效密度则取决于运动流体的实际质量, 并表示为

$$\rho_{oa} = \frac{\rho_{oil} \times 油的体积 + \rho_{air} \times 空气体积}{轴承空腔总容积}$$

5.4　滚动轴承的分析方法

从国内外的发展状况看,滚动轴承的运动及动力特性分析主要包括静力学分析、拟静力学分析、拟动力学分析和动力学分析等四种方法。

1. 静力学分析方法

滚动轴承静力学分析,假定轴承处于静止承载状态,首先涉及滚动体与滚道间的弹性接触问题以及轴承整体的变形与平衡问题。Hertz 研究了两个完全光滑的椭球形弹性体的弹性应力和变形,用半逆解法并通过积分变换,对点接触与线接触问题给出了理论解。Stribeck 应用 Hertz 理论建立了球轴承的静力学分析模型,推导了滚动体的载荷分布,确定了受载最大的滚动体载荷与径向载荷之间的关系。Palmgren 等则对轴承在径向、轴向和力矩载荷作用下的变形与滚动体载荷分布进行了研究。

2. 拟静力学分析方法

随着航空发动机发展的需要,滚动轴承向高速化发展。A. B. Jones 首先提出了拟静力学分析方法。他采用套圈滚道控制的假设,即滚子在一个套圈滚道上发生纯滚动而无自旋运动,低速轴承采用内圈滚道控制(内圈接触无滑动),高速轴承由于离心力的作用采用外圈滚道控制(外圈接触无滑动)。试验结果表明,在低速和重载时,套圈控制假设是近似和实用的,但在高速轻载条件下已证实该方法对滚动体转速的预测存在较大的误差。这是由于高速轻载时滚动体与外圈之间可能发生相对滑动,而不再是纯滚动。Jones 的拟静力学分析方法对轴承的真实载荷分布、疲劳寿命及刚度的计算较为准确,至今仍在滚动轴承的设计中广泛应用。

随着弹性流体动力润滑理论的不断完善,滚动轴承中的润滑理论及计算得到很大的发展。Harris 在此基础上考虑了弹流的作用,完善了滚动轴承的拟静力学分析方法。Harris 假定不同方位角处的滚动体转动速度不同,且不是时间的函数,通过建立滚动体、保持架和内圈的平衡方程组,求解非线性方程组得到滚动体的公转速度、自转速度、轴承变形等参数。

3. 拟动力学分析方法

关于拟动力学分析方法,美国 SKF 公司的定义如下:

(1)在滚动体运动分析中放弃套圈控制理论、滚动体等速圆周公转等运动学约束,在受力分析中全面考虑包括惯性力在内的所有惯性项;

(2)仍采用力和力矩平衡的代数方程组表达滚动体运动方程,并将方程中出现的含有滚动体自转角速度一阶导数近似地表示为滚动体方位角的函数,即描述滚动体动力学的方程不含时间项。

根据以上定义,可以认为 Harris 的分析模型属于拟动力学分析模型。

4. 动力学分析方法

拟动力学方法仍然只能分析稳态运转过程中滚动轴承的动力学性能,为了完全正确模拟轴承运转状态及分析轴承受载和变速的过渡过程,需要使用完全的动力学方法。1971 年 Walters 首先提出滚动轴承的动力学分析模型,考虑了滚动体 4 个自由度、保持架 6 个自由度、使用了多个约束方程。1978 年以来,Gupta 发表了一系列滚动轴承动力学分析的文章。他考虑了滚动体复杂的运动状态和受力状态,分析了轴承零件的速度变化和相应的惯性力影响,完善了动力学分析模型。该模型对各个零件都考虑了 6 个自由度,可以模拟所有零件的动态不稳定性,但是计算量太大。Meeks 于 1985 年提出了自己的动力学模型,滚动体和保持架的相互作用被看作是接触表面的法向力和摩擦力作用的有阻尼弹簧。1996 年,Meeks 对自己的模型进行了改进,考虑了普遍受载的情况和流体润滑,认为滚动体和套圈间的拖动力是接触应力、滑动速度的函数并直接由 Walters 得到的公式计算出拖动力。

由以上研究可知,静力学方法不适合对高速滚动轴承进行动态性能分析;动力学分析方法由于大量的复杂计算,主要用于探索高速运转轴承元件的动态不稳定性以及了解工况变化时轴承元件运动和受力的过渡过程,在实际的轴承动态性能分析中难以广泛应用。拟静力学和拟动力学分析由于预测精度较高且计算较简便,在实际高速轴承的分析中应用较广泛。因此以下仅对滚动轴承的拟静(动)力学分析模型进行介绍。

5.4.1　滚珠轴承拟静力学分析

在高速滚珠轴承的拟静力学分析中,需要对轴承模型进行一定的简化,仅考虑离心力和陀螺力矩的影响。对于仅承受纯轴向和径向载荷的轴承,拟静力学分析可以得到较好的结果,包括内部运动状态、载荷分布、油膜厚度等。以下以单列角接触球轴承为例,介绍滚珠轴承的拟静力学分析模型。假设轴承内所有的几何结构均为理想状态,即滚动体为标准球体,内外环为标准圆环结构,不考虑非圆滚道。

1. 不同元件间的相互作用

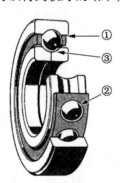

图 5 - 18　球轴承不同
元件间的
相互作用

在高速球轴承内部,不同元件之间存在着不同的相互作用关系,包括滚动体与滚道、滚动体与保持架、保持架与滚道、运动元件与滑油等,如图 5 - 18 所示。表 5 - 1 中列举了求解这些作用关系的常用模型。通常认为,相比于球体与内外环接触,球体与保持架兜孔以及保持架与内外环引导面间的接触载荷很小,可以认为其处于流体动力润滑状态,忽略接触过程中的弹性变形。

表 5-1 球轴承内不同元件间的相互作用

接触关系	基本假设	分析模型	求解结果
保持架与内外环引导面①	低载荷、刚性表面	流体动力润滑状态——短滑动轴承模型	法向载荷、摩擦力、偏心角等
球体与保持架兜孔②	低载荷、刚性表面	流体动力润滑状态——长滑动轴承模型	法向载荷、摩擦力
球体与内外环③	从0到重载、考虑弹性变形、滚动滑动自旋运动	弹性流体动力润滑状态	切向摩擦力、油膜厚度等

1) 保持架与内外环引导面的相互作用

如图 5-19 所示,在滚动轴承中,内外环引导面的宽度与保持架直径的比值通常小于 1/6,因此保持架与内外环引导面间的相互作用关系可以简化为层流或湍流状态下的"短滑动轴承"模型进行求解,作用在保持架上的径向载荷、摩擦力矩等与旋转速度、保持架偏心等相关。

2) 球体与保持架兜孔间的相互作用

由于球体与保持架兜孔间的间隙相对于球体直径很小,球体与兜孔间的相互作用关系可以简化为"长滑动轴承"模型进行求解,通过在接触区对雷诺方程进行积分,可以获得不同速度分量上的法向载荷和切向摩擦。

3) 球体与内外环间的相互作用

在良好润滑条件下,球体与内外环间的接触为弹性流体动力润滑状态,接触区油膜厚度可以用 Hamrock 和 Dowson 的公式进行计算,并考虑温升的影响,接触区的切向摩擦力可以采用 Johnson 和 Tevaarwerk 的非牛顿流体模型进行计算。

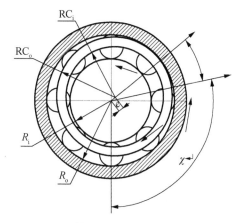

图 5-19 保持架与内外圈之间的作用关系

2. 球轴承运动学分析

图 5-20 为球轴承内部运动分析过程中所采用的不同的坐标系。RG 坐标系固定于空间中,原点位于轴承中心,作为其他坐标系的参考,轴承轴向载荷与 x_G 的方向平行,内环也沿 x_G 方向旋转。R_5 坐标系固定于滚动体上,用于描述球体的旋转运动。本章之前的内容中已经介绍了球轴承内部的几何运动关系,在求解过程中需要借助矢量变换进行大量的坐标转换,在此不做详细说明。

3. 基本方程组

通过对球体、保持架、内外环等进行受力分析,可以建立拟静力学模型的基本方程,通过求解基本方程组,即可获得包括保持架、各个球体的旋转速度等在内的

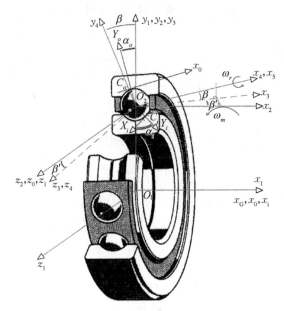

图 5-20　球轴承坐标系示意图

所有未知量。

1）力学平衡方程

图 5-21 为第 j 个球体的受力状态示意图,作用于球体的力和力矩包括:

（1）球体与内、外滚道接触的法向载荷 Q_{ij}、Q_{oj};

（2）球体与内、外滚道接触的切向摩擦力 FB_{ij}、FB_{oj};

（3）球体与保持架兜孔前侧、后侧的接触法向力 $\mathrm{WC1}_j$、$\mathrm{WC2}_j$;

（4）球体与保持架兜孔前侧、后侧的接触切向力 $\mathrm{FC1}_j$、$\mathrm{FC2}_j$;

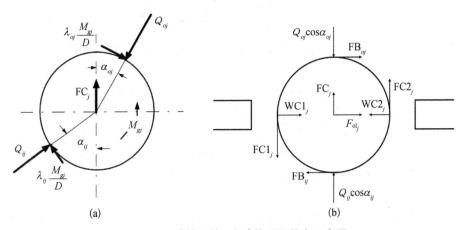

图 5-21　球轴承第 j 个球体受力状态示意图

（5）球体陀螺运动的陀螺力矩 M_{gj}；

（6）球体公转运动的离心力 FC_j；

（7）球体公转运动受到滑油流体的拖曳力 F_{ol}。

第 j 个球体的受力及力矩平衡方程为

$$0 = Q_{ij}\cos\alpha_{ij} - Q_{oj}\cos\alpha_{oj} + \frac{M_{gj}}{D}(\lambda_{ij}\sin\alpha_{ij} - \lambda_{oj}\sin\alpha_{oj}) - FC1_j + FC2_j + FC_j$$

$$(5-102)$$

$$0 = Q_{ij}\sin\alpha_{ij} - Q_{oj}\sin\alpha_{oj} - \frac{M_{gj}}{D}(\lambda_{ij}\cos\alpha_{ij} - \lambda_{oj}\cos\alpha_{oj}) \qquad (5-103)$$

$$0 = WC1_j - WC2_j + FB_{oj} - FB_{ij} + F_{ol} \qquad (5-104)$$

$$0 = FB_{oj}\cos\alpha_{oj} + FB_{ij}\cos\alpha_{ij} - FC1_j - FC2_j \qquad (5-105)$$

对 N 个滚动体分别建立受力和力矩平衡方程。

图 5-22 为保持架的受力和力矩状态,除了以上提到的球体与保持架的相互作用外,还包括:

（1）保持架与内、外环引导面间的径向载荷 WFC_i、WFC_o；

（2）保持架与内、外环引导面间的切向摩擦力 CC_i、CC_o。

当保持架只由一个套圈引导时,与另一个套圈的相应作用力则为零。

保持架的平衡方程为

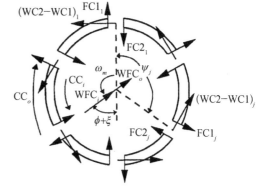

图 5-22 保持架受力状态示意图

$$0 = \sum_{j=1}^{N}\left[(WC2 - WC1)_j\cos\psi_j + (FC2 - FC1)_j\sin\psi_j\right] + (WFC_i + WFC_o)\sin\chi$$

$$(5-106)$$

$$0 = \sum_{j=1}^{N}\left[(WC2 - WC1)_j\sin\psi_j - (FC2 - FC1)_j\cos\psi_j\right] + (WFC_i + WFC_o)\cos\chi$$

$$(5-107)$$

$$0 = \sum_{j=1}^{N}\left[(WC2 - WC1)_j d_m - (FC2 + FC1)_j D\right]/2 + CC_i - CC_o \qquad (5-108)$$

图 5-23 为内环的受力状态示意图,除了以上提到的受力外,还包括轴承所受

的轴向和径向载荷 F_r、F_a。内环受力平衡方程为

$$F_a = \sum_{j=1}^{N} \left[Q_{ij}\sin \alpha_{ij} - \lambda_{ij} \frac{M_{gi}}{D}\cos \alpha_{ij} \right] \qquad (5-109)$$

$$F_r = \sum_{j=1}^{N} \left[Q_{ij}\cos \alpha_{ij} + \lambda_{ij} \frac{M_{gi}}{D}\sin \alpha_{ij} \right] \cos \psi_j - \mathrm{WFC}_i\cos\chi \qquad (5-110)$$

式中,$\chi = \varphi + \xi$,φ 为保持架方位角,ξ 为保持架中心的偏心角。

由于外环固定于轴承座,因此不需要对外环的受力状态进行分析。

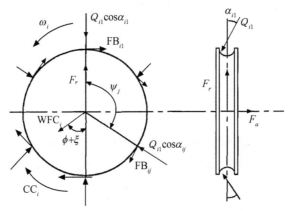

图 5-23　球轴承内圈受力状态示意图

2)几何平衡方程

由于间隙和变形的存在,在轴向和径向载荷作用下,轴承内环及滚动体会发生位移,并最终建立新的几何平衡状态,如图 5-24 所示。假设第 j 个球体与内、外环间的接触变形为 δ_{ij}、δ_{oj},油膜厚度为 h_{ij}、h_{oj},内环的轴向和径向位移分别为 δ_a、δ_r。

可以建立两个几何平衡方程:

$$\left[(f_o - 0.5)D + \delta_{oj} - h_{oj} \right]\cos \alpha_{oj} + \left[(f_i - 0.5)D + \delta_{ij} - h_{ij} \right]\cos \alpha_{ij}$$
$$= (f_i + f_o - 1)D \cdot \cos \alpha^0 + \delta_r\cos \psi_j \qquad (5-111)$$

$$\left[(f_o - 0.5)D + \delta_{oj} - h_{oj} \right]\sin \alpha_{oj} + \left[(f_i - 0.5)D + \delta_{ij} - h_{ij} \right]\sin \alpha_{ij}$$
$$= (f_i + f_o - 1)D \cdot \sin \alpha^0 + \delta_a + \theta\left[(f_i - 0.5)D \cdot \cos \alpha^0 + 0.5d_m \right]\cos \psi_j$$
$$\qquad (5-112)$$

4. 方程组求解

通过以上分析,即建立了包括式(5-102)~式(5-112)在内的拟静力学非线性方程组,共 $6N+5$ 个方程,以及 $6N+5$ 个未知数,如表 5-2 所示。通过 Newton-Raphson 迭代计算即可求解获得球轴承的运动与力学状态。

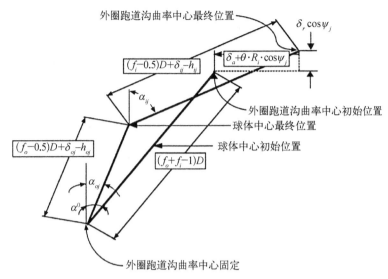

图 5 - 24　球轴承滚动体与内外环间位移关系示意图

表 5 - 2　球轴承拟静力学分析中的未知量

未 知 量	含　　义	数　量
$H1_j$	第 j 个球体与保持架兜孔前侧的油膜厚度	N
ω_{rj}	第 j 个球体转速	N
Q_{ij}	第 j 个球体与内环接触法向载荷	N
Q_{oj}	第 j 个球体与外环接触法向载荷	N
α_{ij}	第 j 个球体与内环接触角	N
α_{oj}	第 j 个球体与外环接触角	N
ε	保持架偏心角	1
ξ	保持架中心方位角	1
ω_m	保持架转速	1
δ_r	内环径向位移量	1
δ_a	内环轴向位移量	1

5.4.2　滚棒轴承拟静力学分析

与滚珠轴承类似,为了构建滚棒轴承的拟静力学分析模型,需要建立轴承内部各个元件的受力平衡方程、力矩平衡方程以及整个轴承的几何平衡方程,将轴承运转中的各种相互作用化归为一组非线性代数方程进行描述,最终求解获得稳态运转情况下轴承的运动和力学特性。

为了便于问题分析,在滚棒轴承分析过程中,做如下合理假设:

（1）除离心力之外,轴承中的其他惯性力忽略不计;

（2）假设轴承几何形状是完美的,即内外环、保持架和滚子等都是圆柱体;

（3）不考虑内外环或滚子的陀螺运动及偏斜,分析对象为平面模型;

（4）轴承中各个滚子的运动及受力状态沿外加载荷作用线左右对称分布;

（5）所有非承载区滚子的运动与受力状态相同。

1. 不同元件间的相互作用

与滚珠轴承类似,滚棒轴承中不同元件间的相互作用也是通过流体动力润滑理论以及弹性流体动力润滑理论进行分析。图 5 - 25 为滚棒轴承不同元件间的相互作用关系,不同元件间的相互作用求解模型如表 5 - 3 所示。同样的,滚子与保持架兜孔、保持架与内外环引导面之间的法向载荷很小,可以忽略接触中的弹性变形,应用流体动力润滑理论进行求解。在承载区,滚动体位于保持架兜孔前侧,推动保持架运动;在非承载区,滚动体位于保持架兜孔后侧,阻碍保持架运动。

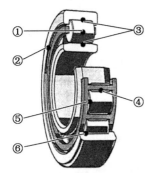

图 5 - 25 滚棒轴承不同元件间的相互作用关系

滚棒轴承中各个元件之间、元件与滑油之间的相互作用关系及其求解模型如表 5 - 3 所示。

表 5 - 3 滚棒轴承内不同元件间的相互作用

接 触 关 系	基 本 假 设	分 析 模 型	求 解 结 果
滚动体风阻①	油气两相流对滚动体的阻力	圆柱绕流模型,或试验结果	风阻拖曳阻力
保持架与内外环②	低载荷、刚性表面、层流或湍流流动	流体动力润滑状态——短滑动轴承模型	与偏心率有关的法向载荷、摩擦力
滚动体与内外环③	从 0 到重载、考虑弹性变形、滚动与滑动	弹性流体动力润滑状态	切向摩擦力、油膜厚度等
滚动体与保持架兜孔④	低载荷、刚性表面	流体动力润滑状态——长滑动轴承模型	与滚动体位置有关的法向载荷、摩擦力
滚动体侧面与保持架兜孔侧面⑤	无载荷	流体动力润滑状态 Couette 流动模型	摩擦力
滚动体侧面与内外环引导凸缘侧面⑥	无载荷	流体动力润滑状态 Couette 流动模型	摩擦力与摩擦力矩

2. 基本方程组

1）力学平衡方程

在滚棒轴承运转过程中,滚子会受到来自内外圈滚道、保持架以及滑油的作用,如图 5 - 26 所示,这些作用分为牵引力和力矩主要包括:

（1）滚子与内外圈滚道间的法向接触力 Q_{ij}、Q_{oj} 以及切向摩擦力 F_{ij}、F_{oj}；

（2）滚子表面与保持架兜孔间的法向接触力 $QC1_j$、$QC2_j$ 以及切向摩擦力 $FC1_j$、$FC2_j$；

（3）滚子端面与滚道凸缘间的摩擦力 FE_{ij}、FE_{oj} 以及摩擦力矩 CE_{ij}、CE_{oj}；

（4）滚子端面与保持架兜孔侧壁之间的摩擦力矩 CC_j；

（5）滚子随保持架公转时受到滑油的流体拖曳力 F_{ol}；

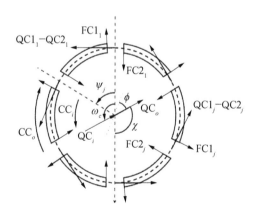

图 5-26　圆柱滚子轴承的滚子受力状态

（6）滚子自转时表面及端面受到滑油的涡动摩擦阻力矩 M_r；

（7）滚子离心力 FC。

因此,对于每一个滚子 j,在滚子径向垂直切面上,滚子的受力平衡方程可以写作:

$$F_{ij} - F_{oj} - QC1_j + QC2_j + FE_{oj} + FE_{ij} + P_{ij} - P_{oj} - F_{ol} = 0 \quad (5-113)$$

$$Q_{ij} - Q_{oj} + FC2_j - FC1_j + FC = 0 \quad (5-114)$$

$$R_r \cdot (-F_{ij} - F_{oj} + FC1_j + FC2_j) + CE_{ij} + CE_{oj} + CC_j - R_r(P_{ij} + P_{oj}) + M_{rj} = 0$$
$$(5-115)$$

图 5-27　圆柱滚子轴承保持架受力状态

保持架所受到的作用力和力矩如图 5-27 所示,主要包括:

（1）滚子表面与保持架兜孔间的法向接触力 $QC1_j$、$QC2_j$ 以及切向摩擦力 $FC1_j$、$FC2_j$；

（2）滚子端面与保持架兜孔侧壁之间的摩擦力矩 CC_j；

（3）保持架与内外圈引导凸台表面间的流体动压载荷 QC_i、QC_o 以及摩擦力矩 CC_i、CC_o；

（4）滑油对保持架表面及端面的涡动摩擦阻力矩 M_m。

在保持架径向垂直切面上,沿水平和垂直方向,保持架的平衡方程可以写作:

$$\sum_{j=1}^{Z} \big[(QC2_j - QC1_j) \cos \psi_j + (FC2_j - FC1_j) \sin \psi_j \big] + (QC_i + QC_o) \sin \chi = 0$$

$$(5-116)$$

$$\sum_{j=1}^{Z} \big[(QC2_j - QC1_j) \sin \psi_j + (FC1_j - FC2_j) \cos \psi_j \big] - (QC_i + QC_o) \cos \chi = 0$$

$$(5-117)$$

另外,保持架力矩平衡方程可以写作:

$$\sum_{j=1}^{Z} \big[(QC1_j - QC2_j) d_m/2 - (FC2_j + FC1_j) R_r - CC_j \big] + CC_i -$$
$$CC_o - EX \cdot QC_i \cdot \sin \phi - M_m = 0 \qquad (5-118)$$

内环受力状态如图 5-28 所示,主要包括:

(1) 滚子对内环的法向载荷 Q_{ij} 和切向摩擦力 F_{ij};

(2) 保持架对内环引导凸台的法向载荷 QC_i 和切向摩擦力矩 CC_i;

(3) 内轴对内环的驱动力矩 CM。

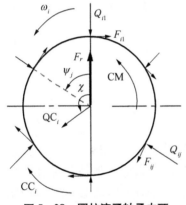

**图 5-28　圆柱滚子轴承内环
受力状态**

内环同样存在垂直方向、水平方向受力平衡以及力矩平衡方程。但是,由于内环的驱动力矩 CM 是未知的,而且仅出现在内环的力矩平衡方程中,因此内环的力矩平衡方程可以省略不用。

同时,在滚子与滚道之间的弹性流体动力润滑接触中,切向摩擦力 F_{ij} 相对于法向力 Q_{ij} 非常小,而且假设滚子的受力状态沿外载荷作用线左右对称分布,因此可以忽略内环沿水平方向的位移,水平方向的受力平衡方程可以省略不用。

最后,内环仅剩垂直方向的受力平衡方程,写作:

$$\sum_{j=1}^{N} \big[Q_{ij} \cdot \cos \psi_j \big] - F_r + QC_i \cdot \sin \chi = 0 \qquad (5-119)$$

相对于 Q_{ij} 或 F_r,QC_i 的数值非常小,可以忽略,因此内环垂直方向受力平衡方程还可以简写为

$$\sum_{j=1}^{N} \big[Q_{ij} \cdot \cos \psi_j \big] - F_r = 0 \qquad (5-120)$$

对于单环旋转、外环固定的圆柱滚子轴承,外环的受力状况不会影响轴承的运转,因此外环的平衡方程可以不予考虑。

2）几何平衡方程

滚子与保持架兜孔在周向和轴向两个方向上都存在间隙,间隙的大小直接影响着滚子与保持架兜孔之间的相互作用。

对于滚子与保持架兜孔之间的周向间隙,滚子在跟随保持架周向旋转过程中,不断地穿越承载区与非承载区,受载情况不断发生变化,使得滚子在保持架兜孔中的周向位置不断发生改变,即同一时刻,不同滚子在保持架兜孔中的周向位置是不同且未知的。因此,在本文的分析过程中,需要对滚子与保持架兜孔前后端之间的间隙值进行计算,存在以下几何关系:

$$H1_j + H2_j = JCC \tag{5-121}$$

式中,JCC 为滚动体与保持架兜孔的周向间隙。

对于滚子与保持架兜孔之间的轴向间隙,为了简化分析模型,假设滚子两个端面与保持架兜孔侧边的间隙值相等,滚子在轴线方向上位于保持架兜孔中央。

轴承内圈承受的外加载荷通过滚子传递到轴承外圈上,在载荷作用下,滚子和滚道会发生弹性变形。假设滚子与滚道接触处由于载荷引起的局部变形全部发生在滚子上。此外,在动态运转过程中,施加在内环的外加载荷以及内外环高速旋转产生的离心力都会引起内外环发生整体变形。

考虑滚动轴承径向间隙 JD 的存在以及动态运转引起的内外环整体变形 Def,如图 5-29 所示,则在实际运转过程中,内环沿载荷方向发生的位移量为

$$\delta_r = JD/2 + \delta_{ij} + \delta_{oj} + Def_{oj} + Def_{ij} - h_{ij} - h_{oj}, \ j = 0 \tag{5-122}$$

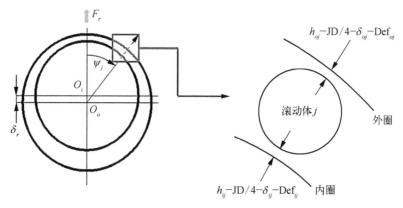

图 5-29　滚子与内外圈滚道之间的径向间隙

对于第 j 号滚子,其方位角为 ψ_j,由图 5-29 可知几何关系为

$$\delta_r \cdot \cos \psi_j = JD/2 + \delta_{ij} + \delta_{oj} + Def_{oj} + Def_{ij} - h_{ij} - h_{oj}, \ j = 1 \cdots Z - 1$$

$$\tag{5-123}$$

此外,对于滚子与滚道之间的轴向间隙,为了简化分析模型,假设滚子两个端面与滚道凸缘之间的轴向间隙值相等,滚子在轴线方向上位于滚道滚槽的中央。

3. 方程组求解

滚子、保持架以及内外环的平衡方程是圆柱滚子轴承拟静力学分析的基础,共包含 $4N+3$ 个方程,以及相应的 $4N+3$ 个未知数,包括:

（1）$H1_j$,第 j 个滚子在保持架兜孔中的周向位置;

（2）Q_{ij},第 j 个滚子与内环接触处的法向载荷;

（3）Q_{oj},第 j 个滚子与外环接触处的法向载荷;

（4）ω_{rj},第 j 个滚子的自转角速度;

（5）EX,保持架相对于引导凸台的偏心率;

（6）χ,保持架受到内外环法向载荷的方位角;

（7）ω_m,保持架自转速度。

通过 Newton – Raphson 求解由上述方程所组成的非线性方程组,即可获得滚棒轴承的运动及力学状态。

5.5　中介轴承的几何变形分析

中介轴承安装在高、低压转轴之间,内、外圈同时高速旋转,缺乏固定约束的内、外圈与两根转轴共同组成了两组高速旋转空心薄壁圆环结构,在高速旋转离心力以及外加载荷的作用下,内、外圈两个薄壁圆环会发生明显的弹性变形。同时,由于滚动轴承本身存在有径向间隙,因此在外加载荷的作用下,内圈相对外圈会发生位移,使载荷只由承载区部分的滚子承受,而位于非承载区的滚子在离心力作用下与内圈脱离,不承受任何外加载荷,进一步造成各个滚子与内外圈滚道之间的径向间隙发生不均一的变化。因此需要对中介轴承的几何变形问题进行分析。

轴承运转过程中,由于载荷以及运动的影响,轴承内、外圈以及滚动体发生的弹性变形分为两类:整体变形和局部变形。造成整体变形的原因主要有两个,一个是内外圈运动中形成的离心力造成的变形,另一个是内外圈由于外加载荷造成的变形,这两者都会对轴承内外圈径向间隙造成影响。局部变形主要与滚动体和内外圈之间的弹性接触有关,为了分析简便,通常假设滚动体与内外圈接触处的弹性变形全部发生在滚动体上。

5.5.1　离心力引起的整体变形

离心力会引起内、外圈以及保持架等环形结构的膨胀变形,可以将内外环简化为薄壁旋转圆环进行分析。薄壁旋转圆环直径的变化由 Hirotoshi 的理论计算获得[10]：

对 r_i 处的内径，离心力引起的径向变形为

$$\delta_{c,i} = \frac{\rho \bar{\omega}^2}{4E} [(1-\nu)(3+\nu)(r_i^2 - r_o^2) + (1+\nu)(3+\nu)r_o^2 - (1-\nu^2)r_i^2] r_i$$

$$(5-124)$$

式中，E 为套圈材料弹性模量；ν 为泊松比；ρ 为材料密度；$\bar{\omega}$ 为套圈旋转角速度。

对 r_o 处的外径，离心力引起的径向变形为

$$\delta_{c,o} = \frac{\rho \bar{\omega}^2}{4E} [(1-\nu)(3+\nu)(r_i^2 - r_o^2) + (1+\nu)(3+\nu)r_i^2 - (1-\nu^2)r_o^2] r_o$$

$$(5-125)$$

离心膨胀对轴承的影响结果主要是通过改变外圈内表面以及内圈外表面的尺寸，进而造成轴承径向间隙的变化。其中，内圈外表面的尺寸变化量为

$$\delta_{i,o} = \frac{\rho \bar{\omega}_i^2}{4E} [(1-\nu)(3+\nu)(r_{ii}^2 - r_{io}^2) + (1+\nu)(3+\nu)r_{ii}^2 - (1-\nu^2)r_{io}^2] r_{io}$$

$$(5-126)$$

外圈内表面的尺寸变化量为

$$\delta_{o,i} = \frac{\rho \bar{\omega}_o^2}{4E} [(1-\nu)(3+\nu)(r_{oi}^2 - r_{oo}^2) + (1+\nu)(3+\nu)r_{oo}^2 - (1-\nu^2)r_{oi}^2] r_{oi}$$

$$(5-127)$$

5.5.2　外加载荷引起的整体变形

在外加单一线载荷作用下，圆环会发生明显的变形，如图 5 - 30 所示，在角位

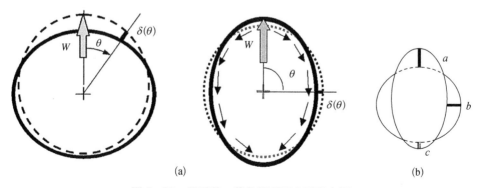

(a)   (b)

图 5 - 30　承受单一载荷的圆环变形示意图

置 θ 处发生的变形可通过傅里叶级数进行表达:

$$\delta(\theta) = W \sum_{k=0}^{\infty} K_k \cos(k\theta) \tag{5-128}$$

式中,K_k 称为硬度系数,其计算表达式如下:

$$K_k = \begin{cases} \dfrac{1}{\pi} \displaystyle\int_0^{\pi} \delta(\theta)\,\mathrm{d}\theta, & k = 0 \\[4mm] \dfrac{2}{\pi} \displaystyle\int_0^{\pi} \delta(\theta)\cos(k\theta)\,\mathrm{d}\theta, & k \neq 0 \end{cases} \tag{5-129}$$

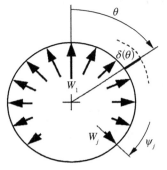

图 5-31　承受等距载荷圆环变形示意图

对于 N 个等距分布的载荷 W_j,其综合变形效应表达式为

$$\delta(\theta) = \sum_{j=1}^{N} W_j \sum_{k=0}^{\infty} K_k \cos[k(\psi_j - \theta)] \tag{5-130}$$

如图 5-31 所示,每个接触载荷 W_j 与轴承中各个滚动体的角位置一一对应。

为了简化计算分析,内外圈被等效为一个简单的空心轴。Young 对这种简化模型提出了一套可行的解析解。假设加载在环上的集中载荷 W 与环上形成的对称分布的正切力相互平衡,对一个厚度为 t、平均半径为 R 的自由环,有三个自由几何参数 a、b、c,其表达式分别为

$$a = \frac{WR^3}{EI}(1.293\alpha + 0.045) \tag{5-131}$$

$$b = \frac{WR^3}{EI}(0.265\alpha + 0.030) \tag{5-132}$$

$$c = \frac{WR^3}{EI}(0.325\alpha + 0.029) \tag{5-133}$$

式中,$\alpha = \dfrac{t^2}{12R^2}$;$I$ 为圆环的惯性矩,$I = \pi(R_o^4 - R_i^4)/4$。

通过参数 a、b、c 可以计算获得硬度系数 K_k 分别为

$$K_0 = \frac{a - 2b + c}{4}, \text{即} K_0 = \frac{R^3}{EI}(0.272\alpha + 0.003\,5) \tag{5-134}$$

$$K_1 = \frac{a - c}{2}, 即 K_1 = \frac{R^3}{EI}(0.484\alpha + 0.0080) \qquad (5-135)$$

$$K_2 = \frac{a + 2b + c}{4}, 即 K_2 = \frac{R^3}{EI}(0.537\alpha + 0.0335) \qquad (5-136)$$

最终,角位置 θ 处的变形值可以写为

$$\delta(\theta) = W(K_0 + K_1\cos\theta + K_2\cos 2\theta) \qquad (5-137)$$

以上表达式对于计算仅承受单一径向载荷的内圈具有较好的精度。但是对于外圈,由于所有滚动体至少对其加载一个相等的离心力,因此需要对外圈分析滚动体离心力造成的变形影响。

对于加载 Z 个相同载荷 F_c 的薄壁圆环,采用 Yhland 的表达式对其进行分析计算,考虑曲折和外延变形, F_c 引起的圆环变形量为

$$\delta_{F_c}(\theta) = \frac{F_c \times Z \times R_o}{2\pi E \times A_o} + \frac{F_c \times Z \times R_o^3}{\pi E \times I_o}\sum_{q=1}^{\infty}\frac{1}{[(qZ)^2 - 1]^2}\cos(qZ\theta) \qquad (5-138)$$

因此,角位置 θ 处,外圈由于载荷作用引起的整体变形量为

$$\delta(\theta) = \sum_{j=1}^{Z}(Q_{oj} - F_c)\sum_{k=0}^{2}K_k\cos[k(\psi_j - \theta)] + \delta_{F_c}(\theta) \qquad (5-139)$$

综上所述,在第 j 号滚动体的 ψ_j 角度处,内、外圈结构变形的表达式分别如下。
内圈结构变形表达式为

$$\text{Def}_{ij} = 0.5\delta_{i,o} + \delta_i(\psi_j) \qquad (5-140)$$

外圈结构变形表达式为

$$\text{Def}_{oj} = 0.5\delta_{o,i} + \delta_o(\psi_j) \qquad (5-141)$$

因此,在中介轴承运转过程中,在离心力以及外加载荷的作用下,第 j 号滚子处轴承的实际径向半径间隙可以写作:

$$\text{JD}' = \text{JD}/2 + \text{Def}_{oj} - \text{Def}_{ij} \qquad (5-142)$$

------- 思考题 -------

1. 请思考流体动力润滑理论,以及长、短滑动轴承模型的应用范围。
2. 弹性流体动力润滑的基础理论是什么?
3. 请说明流体黏性摩擦的产生原理、发生部位,及其对轴承性能的影响。

4. 请列举滚动轴承的几种力学及运动分析方法,及各种方法的特点。

5. 引起中介轴承几何变形的因素都有哪些?

6. 请对中介轴承的几何协调方程进行分析和描述。

参考文献

[1]   HORI Y. Hydrodynamic lubrication[M]. Tokyo: Springer, 2006.

[2]   高庆水,马文生,陈照波,等. Sommerfeld 数对滑动轴承动力学系数影响研究[J]. 哈尔滨工程大学学报,2015,36(2): 228 - 231.

[3]   AOKI T, OOKOSHI M, SUNOU K, et al. Investigation on the Michell thrust bearing, Part 3 [J]. Research Reports of Ibaraki Technical College, 1986, 21: 1 - 14.

[4]   FRENE J, NICOLAS D, DEGUEURCE B. Hydrodynamic lubrication: Bearings and thrust bearings[M]. Amsterdam: Elsevier, 1997.

[5]   MURCH L E, WILSON W R D. A thermal elastohydrodynamic inlet zone analysis[J]. Journal of Lubrication Technology, 1975, 97(2): 212 - 216.

[6]   KIM H J, EHRET P, DOWSON D, et al. Thermal elastohydrodynamic analysis of circular contacts Part 1: Newtonian model[J]. Proceeding of the Institution of Mechanical Engineers, 2001, 215(4): 339 - 352.

[7]   ARCHARD J F, COWKING E W. Paper 3: Elastohydrodynamic lubrication at point contacts [J]. Proceedings of the Institution of Mechanical Engineers Conference Proceedings, 1965, 180(2): 47 - 56.

[8]   PARKER R J. Comparison of predicted and experimental thermal performance of angular-contact ball bearings[Z]. NASA Technical Paper 2275, 1984.

[9]   RUMBARGER J H, FILETTI E G, GUBERNICK D. Gas turbine engine mainshaft roller bearing-system analysis[J]. Journal of Tribology, 1973, 95(4): 401 - 416.

[10]   YOUNG W C, BUDYNAS R G. Roark's formulas for stress and strain[M]. New York: McGraw-Hill, 2003.

第6章
滚动轴承的产热与热分析

【学习要点】

掌握：滚动轴承内的主要传热方式及其分析方法。

熟悉：热网络法的基本理论和实现算法。

了解：几种不同的滚动轴承热网络模型。

在滚动轴承中，摩擦对偶面上的两个固体结构之间会产生机械接触摩擦，高速运动的滚动体和保持架与润滑流体之间还会产生流体黏滞摩擦，两者都会造成大量的功率损耗，产生大量的热。因此，供给到轴承的润滑油除了要在摩擦接触区形成润滑油膜减少摩擦磨损，另一个主要功能就是将轴承摩擦产生的热量带走，对轴承进行冷却。实际上，在滚动轴承中，只有极少量的滑油会进入接触区形成润滑油膜，大部分滑油都是作为热沉用于吸收轴承摩擦产热，从而控制轴承结构温度在合理的范围内。

轴承的温度控制首先是控制结构温度不超温，虽然轴承钢的允许温度可以达到 315℃，但通常限定轴承最高工作温度不超过 250℃，确保轴承具有足够的疲劳寿命。同时，轴承温度过高也可能引起与轴承接触的滑油结焦，破坏滑油的理化性能。另外，还需要控制轴承结构温差在合理的范围内。轴承内、外套圈及滚动体在高温条件下会发生热膨胀，如图 6-1 所示，影响轴承工作游隙，转轴、轴承套圈、

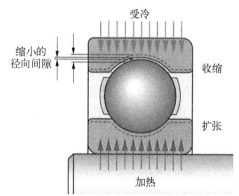

图 6-1　滚动轴承受热膨胀变形

滚动体及支承壳体的工作温度的精确掌握是估算工作游隙的关键。实验表明，温度误差 11.1℃ 便可引起 0.025 mm 的径向间隙误差。同时，内、外套圈的轴向温差也要控制，以防产生锥度，产生额外的附加载荷。

除了轴承自身会产生热量，轴承及滑油还会与周围环境进行热交换，特别是对

于热区轴承及其轴承腔,外界高温气体和结构会向轴承及滑油传递大量的热。如果滑油散热速率小于发热速率,就会造成轴承温度不稳定的状态,系统的温度将不断上升直至润滑剂失效,最后轴承也会失效破坏。因此,在稳定工作状态下,滚动轴承的摩擦产热必须及时散发出去,热端部件通过结构传递给轴承的热量也要散发出去。

在航空发动机设计早期,由于主要通过轴承产热量来确定滑油供给量,而忽略了与环境的热交换,为了确保轴承润滑冷却充分,只能向轴承供给更多的滑油,大大增大了附件系统的负担,增加了发动机重量。因此,必须通过合理精确的热分析,确定轴承产热及外界传热对轴承温度的影响,从而实现轴承供油量的精确设计。

6.1　滚动轴承的摩擦产热

轴承产热量的计算是轴承热分析的基础和关键,国内外研究者在轴承产热方面开展了大量研究,主要包括两种方法:整体法和局部法。整体法是通过试验和理论分析的方法得到轴承整体产热量的经验计算公式,而局部法则是以轴承运动学和弹性流体动力润滑理论为理论基础,进行轴承拟静力学或拟动力学分析,得到轴承各接触面上的摩擦力以及滑油的黏性摩擦力,从而得到轴承各局部接触面的产热量以及滑油的黏性摩擦产热量。整体法具有计算方便快捷的特点,可以迅速地预测出轴承的总产热量,但由于其计算公式是通过试验总结而来,因此仅适用于特定的轴承在特定工况范围内的分析。局部法的适用性较强且计算较为精确,主要以轴承拟静(动)力学分析方法及理论为依据,但分析精度易受到各个局部理论模型准确性的影响,且计算量较大。

由于前述章节已对滚动轴承的拟静力学做了介绍,因此本节仅介绍几个常用的高速滚动轴承产热计算的整体法模型,包括 Palmgren 模型、B. M. 捷米道维奇模型和 M. Flouros 模型。此外,SKF 公司在长期的轴承研制过程中也总结了自己的轴承产热量预估模型。

6.1.1　Palmgren 计算模型

滚动轴承的产热量可以表示为摩擦力矩与轴承角速度的乘积,即

$$Q_{\text{bear}} = \frac{\pi n M_f}{30} \tag{6-1}$$

Palmgren 基于轴承摩擦力矩的测量结果,将轴承摩擦力矩分为载荷摩擦力矩和黏性摩擦力矩,并分别给出了载荷摩擦力矩和黏性摩擦力矩的计算公式:

$$M_f = M_l + M_\nu \qquad (6-2)$$

$$M_l = f_1 P_1 D_m \qquad (6-3)$$

$$M_\nu = \begin{cases} 10^3 f_0 (\nu n)^{\frac{2}{3}} D_m^3, & \nu n \geqslant 2 \times 10^{-3} \\ 16 f_0 D_m^3, & \nu n < 2 \times 10^{-3} \end{cases} \qquad (6-4)$$

式中，M_f 为滚动轴承总摩擦力矩（N·m）；M_l 为与轴承所受负荷有关的摩擦力矩（N·m）；M_ν 为与轴承类型、转速和润滑油性质相关的力矩（N·m）；D_m 为轴承节圆直径（m）；n 为轴承转速（r/min）；ν 为滑油的运动黏度（m²/s）；f_0 是与轴承类型和润滑方式有关的系数，f_1 是与轴承类型和所受负荷有关的系数，P_1 为确定轴承摩擦力矩的计算负荷，f_0、f_1、P_1 的取值详见表 6-1 和表 6-2。

表 6-1 滚动轴承的结构和润滑方式系数 f_0

轴 承 类 型	油雾、油脂润滑	飞溅润滑	喷射润滑
单列深沟球轴承	0.7~1.0	1.5~2.0	3~4
双列向心球面轴承	0.7~1.0	1.5~2.0	3~4
角接触球轴承	1.0	2.0	4
双列角接触球轴承	2.0	4.0	8
圆柱滚子轴承	1.0~1.5	2.0~3.0	4~6
双列圆锥滚子轴承	2.0~3.0	4.0~4.0	8~12
单列圆锥滚子轴承	1.5~2.0	3.0~4.0	6~8
推力球轴承	0.7~1.0	1.5~2.0	3~4

表 6-2 f_1 和 P_1 系数

轴 承 类 型	f_1	P_1
单列深沟球轴承	$0.009(P_0/C_0)^{0.55}$	$3F_a - 0.1F_r$ [①]
双列向心球面轴承	$0.003(P_0/C_0)^{0.4}$	$1.4YF_a - 0.1F_r$
角接触球轴承	$0.0013(P_0/C_0)^{0.33}$	$F_a - 0.1F_r$
双列角接触球轴承	$0.001(P_0/C_0)^{0.33}$	$1.4F_a - 0.1F_r$
圆柱滚子轴承	$0.00025 \sim 0.0003$ [②]	F_r
双列圆锥滚子轴承	$0.0004 \sim 0.0005$ [②]	$1.2YF_a$
单列圆锥滚子轴承	$0.0004 \sim 0.0005$ [②]	$2YF_a$
推力球轴承	$0.0012(P_0/C_0)^{0.33}$	F_a

注：P_0 为当量静负荷（N）；C_0 为额定静负荷（N）；F_a 为轴向负荷（N）；F_r 为径向负荷（N）；Y 为轴向负荷系数。

① 如果 $P_1 < F_r$，取 $P_1 = F_r$；

② 轻系列轴承用较小值，重系列轴承用较大值。

由于在高转速和大流量润滑条件下,Palmgren 没有考虑流量变化的影响,低估了轴承功率损失的大小。因此,Astridge 等[1]对 Palmgren 的方法进行了改进,在实验的基础上提出了高速圆柱滚子轴承功率损失的计算公式:

$$N_f = 5.199 \times 10^3 D_m^4 n_i^{1.7} \eta_i^{0.4} + 9.86 \times 10^3 n_i D_m Q \tag{6-5}$$

式中,Q 为润滑油流量(m^3/s);η_i 为入口区温度下润滑油的黏度($Pa \cdot s$)。

Astridge 的研究表明:在高速圆柱滚子轴承中,滚子与滚道间的弹性油膜摩擦功率损失约占总功率损失的 60%,占主导作用;滚子与保持架之间、保持架与引导套圈之间、保持架侧面与箱体壁之间的功率损失各占约 10%。

6.1.2　B.M. 捷米道维奇计算模型

苏联 B.M. 捷米道维奇等根据试验和理论分析研究[2],将轴承产热量表示为轴承阻力系数的函数,从而提出了航空发动机滚子轴承和球轴承的总体产热量计算方法。

1. 滚子轴承生热计算

(1) 计算轴承保持架的圆周速度 $u(m/s)$:

$$u = \frac{\pi(d_m - d_b)}{120}n \tag{6-6}$$

式中,d_m 为轴承节圆直径(m);d_b 为滚子直径(m);n 为轴承转速(r/min)。

(2) 计算滚子离心力 $F_c(daN^*)$:

$$F_c = 1225 \frac{l^3 u^2}{d_m} \tag{6-7}$$

(3) 计算作用在滚子母线上的平均载荷 $F_{cp}(daN)$:

$$F_{cp} = \left(\frac{2.92F_r + zF_c}{2z}\right) \tag{6-8}$$

式中,F_r 为滚子轴承径向载荷(daN);z 为轴承滚动体个数。

(4) 计算欧拉数 Eu:

$$Eu = \frac{10F_{cp}}{l^2 u^2 \rho} \tag{6-9}$$

(5) 计算总阻力系数 C:

---

* 1 daN = 10 N。

$$C = 1.26Re^{-0.5}Eu^{0.5} + 46.5 \times 10^3 Re^{-1} Pr^{-0.8} \tag{6-10}$$

式中，Re 为以轴承保持架圆周速度为特征速度，以滚子长度为特征尺寸计算的滑油雷诺数；Pr 为普朗特数，其中滑油物性以出口滑油温度作为定性温度。

（6）计算轴承生热 Q_{bear}(W)：

$$Q_{bear} = C\beta z\rho l^2 u^3 \tag{6-11}$$

式中，β 为径向游隙对功率损失的影响系数，通过下式计算：

$$\beta = 1 + 1.7(0.1 - h_p) \tag{6-12}$$

其中，h_p 为轴承径向游隙(mm)。

2. 球轴承生热计算

（1）计算保持架的圆周速度 u(m/s)：

$$u = \frac{\pi n}{120}(d_m - d_0\cos\beta) \tag{6-13}$$

式中，d_m 为轴承节圆直径(m)；d_0 为轴承滚动体直径(m)；β 为轴承接触角。

（2）计算轴承上的当量载荷 $F_当$(daN)：

$$F_当 = 1.15\left[F_r + \frac{1}{2.6\tan\beta}(F_a - 1.3F_r\tan\beta)\right] \tag{6-14}$$

式中，F_r 和 F_a 分别为轴承径向载荷和轴向载荷(daN)。

（3）计算作用在轴承单个钢球上的力 F_b(daN)：

$$F_b = \frac{F_当}{z} \tag{6-15}$$

（4）计算欧拉数 Eu：

$$Eu = \frac{10F_b}{\rho(ud_0)^2} \tag{6-16}$$

（5）计算总阻力系数 C：

$$C = 14.7 \times 10^{-5}Re^{0.214}Eu^{0.287}Pr^{0.44} + 16.6 \times 10^5 Re^{-1.25}Pr^{-1} \tag{6-17}$$

式中，Re 为以轴承保持架圆周速度为特征速度，以滚子直径为特征尺寸计算的滑油雷诺数；Pr 为普朗特数，其中滑油物性以出口滑油温度作为定性温度。

（6）计算轴承生热量 Q_{bear}(W)：

$$Q_{bear} = Cz\rho d_0^2 u^3 \tag{6-18}$$

从滚子轴承和球轴承产热量的计算过程可知,由于滑油物性均以滑油出口温度来定性,因此计算时必须先假定滑油的回油温度,然后再根据轴承供油量、供油温度以及计算的轴承产热量进行反复的迭代计算。

6.1.3　Flouros 模型

21 世纪初,德国的 Michael Flouros 在欧洲 ATOS 计划的支持下[3],对轴承产热计算进行了大量的试验研究,通过试验数据拟合出适合球轴承的总产热量计算公式:

$$Q_{bear} = E d^\alpha n^\beta \nu^\gamma F_a^\delta q_v^\varepsilon (AX^2 + BX + C)^\xi \qquad (6-19)$$

式中,d 为球轴承内圈孔径(mm);n 为轴承转速(r/min);ν 为以供油温度为定性温度的滑油运动黏度(m²/s);F_a 为轴承载荷(kN);q_v 为轴承供油流量(L/h);X 表示球轴承前端供油量与总供油量的比值,为轴承供油系数,取值范围为 0~1。E、α、β、γ、δ、ε、A、B、C、ξ 为常数,具体值见表 6-3。

表 6-3　M. Flouros 模型中各系数取值

系　　数	取　　值	系　　数	取　　值
A	2.25	β	1.385 5
B	-1.506 8	γ	0.052 5
C	7.022 1	δ	0.215 2
E	1.506 74×10⁻⁹	ε	0.383 1
α	1.11	ξ	0.761

6.1.4　SKF 计算模型

SKF 公司根据长期的轴承研究经验得出,轴承转动时的总阻力,是由部件之间的滚动和滑动摩擦构成的,包括滚动体与保持架之间的接触、引导面与滚动体或保持架的接触,还有润滑剂内的摩擦和接触式密封的滑动摩擦[3]。为了更精确地计算滚动轴承的摩擦力矩,必须同时考虑四个不同导致摩擦的原因。

$$M = M_{rr} + M_{sl} + M_{seal} + M_{drag} \qquad (6-20)$$

式中,M 表示总摩擦力矩;M_{rr} 表示滚动摩擦力矩;M_{sl} 表示滑动摩擦力矩;M_{seal} 表示密封件的摩擦力矩;M_{drag} 表示由于拖曳损失、涡流和飞溅等导致的摩擦力矩,各项单位均为 N·mm。

该模型适用于以下应用条件。

(1) 脂润滑或一般的润滑方法:油浴润滑、油气润滑和喷油润滑。

(2) 分别计算配对轴承中每个轴承的摩擦力矩,再计算出其总值。

（3）径向负荷由两个轴承平均承担,轴向负荷则根据轴承配置的方式来分布。

（4）负荷相当于或大于建议的最小负荷。

（5）固定的负荷大小和方向,以及正常的工作游隙。

1. 滚动摩擦力矩

滚动摩擦力矩可以根据以下公式计算:

$$M_{rr} = G_{rr}(\nu n)^{0.6} \tag{6-21}$$

式中,G_{rr} 是由轴承类型、径向负荷、轴向负荷等参数决定的变量;n 为转速 （r/min）;ν 为润滑剂在工作温度的运动黏度（mm^2/s）。

对圆柱滚子轴承,有

$$G_{rr} = R_1 d_m^{2.41} F_r^{0.31} \tag{6-22}$$

式中,R_1 与 SKF 公司的轴承系列有关系,其值可参考 SKF 公司的产品型录,或约取为 1.2×10^{-6}。

2. 滑动摩擦力矩

滑动摩擦力矩可以根据以下公式计算:

$$M_{sl} = G_{sl}\mu_{sl} \tag{6-23}$$

式中,G_{sl} 是由轴承类型、径向负荷、轴向负荷等参数决定的变量,对于圆柱滚子轴承,有

$$G_{sl} = S_1 d_m^{0.9} F_a + S_2 d_m F_r \tag{6-24}$$

根据 SKF 公司提供的产品型录,S_1 可取为 0.16,S_2 可取为 0.001 5。μ_{sl} 为滑动摩擦系数,对于圆柱滚子轴承,其值可取为 0.02。

3. 密封件的摩擦力矩

对于带接触式密封圈的轴承,由密封圈引起的摩擦损耗可能比轴承内部自身元件产生的更大。对于两侧带密封圈的轴承,密封圈的摩擦力矩可以根据以下经验公式估算:

$$M_{seal} = K_{s1} d_s^{\beta} + K_{s2} \tag{6-25}$$

式中,K_{s1} 是根据轴承类型确定的常数,对于轴承外径为 42~360 mm 的圆柱滚子轴承（LS 密封圈）其值为 0.032;K_{s2} 是根据轴承和密封件类型而定的常数,对于圆柱滚子轴承（LS 密封圈）其值为 50;β 是根据轴承和密封件类型而定的指数,对于圆柱滚子轴承（LS 密封圈）其值为 2。

式（6-23）~式（6-25）计算的是两侧密封圈所产生的摩擦力矩。如果轴承只有一侧带密封圈,摩擦力矩为 0.5 倍 M_{seal}。

4. 油浴润滑中的拖曳损失

除了滚动摩擦、滑动摩擦以及密封件的摩擦,SKF 摩擦力矩计算模型中还对润滑剂的拖曳损失进行了计算,但其针对的是油浴润滑,不符合航空发动机主轴轴承的应用环境。为了计算轴承中由于滚动体在润滑剂中运动所形成的流体黏性摩擦损失,可以使用其他计算方法中的相应公式进行估算。

5. 摩擦力矩的其他影响因素

为了更仔细地了解轴承的实际特性,或进行更准确地计算,SKF 的产热计算模型还能够考虑其他因素的影响,并将其加入计算公式中。针对航空发动机主轴轴承,可能存在的影响因素主要包括切入发热等。

将影响效应考虑在内,轴承的总摩擦力矩的公式可以写成:

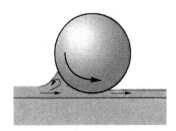

图 6 - 2　滚动体接触区入口处的润滑油排斥

$$M = \Phi_{\text{ish}} M_{\text{rr}} + M_{\text{sl}} + M_{\text{seal}} + M_{\text{drag}} \qquad (6-26)$$

式中,Φ_{ish} 为切入发热减少系数。在滚动轴承中,只有极少量滑油会进入摩擦接触区形成油膜,因此在靠近接触部位入油边的部分滑油会被排斥并产生倒流,如图 6 - 2 所示。滑油倒流时会在内部因剪切作用而产生热量,降低滑油黏度,减少油膜的厚度和滚动摩擦分量。这种影响可以用切入发热减少系数来表示:

$$\Phi_{\text{ish}} = \frac{1}{1 + 1.84 \times 10^{-9} (n d_{\text{m}})^{1.28} \nu^{0.64}} \qquad (6-27)$$

式中,n 为转速(r/min);d_m 为轴承节圆直径(mm);ν 为润滑剂在工作温度下的运动黏度(mm²/s)。

6.2　滚动轴承内的热量传递

在滚动轴承中,元件内部、元件与元件之间,以及元件与滑油之间会发生热量的传递。在具有不同温度的物体之间有三种基本的传热模式:固体内的热传导、固体与流体间的热对流,以及两个由空间相互分开的物质之间的热辐射[4]。虽然还有其他形式的传热模式存在,如气体热辐射和液体内的热传导,但对大多数轴承应用而言,它们的影响很小,常常忽略不计。此外,轴承内的热辐射也极少考虑。因此,可以认为滚动轴承内产生的热量最终以热传导和对流换热的方式在其内部以及滑油和周围环境之间传递,以下分别进行介绍。

6.2.1　热传导

热传导微分方程在直角坐标系和圆柱坐标系下的一般形式分别为

$$\frac{\partial T}{\partial t} = \frac{k}{C_p \rho} \left(\frac{\partial^2 T}{\partial x^2} + \frac{\partial^2 T}{\partial y^2} + \frac{\partial^2 T}{\partial z^2} \right) \qquad (6-28)$$

$$\frac{\partial T}{\partial t} = \frac{k}{C_p \rho} \left(\frac{\partial^2 T}{\partial r^2} + \frac{1}{r^2} \frac{\partial^2 T}{\partial \varphi^2} + \frac{1}{r} \frac{\partial T}{\partial r} + \frac{\partial^2 T}{\partial z^2} \right) \qquad (6-29)$$

如果固体处于稳态导热状态,即温度场内各点的温度不随时间变化,$\frac{\partial T}{\partial t} = 0$,则固体三维稳态导热的微分方程为

$$\frac{\partial^2 T}{\partial x^2} + \frac{\partial^2 T}{\partial y^2} + \frac{\partial^2 T}{\partial z^2} = 0 \qquad (6-30)$$

$$\frac{\partial^2 T}{\partial r^2} + \frac{1}{r^2} \frac{\partial^2 T}{\partial \varphi^2} + \frac{1}{r} \frac{\partial T}{\partial r} + \frac{\partial^2 T}{\partial z^2} = 0 \qquad (6-31)$$

若其他两个坐标系方向上的温度均衡,则一维稳态导热的微分方程为

$$\frac{\partial^2 T}{\partial x^2} = 0 \qquad (6-32)$$

$$\frac{\partial^2 T}{\partial r^2} + \frac{1}{r} \frac{\partial T}{\partial r} = 0 \qquad (6-33)$$

导热现象的规律已经总结为傅里叶定律,单位时间通过单位面积的热量(热流密度)正比于当地垂直于截面方向上的温度梯度,即

$$q = -k \frac{\partial T}{\partial n} \qquad (6-34)$$

1. 不同结构形状的热传导

在滚动轴承结构中,存在三种不同结构形状的导热现象,分别为平板接触导热、圆筒结构导热,以及球体结构导热,如图 6-3 和图 6-4 所示。根据上述一维稳态导热微分方程和傅里叶定律可以求出这三种结构形状传导热量的解析表达式。

对于平板结构导热,若一个平板结构的两个表面分别维持均匀而恒定的温度 T_1 和 T_2,壁厚为 L,导热面积为 A,材料导热系数为 k,则传热量可由式(6-32)和式(6-34)求出:

$$Q = \frac{kA}{L} (T_1 - T_2) \qquad (6-35)$$

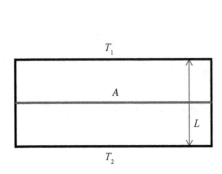

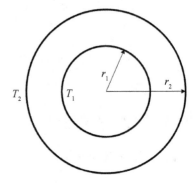

图 6-3   平板接触导热模型   图 6-4   圆筒或球体结构导热模型

对应的平面导热热阻的表达式为

$$R = \frac{L}{kA} \qquad (6-36)$$

若是两种不同材料之间的平面导热,结构温度分别为 T_1 和 T_2,壁厚分别为 L_1 和 L_2,材料导热系数分别为 k_1 和 k_2,导热面积为 A,则导热热阻的表达式为

$$R = \frac{L_1/k_1 + L_2/k_2}{A} \qquad (6-37)$$

对于圆筒结构导热,若圆筒壁结构的内外半径分别为 r_1 和 r_2,长度为 L,内外表面分别维持均匀恒定的温度 T_1 和 T_2,材料导热系数为 k,则圆筒的径向导热热量可根据式(6-33)和式(6-34)求出:

$$Q = \frac{2\pi kL}{\ln(r_2/r_1)}(T_1 - T_2) \qquad (6-38)$$

对应的圆筒壁结构导热热阻表达式为

$$R = \frac{\ln(r_2/r_1)}{2\pi kL} \qquad (6-39)$$

若是两个套在一起的不同材料圆筒之间的导热,两个圆筒的内外半径分别为 r_1、r_2 和 r_2、r_3,结构温度分别为 T_1 和 T_2,材料导热系数分别为 k_1 和 k_2,圆筒长度为 L,则圆筒面的导热热阻表达式为

$$R = \frac{\ln(r_2/r_1)/k_1 + \ln(r_3/r_2)/k_2}{2\pi L} \qquad (6-40)$$

对于球体结构导热,若球体结构的内外半径分别为 r_1 和 r_2,内外表面分别维持

均匀恒定的温度 T_1 和 T_2，材料导热系数为 k，则沿球体径向的导热热量可根据式（6-33）和式（6-34）求出：

$$Q = 4\pi k \frac{r_1 r_2}{r_1 - r_2}(T_1 - T_2) \tag{6-41}$$

对应的球体结构导热热阻表达式为

$$R = \frac{r_2 - r_1}{4\pi k r_1 r_2} \tag{6-42}$$

在滚动轴承中，存在球体结构导热的元件只有球轴承中的球形滚动体，其结构材料通常是均一的，但由于不同半径位置处的结构温度存在差异，仍然可能造成不同半径位置处材料的导热系数存在不同，因此同样需要分析"两种不同特性材料"球体之间的导热，两个球壳的内外半径分别为 r_1、r_2 和 r_2、r_3，结构温度分别为 T_1 和 T_2，材料导热系数分别为 k_1 和 k_2，则球壳径向的导热热阻表达式为

$$R = \frac{1}{4\pi}\left(\frac{1}{\lambda_1 r_2}\frac{r_2 - r_1}{r_2 + r_1} + \frac{1}{\lambda_2 r_3}\frac{r_3 - r_2}{r_3 + r_2}\right) \tag{6-43}$$

式（6-37）、式（6-40）和式（6-43）是滚动轴承内部热传导计算的基本公式。轴承内、外套圈以及轴承座等环形结构，如果其周向导热和轴向导热忽略不计，可以按照上述圆筒壁一维稳态导热问题处理。轴承内某些平壁导热或转轴的轴向导热，可以按照平板热传导公式进行计算。球轴承中球体内的导热可按球体径向导热公式计算。

2. 轴承滚动体与内外圈滚道之间的热传导

滚动轴承内除了上述三种不同形状结构的热传导外，还存在滚动体与内、外圈滚道之间的热传导。高速旋转的滚动体和内、外圈滚道之间会形成一层油膜，将两侧的固体结构隔开，如图6-5所示，因此滚动体与内、外圈滚道之间的传热必须考虑油膜热阻以及材料表面的扩散热阻。

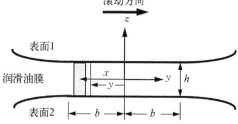

图6-5　滚动体与滚道间接触区的油膜

1）油膜热阻

油膜热阻可以通过下式计算：

$$R_1 = \left(\frac{h}{k}\right)/A_{\text{Hertz}} \tag{6-44}$$

式中，h 为接触区平均油膜厚度（m）；k 为油膜导热系数[W/(m·℃)]；A_{Hertz} 为赫

兹接触面积(m^2)。

2）轴承材料表面的扩散热阻

两个具有不同基体温度 T_i、T_j 的物体,在刚开始接触时具有较大的温差,但随着接触时间的增加,两表面间温差逐渐变小,相应传导的热量也逐渐变小,若计算中仍采用 T_i 和 T_j,则必须把导热系数减小或加入附加热阻 R_2,即轴承材料表面的扩散热阻。

扩散热阻通过下式计算:

$$R_2 = \frac{1}{l_{\text{rei}} k} \left(\frac{\pi \psi}{2bV} \right)^{0.5} \qquad (6-45)$$

式中,l_{rei} 为轴承滚动体与内外滚道的接触区长度;ψ 为热扩散率,$\psi = k/(\rho c_p)$;k 为固体导热系数;ρ 为固体密度;c_p 为比热容。

3）轴承接触点处的合成热阻

轴承单个接触点的合成热阻可以表示为接触油膜热阻和轴承材料表面的扩散热阻的串联,则第 i 个接触点的合成热阻为

$$R_i = R_{1i} + R_{2i} \qquad (6-46)$$

若轴承中有 z 个滚动体,则滚动体与内圈滚道或外圈滚道之间的总热阻可以表示为各接触点合成热阻的并联,即

$$\frac{1}{R_{\text{总}}} = \sum_{i=1}^{z} \frac{1}{R_i} \qquad (6-47)$$

轴承在滚动体与滚道接触点处传递的热量即可表示为

$$Q = \frac{(T_1 - T_2)}{R_{\text{总}}} \qquad (6-48)$$

3. Hertz 热扩散理论

由 Hertz 接触理论可知,在滚动体与滚道接触处,摩擦损失是在一个很小的区域中产生的,如图 6-6 所示,其尺寸远远小于滚动体或滚道直径,这个现象会导致热量从接触区流向接触体中心主体时受到约束,即在轴承元件的表面与内部主体之间存在导热的"瓶颈"。而且,研究经验和试验也表明,轴承元件的高温区主要集中在其表面很薄的一层上,而主体温度则相对较低。

为了分析轴承元件结构表面与内部主体间的传热,可以假设二者之间存在一个热量扩散的"热阻"。由于该热阻存在于滚动体与内圈、滚动体与外圈之间的摩擦接触区内,因此又称为 Hertz 扩散热阻[5]。

轴承元件主体与表面间的传热扩散热阻主要与轴承材料以及接触区的面积有

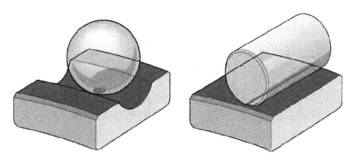

图6-6 球轴承和圆柱滚子轴承接触区示意图

关。对于滚棒轴承,接触区为一长条状矩形,根据 Muzychka 的研究,轴承表面矩形接触区与轴承主体间的 Hertz 扩散热阻计算表达式为

$$\Omega_{\text{Hertz}} = \frac{\sqrt{2}}{3\sqrt{\pi}}\left(\frac{1}{b}\right)\frac{1}{k\sqrt{Pe}} = \frac{2}{3\sqrt{\pi}}\left(\frac{1}{b^2 l k_b \rho_{\text{bear}} c_p V}\right)^{0.5} \tag{6-49}$$

其中,k 为轴承材料的导热系数(W/K·m);Pe 为 Peclet 数;ρ_{bear} 为轴承材料密度(kg/m^3);c_p 为轴承材料比热容[J/(kg·K)];V 为接触区运动线速度(m/s)。

对于滚珠轴承,接触区为一椭圆形,轴承表面椭圆接触区与轴承主体间的 Hertz 扩散热阻计算表达式为

$$\Omega_{\text{Hertz}} = \frac{1}{\pi}\left(\frac{a}{b}\right)\frac{1}{ka\sqrt{Pe}} = \frac{0.918}{2b\sqrt{k\rho_{\text{bear}}c_p}\sqrt{2a}\sqrt{V}} \tag{6-50}$$

式中,a、b 分别为椭圆接触区的长、短轴半径(m)。

6.2.2 对流换热

对流换热是轴承内最主要的换热方式,也是最难定量计算的传热形式。在轴承内,当温度较低的滑油流过温度较高的轴承内、外滚道表面、滚动体表面以及保持架表面时,轴承摩擦产生的热量会以对流换热的方式传递给滑油,再由滑油传给轴承座内其他部件以及座壁内表面。此外,轴承座外表面与周围气体环境间也有对流换热。

对流换热以牛顿冷却公式为其基本计算式:

$$Q = hA\Delta T \tag{6-51}$$

式中,h 为对流换热系数;ΔT 为固体壁面与流体间的温差;A 为对流换热面积;Q 为对流换热量。

对流换热系数 h 是固体表面及流体温度、流体的热导率、靠近固体表面的流体

速度、表面尺寸与形态、流体黏度与密度等因素的函数。理论上对流换热系数 h 可以通过求解描述对流换热的微分方程组得到,但实际上由于各种换热现象的复杂性及微分方程的复杂性和非线性,要针对实际问题在整个流场内求解微分方程组是非常困难的。因此,在实际工程中,通常会通过试验建立一个经验的对流换热关联式。滚动轴承内的对流换热过程非常复杂,很难通过分析法得到具体的对流换热计算式,只能通过数值分析或试验测试来获取。由于国内外对轴承内部对流换热的研究还非常少,目前还很难找到十分贴切的对流换热准则方程,因此只能做近似处理。

美国在 20 世纪 70~80 年代,对轴承热分析进行了大量的研究,并开发了轴承热分析计算软件,如 CYBEAN[6]、SHABERTH 和 SPHERBEAN[7] 等,这些软件在进行轴承热分析研究中均取得了良好的效果,并被改进升级而沿用至今。这些计算软件中对于轴承与滑油的对流换热计算都采用了同一个对流换热准则关联式,说明该计算关联式具有一定的可靠性。该准则关系式具体如下:

$$h = 0.0986\left\{\frac{n}{\nu}\left[1 \pm \frac{d_0\cos\alpha}{d_m}\right]\right\}^{\frac{1}{2}}kPr^{\frac{1}{3}} \qquad (6-52)$$

式中,"+"表示轴承外圈旋转;"−"表示轴承内圈旋转;n 为轴承转速;d_0 为轴承滚子直径;d_m 为轴承节圆直径。滑油的物性参数以滑油进口温度为定性温度。

但是,还有许多其他因素会影响轴承中的对流换热系数,其中最主要的就是轴承中滑油的流动速度和流量分布。由于离心力的作用,外圈滚道的滑油流量要大于内圈滚道。同时,由于非常小的引导间隙,引导凸缘与保持架之间的滑油流量分布也要大于轴承其他区域。此外,由于内、外圈侧面线速度下降,侧面的滑油流速和流量较少。

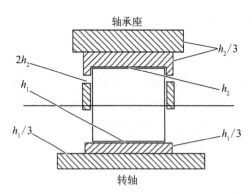

图 6-7 轴承局部对流换热系数修正

Brown 和 Forster[8] 根据实验研究结果,对轴承不同部位的局部对流换热进行了调整,如图 6-7 所示。其中,内圈滚道对流换热系数为 h_1,而内圈侧面则要减少为 $h_1/3$;外圈滚道对流换热系数为 h_2,而外圈侧面及安装座侧面要减少为 $h_2/3$,外圈凸缘与保持架之间的对流换热系数则要加大到 $2h_2$。

6.3　滚动轴承热分析

滚动轴承的高 DN 值即高速运转,会直接导致高发热,再加上轴承可能的高环境温度影响,使轴承可能会在较高的温度下运行,严重影响轴承的接触疲劳寿命、内部游隙大小及导致打滑蹭伤等。因此,必须对轴承在一定的环境温度、供油冷却润滑条件以及其他运转工况条件下,预测其各个元件的工作温度,即对轴承进行热分析。

　　滚动轴承中复杂热问题的解决是以各种传热现象的分析为基础。对传热问题的分析最早采用的数值方法是有限差分法,它对于简单几何形状中的流动和换热问题很容易获得数值结果,其主要缺点是对复杂区域的适应性较差。此外还有有限元法、有限容积法等。其中热阻热容法(即热网络法)是一种热电比拟的分析方法,其借用电学上的 KCL、KVL 定律,根据热力学第一定律得出各种复杂传热问题的热平衡方程,然后通过求解热平衡方程组获得复杂结构中各点的温度及其变化率。热网络法由于建模简单、计算高效,能快速求解出轴承的热状态而被普遍采用,如 CYBEAN、SHABERTH 和 SPHERBEAN 等轴承热分析软件。目前,热网络法已经广泛应用于航空、航天、建筑、油田、电子器件及医学等多个领域。

6.3.1　热网络法基本原理

　　热网络法是在待分析的系统中,根据实际需要和便于测试对比的原则进行温度节点划分,一个温度节点代表系统中相应的某一结构或流体介质中某一体积上的平均温度。然后,将各温度节点之间的实际传热关系转换为具有一定热阻值的传热热阻元件,将具有传热关系的两个温度节点连接。根据实际传热关系构建整个系统不同节点间的热网络连接关系,将系统简化为由温度节点和传热热阻元件组成的热网络。最后,针对系统网络建立系统节点热平衡方程组,求解该方程组即可获得系统节点的温度分布情况。

　　首先,需要将研究对象细分成单元温度节点,温度节点之间发生热量传递,无论以何种方式传热,均通过传热热阻元件代替,从而形成热网络。各个节点均可看作具有集总参数的单元,对每个单元或回路利用 KCL、KVL 定律建立热平衡方程。引入热阻 $f_{j,i}$ (具有换热关系的节点 j 和 i 之间的传热热阻)及热容 $C_i = \rho_i c_i V_i$ (节点 i 的热容)的概念,以温度为待求量,在第 k 时刻到第 $k+1$ 时刻之间对节点 i 可列出热平衡方程:

$$\sum_j \frac{f(T_j^k) - f(T_i^k)}{f_{j,i}} + Q_i V_i = C_i \frac{T_i^{k+1} - T_i^k}{\Delta t} \tag{6-53}$$

式中,$f(T)$ 是 T 的函数,对于热传导和对流换热,$f(T) = T$;对于辐射换热,$f(T) = f(T^4)$,为 k 时刻到 $k+1$ 时刻的时间间隔;Q_i 为节点单位体积内热源(W/m³);V_i 为节点单元体积(m³)。式(6-53)中,第一项表示周围节点传给节点 i 的传热量,第二项表示节点 i 的自生热,方程右端项表示节点 i 的能量净增量。

从 k 时刻到 $k+1$ 时刻,节点 n 增加的能量为

$$\rho_i c_i V_i \frac{T_i^{k+1} - T_i^k}{\Delta t} \tag{6-54}$$

设 $F_{ji} = \dfrac{1}{f_{ji}}$,则

$$\sum F_{ji}(T_j^k - T_i^k) + V_i Q_i = \rho_i c_i V_i \frac{T_i^{k+1} - T_i^k}{\Delta t} \tag{6-55}$$

对所有节点进行能量变化过程分析,建立热平衡方程组,即可求解获得热网络中的温度分布。

在稳态传热时,系统中的任意一个温度节点温度保持不变。由能量守恒可知,流入节点的热流等于流出节点的热流,如图 6-8 所示。假设忽略辐射换热,则对任意一个温度节点 i,方程右端项为零,即

$$\sum_{j=1}^{M} \left[F_{ji}(T_j - T_i) \right] + Q_{Gi} = 0 \tag{6-56}$$

式中,Q_{Gi} 为节点 i 总自生热或外加热载荷;M 为与节点 i 存在传热关系的节点总数。设整个系统节点总数为 N,则有

$$\sum_{j=1}^{M} \left[F_{ji}(T_j - T_i) \right] + Q_{Gi} = 0, \ i = 1,\ 2,\ \cdots,\ N \tag{6-57}$$

即

$$\sum_{j=1}^{M} \left[F_{ji}(T_j - T_i) \right] = - Q_{Gi}, \ i = 1,\ 2,\ \cdots,\ N \tag{6-58}$$

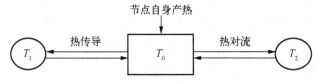

图 6-8　节点热平衡示意图

假设无传热关系的节点间存在热阻无穷大的传热关系,式(6-58)中其热阻的倒数 F_{ji} 可设为 0,则热网络中所有 N 个节点间均存在传热关系。式(6-58)可改写为

$$\sum_{j=1}^{N} F_{ji} T_j - \sum_{j=1}^{N} F_{ji} T_i = - Q_{Gi}, \ i = 1,\ 2,\ \cdots,\ N \tag{6-59}$$

可建立 N 个热平衡方程。

设

$$\phi_{mn} = \begin{cases} F_{ji}, & m \neq n \\ -\sum\limits_{j=1}^{M} F_{ji}, & m = n \end{cases} \tag{6-60}$$

将方程组改写为矩阵形式：

$$\begin{pmatrix} \phi_{11} & \phi_{12} & \cdots & \phi_{1N} \\ \phi_{21} & \phi_{22} & \cdots & \phi_{2N} \\ \vdots & \vdots & \ddots & \vdots \\ \phi_{N1} & \phi_{N2} & \cdots & \phi_{NN} \end{pmatrix} \begin{pmatrix} T_1 \\ T_2 \\ \vdots \\ T_N \end{pmatrix} = \begin{pmatrix} -Q_{G1} \\ -Q_{G2} \\ \vdots \\ -Q_{GN} \end{pmatrix} \tag{6-61}$$

求解该矩阵即可求得各节点的温度值，获得结构温度分布。

6.3.2　轴承中热网络法的实现

应用热网络法对轴承进行整体热分析，首先需要对轴承进行温度节点划分以及传热关系的确定。根据轴承的结构、滑油以及边界条件划分不同的节点类型，分析不同类型节点的热平衡方程基本形式；根据轴承中存在的传热类型，建立不同类型传热热阻元件的热阻表达形式。以下分别进行详细叙述。

1. 不同类型节点的控制方程

根据温度是否已知，轴承温度节点可分为两种类型——已知温度节点和未知温度节点。已知温度节点是热分析的温度边界条件，包括轴承座、气体环境和进口滑油等；未知温度节点包括轴承结构、轴承甩油（轴承左右两侧甩出的油气混合物）及回油温度等。

不同的节点类型用热量平衡方程表示如下。

（1）已知温度节点：

$$T_i = \text{constant} \tag{6-62}$$

（2）未知温度节点：

$$\sum_{j}^{N} \left[F_{ji}(T_j - T_i) \right] = -Q_i \tag{6-63}$$

式中，i 代表对象节点；j 代表与节点 i 发生传热关系的任意节点。

（3）轴承甩油节点：

$$\sum_{j} f_{ji}(T_j - T_i) = q_{mi}c_{pi}T_i - \sum_{k} q_{mk}c_{pk}T_k \tag{6-64}$$

式中,i 代表轴承甩油节点;j 代表与节点 i 发生对流换热关系的任意节点;k 表示给甩油节点 i 供油的进口滑油节点;q_m 代表甩油节点 i 或滑油进口节点 k 的滑油质量流量;c_p 代表节点温度条件下的滑油比热容。

（4）滑油回油节点：

$$\sum_j q_{mj}c_{pj}T_j - q_{mi}c_{pi}T_i = 0 \qquad (6-65)$$

式中,j 代表轴承甩油节点,最终所有甩油节点的滑油均汇集到回油节点,并通过流量传递将热量传给回油节点;i 代表回油节点。

2. 不同类型的传热热阻元件

轴承内的传热方式主要为热传导和对流换热,辐射换热忽略不计,此外还包括滑油流动传热。在热网络中将轴承内的热传导和对流换热等传热方式模化为传热热阻,不同的传热方式对应不同的传热热阻。对于轴承内通过导热和对流换热发生的热量传递,可以统一写为

$$Q = f(T_1 - T_2) \qquad (6-66)$$

式中,Q 表示流过传热元件的热流量;f 为热阻的倒数。当 f 为 f_1 时表示热传导,f 为 f_2 时表示对流换热,f 为 f_3 时表示滑油流动传热。

（1）导热：

$$q_{ij} = k_{ij}A_{ij}(T_i - T_j)/L_{ij} = f_1(T_i - T_j) \qquad (6-67)$$

$$f_1 = k_{ij}A_{ij}/L_{ij} \qquad (6-68)$$

（2）对流换热：

$$q_{ij} = h_{ij}A_{ij}(T_i - T_j) = f_2(T_i - T_j) \qquad (6-69)$$

$$f_2 = h_{ij}A_{ij} \qquad (6-70)$$

（3）滑油流动传热：

滑油流动传热仅出现在滑油进口节点与轴承甩油节点之间、轴承甩油节点与滑油回油节点之间。由于不同温度条件下滑油密度、比热容等物性参数存在差异,因此没有具体的传热热阻表达式,其计算按照能量守恒原理进行。

6.3.3 不同的轴承热网络模型

图 6-9 为美国开发的轴承分析软件 SHABERTH 中建立的转轴-滚动轴承稳态温度模型,包括节点划分和热流路径,计算结果与实验结果具有很好的一致性。其中,轴承被划分为四个节点,包括内环节点、外环节点、滚动体节点和保持架节点,轴承元件均视为温度均一的结构体。四个节点之间按照传热关系构建热网络,

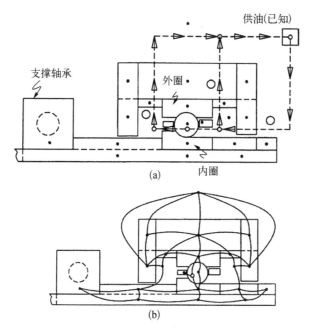

图 6-9　SHABERTH 轴承节点网络系统及稳态热分析的热流路径

包括内环与滚动体、外环与滚动体、保持架与滚动体的传热。

可以明显看出,上述轴承热网络模型存在很大的简化,主要存在以下三个问题:

（1）每个轴承元件仅由一个节点代替,即假设每个元件的温度为均一分布,忽略了轴承元件结构内部的温度差异,特别是元件表面与内部主体之间的温度差异;

（2）轴承产热通过温度节点"内部热源"的形式进行加载,由于节点数量过少,轴承产热无法实现精准加载,而只能通过人为设定分配比例的方式,将轴承总产热量分到四个轴承节点上,具有很大的经验性和随机性,易对轴承温度场分析造成误差;

（3）未考虑轴承中滑油流动过程的温度变化,无法分析获得轴承中的滑油温度。

为了获取更精确的轴承温度场,法国的 Pouly 等[9]以及本书编者分别发展了两种轴承热网络模型,如图 6-10 和图 6-11 所示。

图 6-10 为滚珠轴承的热网络模

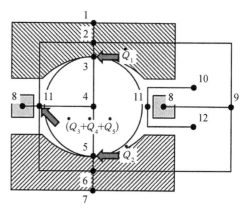

图 6-10　滚珠轴承精确热网络模型

型,共包含 12 个节点,各个节点的含义如表 6-4 所述。该模型考虑了轴承元件结构表面与内部主体之间的温度差异,考虑了轴承内不同部位滑油流动过程中的温度差异,轴承不同部位的局部产热量可精确加载到距热源最近的节点上。相比前述四节点轴承热网络模型,该模型具有更高的可靠性。但是这个热网络模型将接触的内圈与滚动体表面设为一个节点、外圈与滚动体表面设为一个节点,无法考虑接触区油膜对热量传递的影响。

表 6-4   球轴承热网络节点含义

节点编号	节 点 含 义	节点编号	节 点 含 义
1	外环外围	7	轴孔
2	外环主体	8	保持架
3	外环-球体接触点	9	气体环境
4	球体	10	滑油入口
5	内环-球体接触点	11	轴承内油气
6	内环主体	12	滑油出口

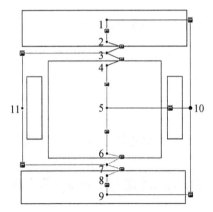

图 6-11   滚棒轴承精确热网络模型

图 6-11 为滚棒轴承的热网络模型,共包含 11 个节点,各个节点的含义如表 6-5 所述。该模型不仅考虑了轴承元件结构表面与内部主体之间的温度差异,而且考虑了接触区油膜的影响。由于滚动体的高速旋转运动,节点 3 和 7、节点 4 和 6 实际是等价的。轴承摩擦产热可直接加载到位于接触区的节点 3 和节点 7 上,按照热阻大小向周围传递。

可以发现,虽然上述两个轴承热网络模型已经能够获得更精确的轴承温度分布,而且能够完成轴承产热量的精确加载,但是这些模型

表 6-5   圆柱滚子轴承热网络节点含义

节点编号	节 点 含 义	节点编号	节 点 含 义
1	外环主体	7	内环-滚动体接触区
2	外环表面	8	内环表面
3	外环-滚动体接触区	9	内环主体
4	滚动体表面	10	滑油入口
5	滚动体主体	11	轴承内油气
6	滚动体表面		

对轴承仍然存在较大的简化。例如,没有考虑轴承结构沿轴向的温度变化。图 6-12 为一种新的轴承热网络节点划分方式。基于有限单元思想,将热网络法与有限单元网络相结合,建立了一种有限单元热网络法,将轴承沿轴向横截面划分为若干网格单元,每个单元体代表所在轴承结构的材料、温度等特性,同时设置一个温度节点代表该单元体的集总参数。对于任意一个单元体节点 i,最多与周围四个节点发生传热关系,包括固体结构和流体,如图 6-13 所示,基于节点之间的传热关系最终构建热网络系统,获得轴承截面的温度场精确分布,如图 6-14 所示。

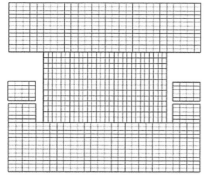

图 6-12　轴承截面节点划分

图 6-13　节点 i 与周围节点的换热关系

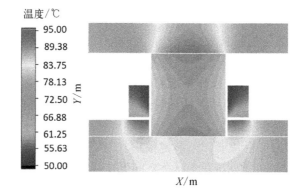

图 6-14　基于有限单元热网络法获得的轴承截面温度

6.4　轴承热分析软件开发

早在 20 世纪 60 年代,Harris 就将传热学理论应用于预测滚动轴承温度场。20 世纪 70 年代,Rumbarger 在燃气涡轮发动机主轴轴承系统分析中按照 Harris 的分析思想对航空发动机高速滚子轴承进行了热分析。他们采用热网络法将轴承工作系统划分为若干个温度节点,并将轴承产热量分配在不同的节点上。

随着轴承热分析方法的发展与完善,20 世纪 70 年代中期到 80 年代初,一些西方航空发动机研究单位先后开发了滑油系统轴承及轴承腔的热分析计算软件。例如,球轴承热分析程序 BABHAP;轴-轴承系统的稳态及瞬态热分析程序 SHABERTH;圆柱滚子轴承的热分析程序 CYBEAN;球面滚子轴承的稳态热分析软件 SPHERBEAN;等等。

BABHAP 可以计算轴承的摩擦力矩及发热量,但没有涉及轴承的传热及温度分布问题,因而在实用中受到局限。SHABERTH 初期仅用于球轴承系统的稳态及瞬态热分析,后期更新了的 SHABERTH 版本不仅适用于球轴承,而且也适用于圆柱滚子轴承和圆锥滚子轴承。CYBEAN 可以进行高速圆柱滚子轴承的准动力学分析和温度场求解。SPHERBEAN 可以用来对球面滚子轴承进行准动力学分析和稳态及瞬态热分析。

随着计算机技术的发展,研制通用性强、可靠性好、易使用、具有友好用户界面的轴承热分析软件成为研究轴承热问题的重要任务之一。西北工业大学刘振侠教授团队基于多年的研究基础,自主开发了一款航空发动机主轴轴承及其轴承腔结构热分析计算软件。软件基于热网络法理论,可以针对不同的发动机主轴轴承及其轴承腔结构,实现可视化的热网络图形建模,完成数据初始化、热分析计算及结果图形显示等功能。

6.4.1 轴承热分析软件设计

轴承热分析软件界面的开发平台为 Delphi 语言,其作为一种基于窗口和面向对象的编程方法,与 Windows 操作系统结合紧密,具有强大的数据库技术支持,同时兼具 VC 功能强大及 VB 易用灵活的特点。轴承热分析软件的后台计算主程序基于 FORTRAN 语言开发完成。

热分析软件的主要模块有:图形建模模块、网络计算模块,以及数据库模块(包括后台数据库及后处理)。三个模块之间保持相对独立并实现不同的功能,如图 6-15 所示。

1. 图形建模模块

在软件的可视化设计中,最重要的环节就是实现图形建模,因此这也是软件的核心模块。图形建模过程包括网络图形连接和网络自动识别两步。其中网络图形连接是指在软件建模环境中将元件、节点连接成网络图形的过程。建立好的网络图形通过网络自动识别来完成后台数据的网络连接,形成热网络,即通过热网络法,确立系统的热网络关系,将外在的图形网络转化为内在数据网络,为系统的网络计算做好准备。图形建模的设计方案如图 6-16 所示。

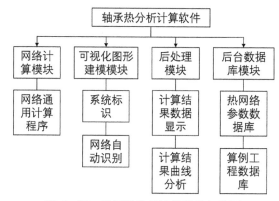

图 6-15 轴承热分析计算软件架构图

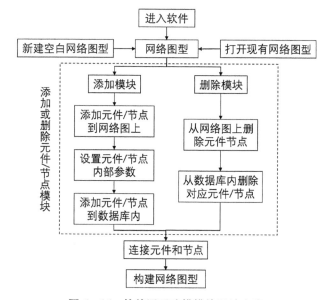

图 6-16 软件图形建模模块设计方案

2. 网络计算模块

航空发动机主轴轴承及其轴承腔结构由大量不同的温度节点和传热元件组成,这些温度节点和传热元件共同组成了一个复杂的热网络系统。虽然不同的轴承腔结构会有差异,传热路径也会不同,但其温度节点及传热方式的类型都大致相同,都可以根据实际需要和便于测试对比的原则进行温度节点的划分,然后根据各温度节点之间的实际换热情况确立系统热网络关系。因此,可以采用统一的计算模块,基于热网络理论,实现温度场计算。

3. 数据库模块

数据库对软件起支撑作用,并存储软件操作过程中的所有数据。包括工程管理、图形建模、计算及后处理、参数设置、功能切换、图形显示等操作过程中的数据产生、数据交流等都与数据库紧密联系。本软件采用可视化语言 Delphi 自带的单机版数据库引擎 BDE,开发出适合发动机主轴轴承热分析软件的配套数据库。数据库具有输入、输出和编辑接口,允许用户对数据库进行扩充、删除和修改。

4. 基于三个模块的软件功能设计

根据轴承热分析计算的需要,将软件功能分为工程管理、网络图形显示、计算及后处理 3 个功能模块,如图 6 − 17 所示。工程管理模块可以实现自定义工程数据内容、工程的新建、删除和修改等,满足用户自定义工程项目的功能需要。网络图显示模块则是实现软件对网络模型的显示,将数据库中的所有元件、节点、网络关系及其相关数据,通过图形的方式输出显示。计算及后处理模块则实现了前台图形网络模型与后台数据库的有机结合,将网络模型图中所有温度节点和传热元件的参数数据存入数据库相应的数据集后,供网络计算模块调用,并将计算结果存储至相应数据库,最后以数据表的形式输出,也可以在图形界面直观地查看各种计算结果及相关信息,完成轴承热分析计算的参数输入、计算、结果输出、结果图形显示等功能。

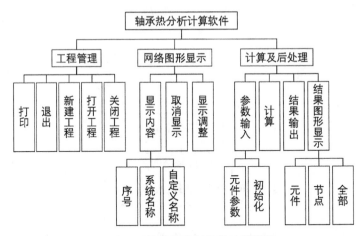

图 6 − 17　轴承热分析软件功能设置

6.4.2　轴承热分析软件操作

以下通过一个航空发动机主轴轴承及其轴承腔的热分析计算算例介绍,来说明该轴承热分析软件的使用过程及基本操作。通过热分析计算,获得整个轴承腔的温度场分布、滑油出口温度、轴承总生热量以及轴承腔内的主要换热特性等。

轴承腔热分析的第一步是对真实结构进行初步简化。由于真实的发动机轴承腔结构非常复杂,为了便于用热网络法对其进行热分析计算,需要在不影响其主要温度场分布情况下,对结构进行适当简化,建立轴承腔节点模型,然后利用轴承腔热分析软件建立前腔的热分析网络图。

软件的操作过程如下:

(1)启动软件,进入软件工作平台,如图6-18所示。

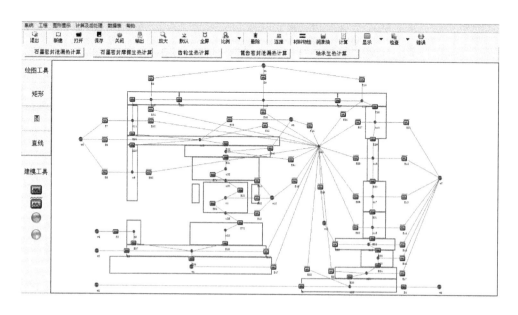

图6-18 轴承热分析软件界面及热网络模型

(2)在绘图工具中选取相应的工具,在图形建模工作界面上画出简易的轴承腔模型。

(3)从工作平台中的元件/节点图标里选取相应的元件/节点,将其拖至图形建模工作界面上。在快捷键栏里点击连接线按钮,激活图形连接功能,将具有传热关系的节点用元件连接起来。

(4)按照上述步骤,建立整个轴承腔的热分析计算网络图,并保存工程,如图6-18所示。

(5)按照轴承腔实际结构及材料参数完成系统参数初始化,选取合适的滑油入口参数,并进行数据检查,检查无误后即可进行热分析计算。

(6)计算完成后,软件可将计算获得的轴承腔温度和传热特性写入计算结果列表,包括节点温度、元件导热系数、对流换热系数等,也可以将计算结果直接显示在网络图形界面上,并可以生成轴承腔的温度特性曲线图,如图6-19所示。

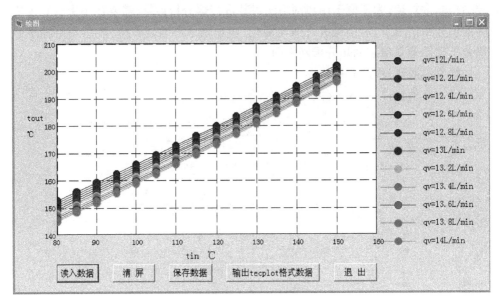

图 6 − 19　轴承热分析计算结果趋势分析

思考题

1. 滚动轴承摩擦产热有几种经验算法？
2. 滚动轴承内主要的传热方式有哪些？
3. 请说明热网络法的基本原理。
4. 滚动轴承中不同类型节点的热网络平衡方程是什么？

参考文献

［1］　ASTRIDGE D G, SMITH C F. Heat generation in High-speed cylindrical roller bearings［C］. Leeds：Elasto-hydrodynamic Lubrication Symposium，1972.

［2］　斯库巴切夫斯基.航空燃气涡轮发动机零件结构与计算［M］.冯绍周等，译.北京：国防工业出版社，1956.

［3］　MINGHUI T U. Validation and modeling of power losses of NJ 406 cylindrical roller bearings ［D］. Stockholm：KTH, 2016.

［4］　陶文铨.数值传热学［M］.西安：西安交通大学出版社，2001.

［5］　MUZYCHKA Y S, YOVANOVITCH M M. Thermal resistance models for non circular moving heat sources on a half space［J］. Journal of Heat Transfer, 2001, 123：624 − 632.

［6］　KLECKNER R J, PIRVICS J. High speed cylindrical roller bearing analysis：CYBEAN, NASA − CR − 159460［R］. Washington：NASA, 1978.

［7］　HADDEN G B, KLECKNER R J, RAGEN M A, et al. Research report-user's manual for computer program［S］. AT81Y003 SHABERTH, 1981.

［8］　BROWN J R, FORSTER N H. Operating temperatures in mist lubricated rolling element bearings for gas turbines [C]. Las Vegas: 35th Intersociety Energy Conversion Engineering Conference and Exhibit, 2000.

[9] POULY F, CHANGENET C, VILLE F, et al. Investigations on the power losses and thermal behaviour of rolling element bearings [J]. Proceedings of the Institution of Mechanical Engineers, Part J: Journal of Engineering Tribology, 2010, 224(9): 925 - 933.

第 7 章

主轴轴承的润滑与冷却

【学习要点】

掌握：主轴轴承常用的几种润滑方式及其优缺点。

熟悉：航空发动机滑油系统分类、组成和主要部件。

了解：轴承腔内两相流动与换热分析的目的。

航空发动机主轴轴承需要滑油的润滑和冷却，来减少运动对偶面的摩擦与磨损，防止腐蚀和表面硬化，同时带走摩擦所产生的热量和高温零件传给滑油的热量，带走对偶面间形成的硬夹杂物。随着先进航空发动机增压比、涡轮燃气进口温度、主轴转速的升高，再加上严格的空间限制，主轴轴承的润滑和冷却问题越来越严重。因此必须对轴承进行精细化的润滑和冷却设计，确保主轴轴承能够长时间安全、可靠运转。

7.1 主轴轴承的润滑冷却方式

7.1.1 常用的几种润滑冷却方式

在航空发动机中，主轴轴承常用的几种润滑冷却供油方式主要包括喷射润滑和环下润滑两种，此外还有喷管润滑。近年来，德国 MTU 的 Flouros 新研制了一种轴承外环单独冷却方式，也取得了很好的效果。

1. 喷射润滑

大推力航空发动机的主轴轴承由于转速高、发热量大，因此不能采用脂润滑或油池飞溅润滑，而主要采用喷射润滑来实现轴承的润滑与冷却。在喷射润滑中，喷嘴的结构、数目、位置、喷射速度、喷射角度，润滑剂流量及润滑剂从轴承两侧的排出过程等，都会对轴承的可靠润滑与高效冷却造成影响。

喷射润滑的方法有很多种，包括单喷嘴，双向单喷嘴，多喷嘴等。图 7－1 为两种喷射润滑的结构，图 7－2 为不同润滑方式下轴承的温度分布情况。研究表明，在给定流量下使用双向单喷嘴供油可以得到更低的内、外圈温度，而且在低

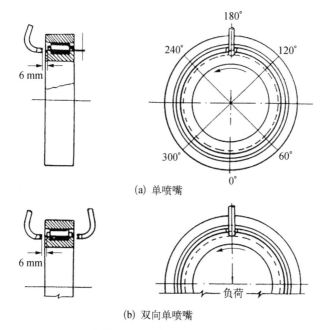

(a) 单喷嘴

(b) 双向单喷嘴

图 7-1　两种喷射润滑方式

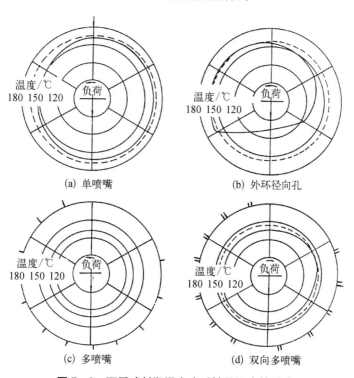

(a) 单喷嘴

(b) 外环径向孔

(c) 多喷嘴

(d) 双向多喷嘴

图 7-2　不同喷射润滑方式对轴承温度的影响

供油流量下差异更明显。对于任意给定的喷嘴位置,外圈的最高温度通常出现在沿旋转方向喷嘴之后 240°~360°的区域内,而与喷嘴和负荷方向的相对位置无关。

如图 7-3 所示,滑油喷嘴沿轴承端面可以有三个不同的径向位置,包括保持架与外环间(a)、保持架与内环间(b)以及保持架本身(c)。滑油喷嘴的径向位置会对轴承温度场造成影响,研究表明,当滑油对准保持架与内圈引导面之间时,轴承温度可以达到最低,轴承冷却效果最好。此外,为了分析喷嘴冲角对轴承工作温度的影响,对喷嘴设定了五个不同的喷射冲角方向,每个位置都使喷嘴精确地对准保持架引导面,如图 7-4 所示。图中正角表示喷嘴的方向与轴承旋转方向相反,负角表示相同。

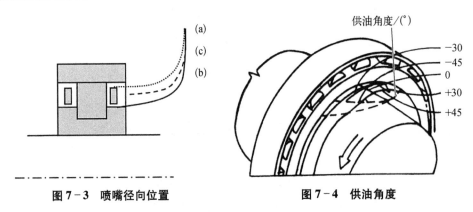

图 7-3　喷嘴径向位置　　　　　　　图 7-4　供油角度

为了使滑油能穿越旋转的轴承缝隙,滑油喷嘴除了应保证安装正确,使滑油能喷到规定的部位外,还必须提供足够的滑油喷射速度,供油压力应在 240~480 kPa 范围内选择,使滑油按照 18~20 m/s 的喷射速度喷出。轴承的供油量通过滑油喷嘴来控制,但由于喷嘴的流量系数很难精确获取(一般为 0.65~0.85),因此需要通过试验来进行标定,并允许铰孔修正。为了保证喷嘴喷出的滑油呈圆柱状,喷嘴孔的长径比应不小于 3,且出口边缘应保持锐边,粗糙度不低于铰孔。为了防止喷嘴孔被堵塞,通常孔径应不小于 0.64 mm,但也不宜过大,当需要大流量时,可以设计为多个喷嘴。

对于高 DN 值的航空发动机主轴轴承,受离心力和运动元件的高速冲击作用,喷射润滑已经很难满足轴承的润滑冷却需求,特别是工作条件更恶劣的内圈。在高速滚动轴承中,内圈接触区的发热量会比外圈接触区的更大,但离心力却使滑油更快的从内圈脱离。同时,当 DN 值大于 1.6×10^6 时,滚动体高速运动形成的气流还会阻止喷射的滑油进入轴承内部,进一步削弱滑油对轴承内圈的润滑冷却效果,使内圈温度明显超出外圈温度,温差可达 27℃,以致轴承内部间隙发生较大变化,严重时甚至会引起"抱轴"的事故。

单纯提高喷油量并不能显著改善喷射润滑的工作效果。增大供油量不仅会增加滑油系统的工作负担,增大整个滑油系统的质量,而且还会加剧滑油在轴承内部的流体搅拌功率损耗,显著增大轴承发热量。图 7-5 为 JT4 发动机上 4 号止推轴承组的温度随滑油量的变化趋势,当过分增大滑油流量时,轴承内环温度甚至有可能上升。单列轴承温度变化的趋势与其类似。

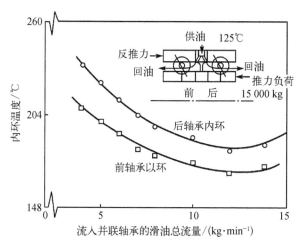

图 7-5 止推轴承组的温度随滑油量的变化

通常认为,在保持架设计、喷嘴位置、喷射速度合理及回油通畅的情况下,直接喷射润滑的最大应用条件为小孔径轴承以 3.0×10^6 *DN* 值为限,大孔径轴承以 2.5×10^6 *DN* 值以下为宜。目前,在高速主轴轴承中,已广泛采用"环下供油"润滑系统,如图 7-6 所示。

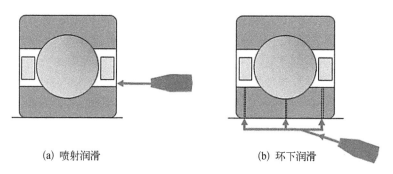

| (a) 喷射润滑 | (b) 环下润滑 |

图 7-6 喷射润滑与环下润滑对比示意图

2. 环下润滑

所谓环下润滑是指滑油从轴承内环上开的径向孔、槽进入轴承的一种润滑方式,即从轴承内环下部向轴承供油。在这种供油方式中,滑油先从喷嘴喷到转轴上的引油槽中(或直接用管道引到轴上的油槽中),然后引入到轴承内环下方,在离心力的作用下通过内环上的径向孔甩出,如图7-7所示。供入的滑油首先冷却温度较高的内环,然后冷却滚动体、外环与保持架,最后从轴承两侧离开。由于滑油会从转轴上的油槽或通道流过,因此还能在一定程度上减少涡轮等高温部件向轴承的传热。

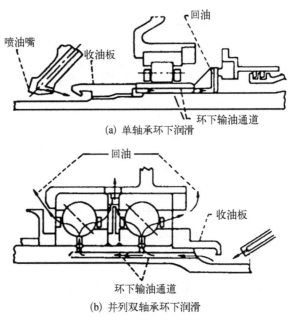

(a) 单轴承环下润滑

(b) 并列双轴承环下润滑

图 7-7　主轴轴承的环下润滑

　　一方面,在高速条件下,环下润滑将滑油直接供入轴承内部,使得滑油利用率更高,且具有更好的润滑冷却效果,使轴承温度普遍降低,特别是使内环的工作温度在各种工作条件下都比外环更低,更有利于控制轴承内部的工作游隙;另一方面,由于供入的滑油同时具有伴随内环旋转的初速度,对滚动体的公转运动产生一定的驱动力,因此不仅能有效防止高速轻载条件下滚动体与内环的打滑蹭伤,而且使滚动体与滑油流体的搅拌损失大大降低,减少了功率损耗,同时降低了滑油中污物对轴承损坏的概率。

　　由图7-8可以看出,环下润滑结构主要包括两部分,即集油部分和输油部分。集油部分由喷嘴、收油环及相关零件组成。输油部分由带有轴向槽的内衬套(与收油环构成一体)及轴承内环上的径向小孔组成。

　　收油环从喷嘴收集滑油,经内衬套轴向槽上的小孔进入环形区,使滑油在离心力的作用下通过轴承内环上的径向孔进入轴承。有的环下润滑系统,滑油由设在发动机主轴中的中心油管提供,称为轴心收油结构,如图7-9所示。

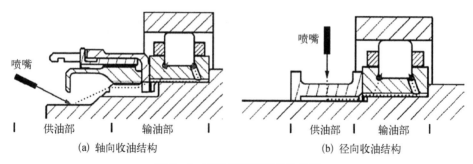

（a）轴向收油结构　　　　　　　　　（b）径向收油结构

图 7 - 8　两种不同环下收油结构

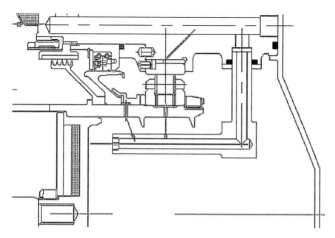

图 7 - 9　环下润滑的轴心收油结构

3. 喷管润滑

　　喷管润滑主要用于轴间中介轴承润滑。由于轴间轴承内、外环同时旋转，无法安装固定的喷嘴，因此很难实施喷射润滑或环下润滑。喷管润滑通常是从环下润滑的收油环中引一部分滑油，通过安装在下游的与主轴轴线平行的数根管子将滑油引向轴承。在无环下润滑的情况，也可将喷嘴对准与轴线平行的油管喷入滑油，如图 7 - 10 所示。

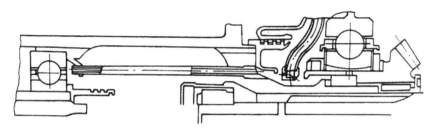

图 7 - 10　轴间中介轴承的喷管润滑

在喷管润滑中,由于滑油脱离喷嘴后才进入管中,压力急剧下降,又因管路高速旋转,离心力会使滑油贴附管壁,流动困难,导致穿透性较差,使轴承得不到充分的润滑冷却。因此喷管润滑在设计时需要特别注意,输油管直径要大,内壁要光滑,保证滑油能够通畅流动。

4. 轴承外环单独冷却

在喷射润滑和环下润滑中,滑油进入轴承时首先流经内环表面,对内环进行冷

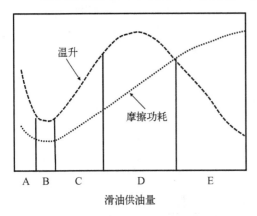

图 7 - 11   滑油供油量与轴承温升、摩擦损耗的关系

却后在离心力的作用下甩向外环,滑油流动过程中还会受到滚动体的冲击,导致留到外环表面的滑油流量较少且温度偏高。由于与外环接触的滑油温度已经升高,使得对外环的冷却效果反而出现下降。有时为了提高轴承外环的冷却效果,只能一味地增加滑油流量,加剧了滑油系统的运行负担。同时,增加的滑油流量还会恶化轴承滚动体与滑油之间的流体冲击,加剧流体搅拌和黏滞摩擦,反而增加了轴承总产热量,如图 7 - 11 所示。

为此,德国 Flouros 等[1]发展了一种轴承外环单独冷却技术,如图 7 - 12 所示。在轴承外环外围开设若干槽道作为滑油流动通道,通过轴承座通入滑油,对轴承外环进行单独冷却,从而在确保轴承冷却效果的同时不增加供入轴承内部的滑油量。经试验验证,该方法可以在保持轴承结构温度适宜的情况下,使滑油流量减少50%,轴承总产热量下降30%。轴承外环单独冷却技术还可以减少高温区域支点轴承座向轴承的热传导。

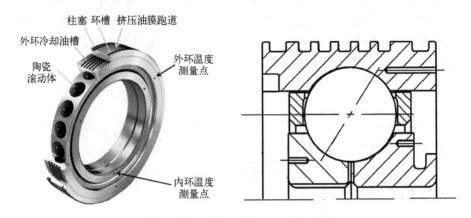

图 7 - 12   外环单独冷却轴承结构示意图

7.1.2　滚动轴承的环下润滑

如前所述,轴承需要滑油的润滑与冷却。随着发动机转速提高,传统的单一喷射润滑已无法满足轴承润滑冷却的需求。为此,先进航空发动机已开始大量采用环下润滑或环下/喷射组合润滑方式,如图 7-13 所示。环下润滑是一种将滑油通过轴承内环供油孔送入轴承内部的润滑方式。与喷射润滑相比,环下润滑可以使滑油直接进入轴承有效润滑区,在高速条件下具有更好的润滑和冷却效果。

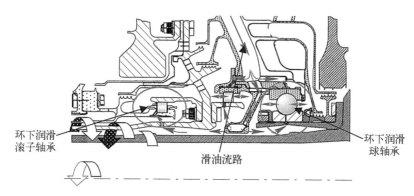

图 7-13　航空发动机主轴轴承的环下润滑

与喷射润滑相比,环下润滑供油方式的改变,使轴承内的滑油流动和分布状态发生了显著变化,如图 7-14 所示,同时也会改变滑油流体与轴承结构之间的相互作用及换热关系。

(1) 滑油入口方向改变:喷射润滑时滑油沿轴向按一定角度从喷嘴喷射进入轴承,环下润滑时滑油沿径向、从内环甩射进入轴承;

(2) 滑油入口位置改变:喷射润滑时滑油从外置喷嘴喷出,进入轴承过程中会受到高速旋转滚动体的冲击屏蔽,环下润滑时滑油直接从内环进入轴承内部;

(3) 滑油入口速度改变:喷射润滑时滑油仅具有从喷嘴喷出时的入口速度,而环下润滑时滑油同时还具有伴随内环旋转的周向速度。

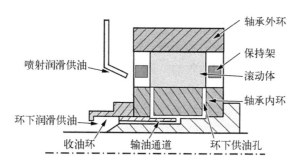

图 7-14　轴承环下润滑与喷射润滑对比示意图

由于结构及空间上的原因,环下润滑不可能将喷嘴喷出的滑油全部收入轴承,总有一部分飞溅、反射和流失。首先,滑油从喷嘴喷出后并不会百分之百地直射向收油环,而是会发生一定的散射,散射的油滴不会进入收油结构中;其次,射出的滑油撞击到收油环上时,会发生滑油飞溅,相当大的一部分滑油会直接冲击到收油环外部,进入外围空间;而且,进入收油环中的滑油也有可能发生贴壁流动,沿收油环结构表面逆流漏出。

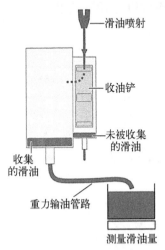

图 7-15 收油环收油效率试验装置示意图

从设计上讲,希望进入轴承的滑油越多越好,因此就有收油效率的问题。所谓收油效率是指一种环下润滑结构收入轴承的滑油流量与喷嘴喷出的总流量之比,用百分数表示。环下收油结构的收油效率会受到滑油物性、转轴转速、收油铲结构等因素的影响。图 7-15 为一种环下收油装置的收油效率试验装置示意图。

研究收油效率的影响因素,其目的是提高收油效率,在一定喷嘴流量和轴承工况条件下,使更多的滑油进入轴承。影响收油效率的主要因素有以下几个:

1) 喷嘴

喷嘴数量——在一定流量下,多喷嘴或同一喷嘴多喷口比单喷嘴或单喷口收油效率更高。

喷嘴布局——将喷嘴安装成与轴承轴线呈一定角度并与旋转方向一致。例如,顺主轴旋向偏斜 5° 比与轴线平行安装的收油效率更高。

喷嘴出口与收油环端面距离——当喷嘴出口与收油环端面距离分别为 1、4、8、11 mm 时,以 11 mm 收油效率最高。如果收油环内空间允许,将喷嘴全部伸入套内,其效率最高,可达 100%。

喷嘴的滑油喷射速度对收油效率也有较大的影响,通常会通过节流减压使喷射速度低于喷射润滑的喷嘴喷射速度,从而避免射流过于发散。

2) 收油结构

收油结构设计的优劣直接决定了整个环下润滑结构设计的好坏,因此必须对滑油在收油结构中的流动过程进行精确分析,确定收油效率并进行改进优化。

图 7-16 给出了几种不同的收油结构。在工作条件相同的情况下,(a)(b)的收油效率最高,可达 95%,甚至 100%。(c)(d)次之,可达 80%,而(e)的最差,约为 70%。如前所述,(a)(b)结构是将喷嘴包容进收油环内,滑油很少飞溅、反射,基本都由离心力甩入轴承;(c)(d)结构呈凹状封闭(图中黑线所示)能够有效地阻止滑油流失;(e)结构为开放式,滑油流失严重,故效率最低。因此,如何将喷嘴喷出的滑油保持住是收油环及其相关零件结构设计的关键。

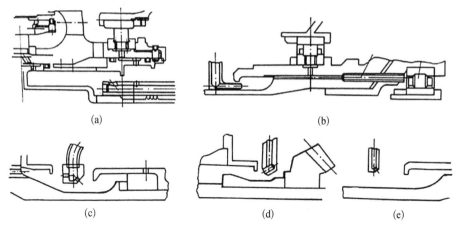

图 7 - 16　不同的环下润滑收油结构

收油环设计除了要结构空间尽可能大之外,还必须考虑其内部几何形状,以尽量减少滑油飞溅。收油环的内反射角对收油效率影响很大,如图 7 - 7(a)所示,可以将内衬套设计成带锥角 α,此角以 10°~20°为宜。此外,在离心力作用下,滑油中的污物会从滑油中分离出来,积存在收油环处。为了防止这些污物进入轴承,可以在收油环内设置一个起容纳作用的死角。

图 7 - 17 是一种新型的径向收油铲式收油环结构[2],在轴承轴向延伸方向沿圆周布置有若干"簸箕"形收油铲,当轴承高速旋转时,收油铲伴随转轴与轴承一同旋转。此时,滑油沿径向方向高速喷出,射入高速旋转的收油铲内侧,被其收集并导入转轴内的滑油通道,最终通过轴承内环输油孔进入轴承内部,实现对轴承的润滑和冷却。需要精确设计滑油喷射角 θ_{jet} 和收缩段间隙 d_c,以达到较高的收油效率。

3）输油结构

输油结构的流道设计也会对环下润滑的收油效率造成影响,在设计中需要确保不发生节流现象,同时能将滑油按比例供到需要润滑的部位。

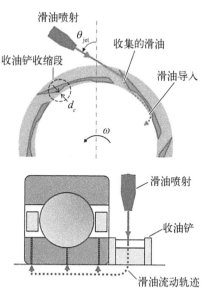

图 7 - 17　收油铲式环下润滑收油环

输油流道大多为转轴上开的若干轴向槽,槽的截面可以设计成矩形,也可以设计成圆弧形。矩形槽道的截面积较大,可以通过更多的滑油,但加工困难,且槽底易产生应力集中。圆弧槽底部面积较小,流通面积小,但便于加工,不易产生应力集中。无论何种截面形状的输油流道,都应沿轴流方向设计成锥面,以加快滑油流速,并保证飞机俯冲或爬升机动时仍能向轴承可靠供油。

　　输油结构的轴向槽以及轴承内环上的径向孔的直径和数量由滑油流量确定,必须保证不会产生节流现象。由于滑油在输油流道内是非密封条件下的开放流动,受转速、通道几何形状等因素影响,流动状态很不稳定,因此在整个流道设计上要力求圆滑,以减少流阻。

　　轴承各个润滑部位需要按比例分配滑油,图7-18为环下润滑向高、低压涡轮轴承同时供油的情况。收油环分为A区和B区两部分,A区的滑油经小孔D流入高压涡轮轴承,B区的滑油经小孔E流入低压涡轮轴承。两个油区之间设有挡油坝,通过收油环和轴向槽的分区集油来防止滑油串流,同时将各区收集到的滑油供到不同的润滑部位。

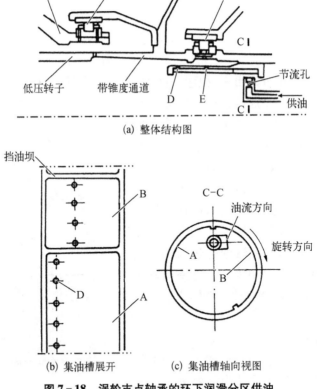

(a) 整体结构图

(b) 集油槽展开　　(c) 集油槽轴向视图

图7-18　涡轮支点轴承的环下润滑分区供油

7.2　主轴轴承的润滑剂

　　航空发动机主要选用液体滑油作为滚动轴承的润滑剂。滑油是滑油系统的核心材料,它的性能对主轴轴承及发动机设计有很大影响。

7.2.1 滑油的分类

目前使用的滑油主要有矿物油和合成滑油两大类。

矿物油又称石油润滑油,是由天然原油经过减压蒸馏、酸碱精制、溶剂抽提、脱蜡、加氢、精制、白土处理等工艺处理而得到的滑油。合成滑油则是以动、植物油脂或石油为原料,通过有机合成方法,经一系列化学反应得到的具有一定化学成分的润滑油。在化学组成上,矿物油是以碳氢化合物为主的具有各种不同化学结构的烃类混合物,而合成油的基础油则是单一的纯物质或同系混合物。构成合成油的元素,除了碳、氢以外,还包括氧、硅、磷和卤素等,在碳氢结构中引入这些元素官能团是合成油的特征。由于分子结构远比矿物油中的烃类具有更大的适应性,因而合成滑油能满足一般矿物油达不到的苛刻要求。

合成滑油的分类方法有很多,从使用角度经常采取两种分类方法。

(1)按 98.9℃(210℉)时运动黏度分为:低黏度(3cSt*)、中黏度(5cSt)、高黏度(7.5cSt)。

(2)按使用温度分为:Ⅰ型油(-54 ~ +165℃),目前已发展至改良Ⅰ型油(-54 ~ +177℃)及Ⅰ 1/2 型 ~ Ⅱ型油(-54 ~ +204℃);Ⅱ型油(-40 ~ +220℃);Ⅲ型油(-18 ~ +260℃);Ⅳ型油(+16 ~ +315℃)。

当前,常用的高质量滑油主要包括美国Ⅰ型滑油(MIL-L-7808),Ⅱ型滑油(MIL-L-23699)和欧洲的合成滑油 1 型、2 型和 3 型等。美国的 MIL-L-27502 接近Ⅲ型油指标。

7.2.2 滑油的理化性能

航空滑油所规定的理化性能非常严格,主要包括密度、黏度、倾点和凝固点、酸值、水溶性酸、碱和腐蚀性、闪点等 12 项指标。

1)密度

我国采用的滑油密度随温度的变化可按式(7-1)进行计算:

$$\rho_t = \rho_{20} - \beta(t - 20) \qquad (7-1)$$

式中,ρ_t、ρ_{20} 为温度为 t 和 20℃时的滑油密度(g/cm^3);β 为随滑油不同而不同的系数;t 为滑油温度(℃)。

2)黏度

黏度是滑油的主要理化性能,也是各种滑油分类分级的指标,对质量鉴别和确

---

* 1 cSt = 10^{-6} m²/s。

定用途等有决定性意义。它表示滑油层与层之间相对运动时,滑油分子间摩擦力的大小,反映了滑油的流动性,黏度大则流动性差,黏度小则流动性好。

滑油的黏度直接影响油膜的生成能力和油膜的承载能力,黏度越大,滑油油膜的承载能力就越大。选择滑油时不但要考虑其承载能力,还要考虑其流动性。

通常使用动力黏度或运动黏度来度量,二者的关系为

$$\nu = \frac{\eta}{\rho} \tag{7-2}$$

式中,ν 为运动黏度(cm^2/s);η 为动力黏度($Pa \cdot s$);ρ 为密度(g/cm^3)。

一般碳氧化合物的黏度会随其相对分子量的增高、沸点的上升而增大。在一定温度范围内,碳氧化合物的黏度会随温度上升而下降,随温度下降而上升,但不同碳氧化合物的黏度随温度变化的比例都不相同。

滑油运动黏度与温度的关系为

$$\ln(\nu + A) = B + C\ln T \tag{7-3}$$

式中,T 为温度(K);A、B、C 为与滑油种类相关的系数。

矿物油和合成油的黏度随压力的变化规律一般是,压力每变化 100 MPa 黏度上升 10~20 倍。各种滑油的压力黏度变化顺序为:油脂<石蜡基油<混合基油<环烷基油。一般温度-黏度变化大的滑油,压力-黏度变化也大,温度降低 1℃的黏度增加量,大约相当于压力上升 3.43 MPa 造成的黏度增加量。压力上升则黏度系数增大,温度上升则黏度系数减小。

在压力较高时,滑油的黏度会成倍增加。在轴承和齿轮的接触区表面,润滑油膜中的压力会相当高,此时必须考虑压力对滑油黏度的影响。

$$\eta_p = \eta\exp(\alpha p) \tag{7-4}$$

式中,η_p、η 为压力为 p 和常压下的动力黏度;p 为压力(Pa);α 为压黏系数,在弹性流体动力润滑的压力范围内 $\alpha = (0.6 + 0.965\ln \eta) \times 10^{-3}(Pa^{-1})$。

3) 倾点和凝固点

在试验条件下,将油品冷却到失去流动性(即将油面倾斜 45°保持 1 min,油面不流动)的最高温度称为油的倾点或注点,它表示了油品的低温流动性。通常情况下,滑油在凝固点以前就会丧失其流动性,其倾点比凝固点高 2~4℃。

通常情况下,润滑油的最低使用温度必须比倾点高 5~10℃。

4) 酸值、水溶性酸、碱和腐蚀性

酸值是评定润滑油中有机酸含量的指标,以中和 1g 润滑油所需氢氧化钠(钾)的质量(毫克)表示该油的酸值。酸值在使用油品中,表示油的精制深度,以及在使用中氧化变质的程度。

水溶性酸、碱是指溶于油品中的无机酸和碱,以及低分子有机酸氧化物。它们来自加工精制过程中的不完善,或贮存、使用过程中的污染和浅度氧化。油中的水溶性酸、碱,会很快腐蚀机器设备,加速油品变质,降低油品绝缘性能。

在给定的条件下,将磨光的金属(钢、铜等)试片放在试油中,经过一定时间后取出金属片,通过观察其表面情况来判断油品是否有腐蚀性。

5) 闪点

润滑油的闪点是指在测定条件下,将滑油加热,所蒸发出的油蒸气与空气混合后达到一定浓度时,在与火接触的情况下产生短时闪火的最低温度。如果闪火时间延长达 5 s 以上,此时温度就达到燃点。依测定方法不同,闪点分为开杯闪点和闭杯闪点两种。开杯法结果一般比闭杯法高 20~30℃。

闪点是油品的安全性指标,也能反映油品中含轻质馏分油品的质量浓度。

6) 残炭

在不通入空气的条件下,对滑油加热,经蒸发分解生成焦炭状物质残余物的质量占滑油总质量的百分率称为残炭值。

油品的残炭,反映油品精制的程度。残炭值高的滑油在使用中更容易堵塞油路系统。

7) 抗乳化度

乳化变质会破坏油膜,产生泡沫,加速滑油变质失效。

在一定条件下使油和水混合并按规定搅拌使之乳化,再在一定温度下静置,使之重新两相完全分离所需要的时间,以分钟表示,称为抗乳化度。

8) 抗氧化安定性

润滑油在规定条件下,使之在金属容器内(或表面)加热(不隔绝空气或通以一定量的空气),最后观察油品的酸值变化、黏度变化、对金属的腐蚀及生成漆状物的情况。

抗氧化安定性是代表润滑油耐用性能的主要指标之一。

9) 耐热安定性

耐热安定性表示润滑油在无氧存在的条件下对热分解的抵抗性能。抗氧化安定性可通过加入抗氧化添加剂得到改善,但热安定性则很难通过添加剂改善。一般只有通过选择合成油分子结构和性质,或选用适当的原料及工艺方法来进行改善。

10) 抗泡沫性

润滑油使用中会产生泡沫使油膜破坏,影响润滑,增加磨损,使供油不足,或因泡沫溢出,而加速润滑油氧化变质。

为了改善抗泡沫性,可以采用加抗泡剂的措施,并严防水分、杂质进入。

11) 灰分

润滑油完全燃烧后剩下的残留物即为灰分。以占试油的质量百分率表示。灰分大说明油品在使用中易形成积炭和结焦。一般来说,灰分大的油,残炭也高。

12) 水分

表示油中含有水量的多少,以质量百分率表示。水分的存在会使油品质量变坏、容易发生腐蚀、容易生成气泡、降低油品绝缘性、引起添加剂水解及因结冰而堵塞管路等。一般来说,油中的水分主要来自储运过程中外界的污染。

7.2.3　滑油性能对发动机的影响

目前,推重比 8 以上的航空发动机仍以使用 Ⅰ、Ⅱ 型合成滑油为主,其性能对发动机设计有很大的制约作用,对发动机的设计造成影响。

1. 整体氧化安定性

所谓整体滑油温度,是指发动机内滑油停留时间最长的温度,通常就是滑油箱内的滑油温度。整体氧化安定性是指润滑油长时间暴露于氧化环境而出现可接受的品质降低(黏度、酸值变化,对金属的腐蚀及沉积形成等)的最高温度。显然,发动机中允许的滑油温度越高,则可以使发动机热壁面至滑油的温度梯度越小,使发动机传给滑油的热量减少。

这样设计的作用主要有:

(1) 可以简化隔热措施,或使用更小的滑油散热器,使发动机结构简单、重量减轻;

(2) 由于滑油散热器较小,可使滑油的冷却介质——燃油的温度也相应降低,减少了燃油的过度蒸发以及随之而来的着火危险,或者可以允许有较高的燃油初始温度,简化燃油系统的隔热措施、减轻质量;

(3) 可以减少发动机的循环滑油流量,从而减轻机械系统的部件质量。

例如,如果将滑油的整体氧化安定性温度从 227℃ 提高到 332℃,机械系统部件的质量可减少 12%。目前符合美军标 MIL‐L‐7808J 和 MIL‐L‐23699L 的滑油,其整体油氧化温度为 160~170℃。

2. 热点安定性

热点安定性是指滑油在发动机中接触的"热点"(发动机热壁面的温度)上生成漆状物和结焦沉淀的特性。它包含两方面的内容:一是要求滑油生成漆状物和结焦沉淀的起始温度要高;二是在"热点"区域,滑油生成漆状物和结焦沉淀的量要少。

发动机所用的滑油的热点安定性越高,则发动机中的滑油油池(轴承腔)和在热区的有关管路隔热要求就越低,从而可以简化结构和减轻质量;发动机零、部件因过量沉淀而要求的返修寿命就可以延长,轴承、齿轮、石墨封严装置因硬质沉淀而造成的磨损损坏就可以减轻,通气管和封严装置上的结焦减少也可使滑油渗漏的故障减少。在某种意义上讲,热点安定性比热氧化安定性更重要。热氧化安定性差时,还可以用缩短发动机的换油周期来弥补,而结焦性差的话,无论怎样换油都是无济于事的。

目前,现有滑油的热点温度一般不超过 400℃。

3. 自燃温度

滑油的自燃温度是指在有氧但无点火源的情况下,滑油点火燃烧倾向的度量。引起滑油自燃的条件包括:具有合适的滑油蒸气与空气混合物的浓度配比,油气混合物的滞留时间,以及火焰传播速度。只有同时满足这三个条件时才会发生自燃。为了封严和隔热,避免轴承腔内发生着火的危险,发动机都设计有内流空气系统。

欧盟给出的酯类油自燃温度约为 320℃;美国测得的自燃温度为 370~420℃。

4. 蒸汽压

现代军用和民用飞机均在较高的高度上飞行,使滑油的蒸汽压性能日渐重要。如果滑油的蒸汽压偏高,则会增大发动机的滑油消耗量;由于滑油蒸气与密封泄漏空气混合量增加,使自燃危险增加;可能会增加散热器的尺寸来冷凝滑油蒸气;可能使滑油箱内的泡沫过多;增大泵内空穴的可能性。

滑油在最高主体油温度时,蒸汽压与滑油消耗之间的关系为:在稳定主体油温度下,蒸汽压为 1 333 Pa 时的滑油消耗率比 267 Pa 时的高出一倍多。目前,大多数发动机规范规定:滑油消耗率的最高值为 0.56 L/h。酯类滑油在最高主体油温度(180℃)时的蒸汽压范围为 13~133 Pa。

由于滑油的上述限制,使得一些先进航空发动机(推重比 8 一级)在设计时不得不采用冷空气环绕轴承腔的设计。位于燃烧室和涡轮部位的轴承腔要采取热防护和隔热措施,轴承腔要采用高性能密封装置,并调整控制好轴承腔的密封挡油空气压力、温度。这样不仅会增加发动机结构质量和冷却空气消耗量,同时用于冷却的滑油量也会加大,使滑油系统组件质量增加。而且,即使采取了这些措施,热区轴承腔的滑油沉积和焦化现象也很难完全避免。

5. 黏温特性

随着发动机的技术发展,要求主轴轴承在与当前发动机同等寿命的条件下承受更高的温度、转速和应力。此时,为了保证轴承的可靠润滑,滑油的运动黏度必须不低于 $1.0 \ \text{mm}^2/\text{s}$。与此同时,发动机又要求具有良好的低温起动性能,同时不影响飞机的维护性、紧急状况下起飞的响应时间和发动机质量。为了迁就滑油研制的困难,只能放宽滑油的低温黏度指标,要求滑油在 -30℃ 时的运动黏度不得高于 $20\ 000 \ \text{mm}^2/\text{s}$。

7.3　航空发动机的滑油系统

航空发动机主轴轴承润滑冷却所需的滑油通过滑油系统来提供,如图 7 - 19

所示,因此主轴轴承的可靠性在很大程度上依赖于滑油系统的好坏。滑油系统的基本功能是向发动机中供给滑油,以减少包括轴承、齿轮等传动部件中运动对偶面的摩擦与磨损,防止其腐蚀和表面硬化,同时带走摩擦所产生的热量以及高温零件传给滑油的热量,带走对偶面间形成的硬夹杂物。此外,发动机中的滑油还可以用作各种自动装置(如空气螺旋桨叶、进口导流叶片的变矩机构、燃油调节附件等)的工作液。

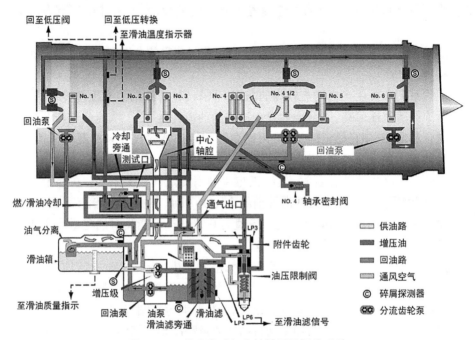

图 7–19　航空发动机主轴轴承及滑油系统

7.3.1　滑油系统的分类与系统组成

目前,大推力航空发动机普遍采用循环式滑油系统,通过供油泵将滑油从滑油箱抽出,供到发动机中完成润滑冷却过程之后,再使其返回滑油箱循环使用。带有独立滑油箱的滑油系统称为干槽式滑油系统,没有独立滑油箱而利用机匣作为油槽的称为湿槽式滑油系统。航空发动机中一般采用干槽式滑油系统。

与循环式滑油系统相对应的是全耗式滑油系统,或称开式系统,通常只由油箱以及将滑油供往轴承等部位的管路组成。当发动机工作时,在燃油或气体压力作用下,油箱中周期性地压出部分滑油,保证轴承等部件在一定时间内的可靠润滑。全耗式滑油系统没有回油系统,润滑过的滑油直接排出发动机外。全耗式滑油系统不需要滑油散热器、回油泵和滑油滤等结构,因而构造简单、质量轻,一般只用在工作时间较短的发动机上。

以下仅介绍目前大推力航空发动机普遍采用的干槽再循环式滑油系统。

1. 滑油系统的分类

按循环性质划分,干槽再循环式滑油系统又可分为调压式滑油系统和全流式滑油系统两种。

调压式滑油系统如图 7 - 20 所示。在该系统中,通过将供油路中的滑油压力限制到给定的设计值来控制向轴承供应的滑油流量。滑油压力由调压活门控制,当超过设计值时,会使滑油从增压泵出口回油。在发动机正常工作转速下,滑油系统能提供恒定的供油压力。

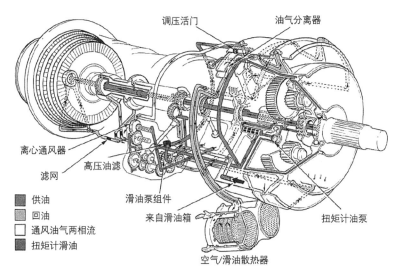

图 7 - 20 调压式滑油系统

全流式滑油系统如图 7 - 21 所示,该系统不使用调压活门。滑油压力由增压泵转速、滑油喷嘴尺寸、轴承腔压力共同决定,并随工作状态变化而改变,从而保证发动机在各个状态下的滑油压力和流量要求,特别是高功率状态的要求。滑油系统中设置有释压活门,以防滑油压力过高而损坏管路和机件。此外,滑油系统还可以分为单回路系统和双回路系统。在单回路系统中,增压泵前没有辅助增压泵。依据滑油散热器在循环系统中所处的位置不同,单回路循环滑油系统又可分为单回路正向循环式和单回路反向循环式两类。

1)单回路正向循环式滑油系统

将滑油散热器安装在回油路上的滑油系统称为正向式滑油系统,如图 7 - 22 所示。这时滑油箱中的滑油温度较低,称为冷油箱。

2)单回路反向循环式滑油系统

将热交换器安装在供油路上的滑油系统称为反向式滑油系统,如图 7 - 23 所示。这时滑油箱中的滑油温度较高,称为热油箱。

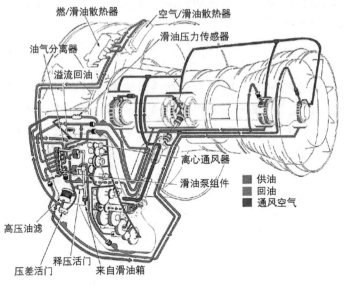

图 7-21　全流式滑油系统

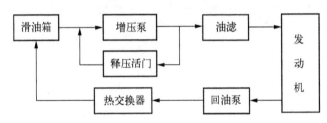

图 7-22　单回路正向循环式滑油系统

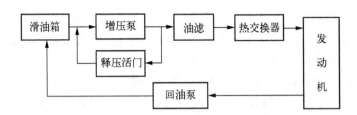

图 7-23　单回路反向循环式滑油系统

单回路反向循环式滑油系统的特点是：用于润滑和冷却的滑油全部返回滑油箱；散热器安装在供油路上；滑油中的气体少，便于传热，散热器的尺寸小；供油压力由调压活门保持为一恒定值；系统具有较好的工作性能和高空性能。

3) 双回路滑油系统

双回路(正向循环)滑油系统如图 7-24 所示。由于绝大部分循环回油绕过滑油箱，直接流到增压泵进口，可以加速滑油的预热，减少发动机暖车时间从而缩短飞机的起飞准备时间,减少发动机的非生产使用时间和油料的消耗。同时,由于在供油路中装有辅助供油泵,从而保证了在增压泵进口具有一定的剩余压力,避免了增压泵进口形成气塞的可能性,使滑油系统具有更好的高空性。

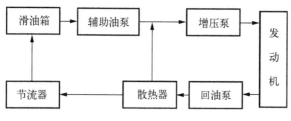

图 7-24　双回路滑油系统示意图

目前民用航空发动机的滑油系统多为单回路全流式反向循环系统,如CFM56-3、RB211-535 和 V2500 等。

2. 循环系统的组成

航空发动机滑油系统主要包括存储系统、分配系统和指示系统三部分。

存储系统主要包括滑油箱组件,用于滑油的存储。

分配系统分为供油系统、回油系统和通风系统三个子系统。供油系统将一定压力、流量的滑油送到需要润滑的区域,如轴承腔、附件齿轮箱等。这一任务主要由供油泵来完成。在供油系统中还有保持滑油清洁的油滤,以及控制不同区域供油量的限流装置和喷油嘴等。回油系统的作用是将润滑后的滑油尽可能快地送回滑油箱,这样既可充分利用油箱中的滑油,又可以减少滑油在轴承腔等高温部位的停留时间。通风系统则是将轴承腔、滑油箱和附件齿轮箱等连通在一起,然后经过油气分离装置后与外界大气连通,将多余的空气从发动机内部排出,保证轴承腔、齿轮箱和滑油箱内部的压力维持在一定范围内。

指示系统主要用于指示和监控滑油系统的工作情况,监控的参数主要包括滑油压力、滑油量、滑油温度和滑油碎屑等。当压力或温度超过警戒值时,告警系统会向驾驶员发出告警信息,以便采取相应的排故措施。

7.3.2　滑油系统的主要部件

下面介绍目前大推力涡扇发动机中常用的干槽循环式滑油系统的主要组成部件。

1. 滑油箱

现有航空发动机多数为干槽式滑油系统,有独立的外部滑油箱,用于存放滑油,如图 7-25 所示。

滑油箱的技术要求主要包括:

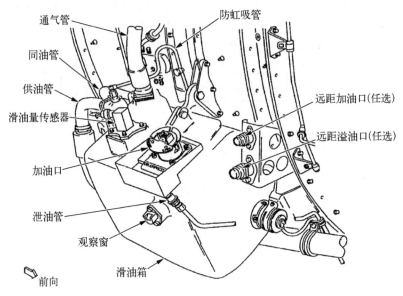

图 7-25　滑油箱

　　(1) 膨胀空间。滑油箱应留有一定的膨胀空间,这是因为使用过的滑油温度会升高,使体积膨胀,同时流动过程中会产生一些泡沫使滑油体积变大。美国联邦航空局(FAA)规定,膨胀空间应为 0.5 加仑(1 加仑 = 0.003 8 m³)或滑油箱容积的10%,取两者中较大的数值。

　　(2) 注油口。注油口分为重力注油口和压力注油口两种,在注油口的口盖上应标注"滑油(或 oil)"字样。

　　(3) 滑油量标尺。滑油箱内应有滑油标尺或观察窗,便于了解滑油箱内的滑油量。油箱内还要有传感器来测量滑油量,并在驾驶舱仪表上指示。

　　(4) 放油孔。在滑油箱底部应有放油孔。

　　(5) 油气分离器。滑油箱中通常会装有油气分离器,将回油泵抽回的油气混合物中的空气分离后排出。有些滑油箱会在排气管处安装增压阀,使停车后油箱内的压力略高于环境压力,有利于发动机起动时向供油泵供油。

　　图 7-26 为 CFM56-5C 发动机的滑油箱[3]。典型的滑油箱有 3 个与滑油系统的接口,包括增压泵供油管路、回油泵管路以及通风管路。滑油箱一般安装在风扇机匣或附件齿轮箱上,否则容易影响滑油箱的维修可达性。

　　滑油箱的容量主要取决于发动机的大小,例如,CFM56-7B 的滑油箱为 22 L;PW4000 的滑油箱为 35 L;GE90 的滑油箱为 26 L。

　　2. 滑油泵

　　如图 7-27 所示,航空发动机使用的滑油泵多为齿轮泵。齿轮泵又分为经典

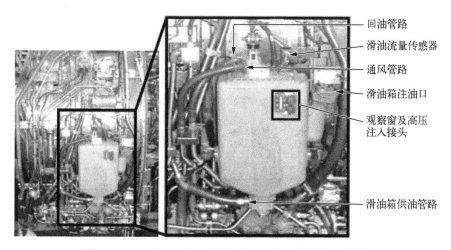

回油管路

滑油流量传感器

通风管路

滑油箱注油口

观察窗及高压
注入接头

滑油箱供油管路

图 7 - 26　CFM56 - 5C 发动机风扇机匣左侧的滑油箱图

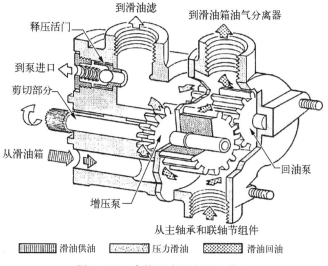

到滑油滤

到滑油箱油气分离器

释压活门

到泵进口

剪切部分

从滑油箱

回油泵

增压泵

从主轴承和联轴节组件

▓▓▓ 滑油供油　▭▭ 压力滑油　▒▒▒ 滑油回油

图 7 - 27　齿轮泵式滑油泵组单元

平行轴齿轮泵和摆线型同轴齿轮泵两种。

　　滑油泵分为供油泵和回油泵。供油泵的作用是对滑油增压,又称为增压泵,而回油泵的作用是抽回滑油。通常在一个滑油系统中会有 1 个增压泵,4~6 个回油泵,1 个回油泵对应 1 个回油池,即轴承腔。这些滑油泵可以分开放置,也可以集成在一起成为一个单元,安装在附件齿轮箱的底座上。GE 和 CFM 公司的发动机滑油泵和油滤通常集成在一个组件上,统称为润滑组件,如图 7 - 28 所示。回油泵入口或泵的上游回油管路上安装有金属碎屑检测的磁性碎屑探测器,便于发动机维护。

高压油滤

回油滤

附件齿轮箱

磁屑探测器手柄

图 7-28　CFM56-5A 发动机的润滑单元

回油温度较高且有泡沫,使回油滑油的流量远大于供油流量,因而要求回油泵的容积和能力要远大于供油泵。一般回油泵的容积至少要大于供油泵容积的两倍。

3. 滑油滤

滑油滤的作用是过滤滑油中的屑末微粒,保证供应到轴承的滑油干净清洁。

滑油滤分为网状油滤、杯形油滤、螺纹式油滤和篦齿型油滤四种。油滤的标尺是微米(μm)或目,$1\ \mu m=1\times10^{-6}\ m$,目是指 $1\ in^{2*}$ 面积内网眼的数目。

如图 7-29 所示,主滑油滤由壳体、滤芯 5、滤心座 6、旁路活门 3、单向活门 2、放油口 8 等组成。

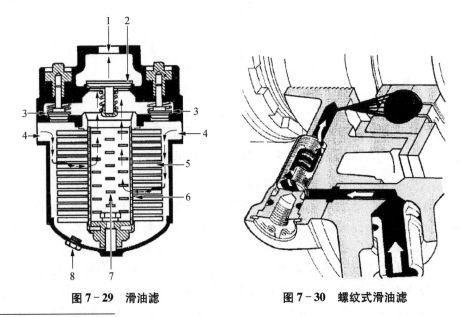

图 7-29　滑油滤　　　　图 7-30　螺纹式滑油滤

* 1 in=2.54 mm。

　　在滑油系统的供油路和回油路上都装有滑油滤,安装在供油泵后的滑油滤又称为高压油滤。螺纹式油滤(图7-30)常作为滑油喷嘴前的最终油滤,用于防止喷嘴堵塞。由于最终油滤装于发动机内部,因此只能在发动机翻修时更换。

　　4. 燃/滑油散热器

　　如图7-31所示,燃/滑油散热器的功能是冷却滑油并加热燃油。除了用燃油冷却滑油外,还可以用冲压空气来冷却滑油。所以滑油散热器分为空气/滑油散热器和燃/滑油散热器两种。与相同冷却能力的空气/滑油散热器相比,燃/滑油散热器体积更小,不需要暴露在空气中,而且在地面运行时也有效。有些发动机的滑油系统在低燃油流量运行时,需要额外的空气冷却来控制滑油和燃油的温度。

　　燃/滑油散热器由壳体、蜂巢结构、旁路活门、滑油温度传感器等部件组成。图7-32为V2500发动机上使用的燃/滑油散热器。

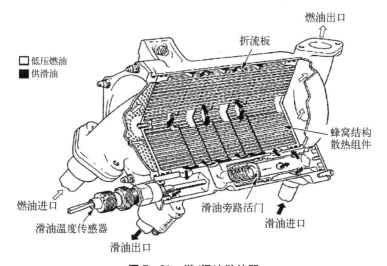

图7-31　燃/滑油散热器

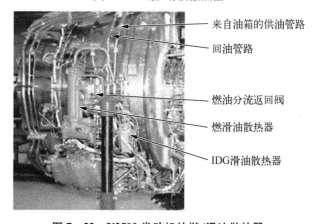

图7-32　V2500发动机的燃/滑油散热器

5. 油气分离器和离心通风器

　　工作后的滑油会含有大量气泡,相应的体积会增大数倍,因此需要通过油气分离器,去除回油中的气泡、蒸汽,防止供油中断或破坏油膜,减少滑油消耗。同时,为了防止滑油箱、齿轮箱和轴承腔中的压力过高或过低,滑油系统中还有通风系统,在通风空气流出发动机之前将其中的油雾分离出来,减少滑油消耗量。

　　如图 7-33 所示,通风器由工作叶轮、轴、传动齿轮、密封套和出口接头组成。图 7-34 展示了 V2500-A5 发动机齿轮箱上的油气分离器和通风空气出口。

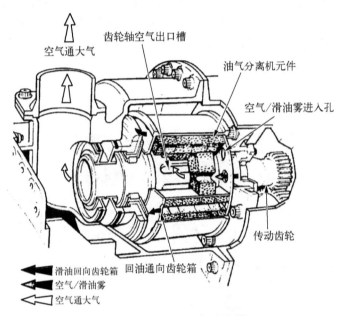

图 7-33　离心式油气分离器

图 7-34　V2500-A5 发动机附件齿轮箱上的油气分离器

6. 指示系统

滑油指示系统主要包括有滑油温度、滑油压力和滑油消耗量、压差电门和警告灯。这些参数均会在驾驶舱显示。

7. 磁性金属屑探测器

磁性金属屑探测器通常安装在回油路上,可以吸附尺寸范围为 0.02~1 mm 的金属碎屑,用于探测轴承和齿轮的磨损情况,如图 7-35 所示。比磁性碎屑探测器更复杂的是电子监测碎屑探测器,如图 7-36 所示。这种碎屑探测器有两组磁铁,磁铁之间的阻抗由 FADEC 计算机进行监视。

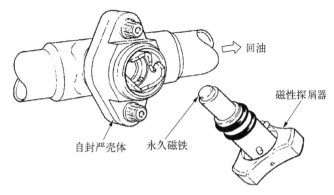

图 7-35　磁性金属屑探测器

图 7-36　CFM56-5C 发动机的电子监测碎屑探测器

7.4　轴承腔设计

航空发动机轴承腔是指包容发动机主轴轴承的容腔,通常由承力机匣、主轴轴承支承结构、滑油供油与回油管路、密封装置结构及通风管路等组成。有的轴承腔内还包括中央传动结构与连接附件传动机匣的主传动杆等。轴承腔的功能是保证主轴支点轴承正常、可靠的工作,将轴承所受的轴向、径向载荷传递出去,同时保证腔内滑油不外泄。目前轴承腔大都采用干油池设计,即滑油不能在腔内产生积存。

轴承腔需要通过封严装置与外界气流通道隔离开,防止滑油漏入气流通道,同时阻止高温燃气向轴承腔内泄漏,避免滑油结焦或着火,如图 7-37 所示。一个轴承腔内可以有一个或多个轴承。

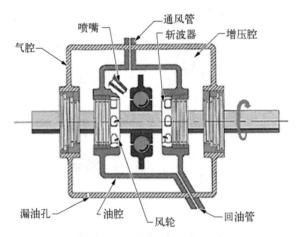

图 7-37 轴承腔结构示意图

7.4.1 轴承腔的设计准则

在轴承腔设计过程中,需要考虑以下因素:

(1) 要有足够的轴承支承刚性。

能够承受和传递发动机转子在该支点处的径向、轴向载荷,包括由转子不平衡引起的振动载荷、由转子热弯曲引起的振动载荷、由压气机喘振引起的振动载荷,以及飞行引起的机动载荷和叶片甩出引起的动载荷等。在确定轴承及支承结构尺寸时,需要根据上述各种载荷进行强度和刚度计算分析,特别注意工作温度和离心力的影响。此外,轴承内、外圈的配合应符合轴承的设计要求。

(2) 轴承腔应为干油池设计。

干油池设计有利于减少滑油消耗量,避免积油,从而减少滑油搅拌损失及高温环境对滑油的加热。为此,要求滑油系统的回油能力应足够大,保证供至轴承腔的滑油能及时抽走。通常设计的轴承腔回油能力至少要比供油大 3 倍,有的可能多达 10 倍。

(3) 轴承腔体结构利于回油。

在轴承腔中,滑油受到的力主要包括重力、旋转离心力、密封气流的作用力、腔压作用力和回油泵的抽吸力等,且随轴承腔结构不同而差异很大。考虑到重力的影响以及发动机低速状态时的回油,一般将回油管接在轴承腔集油槽的下部。对于较小尺寸的轴承腔,离心力的影响较大,回油会以较高的速度沿壁面流动,此时回油管可设在与轴承腔相切的位置。此外,应避免回油与高速旋转件接触,否则可能因高速搅拌而使滑油温度升高。图7-38为几种不同构型的轴承腔回油结构[4]。

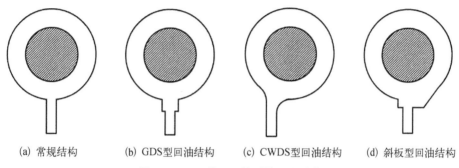

(a) 常规结构   (b) GDS型回油结构   (c) CWDS型回油结构   (d) 斜板型回油结构

图7-38 几种不同构型的回油结构

为了减少泵前阻力,应尽量增大泵前回油管的尺寸,同时保持回油速度不超过 0.6 m/s,以减少管路损失并防止回油泵气蚀。为了避免停车后滑油温度升高造成滑油积炭,在系统设计时可设置一个压力感受开关,使供油压力低于某值时即中断供油(先断油后停车)。

(4) 轴承腔壁应光滑,不应有任何突然缺陷,以免积存污物和金属屑,有利于磁堵探测器真实反映轴承的磨损情况。

(5) 腔内通风管应稍凸出于轴承腔内壁,防止滑油或碎屑进入通风管。

(6) 防止滑油结焦与着火。现代发动机热区轴承腔设计要进行轴承腔温度场计算分析和着火安全性评估,以确定适宜的热防护和隔热措施。

轴承腔回油设计总原则是,使滑油以最短的时间和路径向回油口集中。

当采用接触式封严时,由于进入轴承腔的气体量较少,回油效率会受到影响,可以考虑通过增大回油泵能力或提高腔压的方式来解决。当采用非接触式封严装置时,如果进入轴承腔的气体量过大,可以采用轴心通风,将离心通风器安装到空心主轴内,如CFM56(图7-39)、F110等。

7.4.2 轴承腔油气两相流与换热

随着航空发动机不断地向大推力、高推重比和高涡轮前温度的方向发展,轴承腔所处的气体环境和结构温度越来越高。在滑油系统中,轴承腔高温最有害的影响之一是可能造成滑油在轴承腔内的结焦与着火。造成高温的原因主要包括:

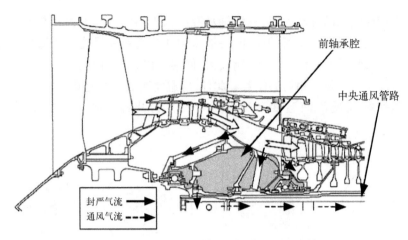

图 7 - 39   CFM56 前轴承腔及中央通风系统

（1）故障或应急情况下引起的滑油供给中断，轴承腔冷却不足使温度升高；

（2）密封装置损坏或严重磨损，导致密封热空气大量进入轴承腔；

（3）轴承腔壁的隔热结构被破坏，使热燃气流对暴露的轴承腔壁传热增加；

（4）设计不合理造成滑油-空气混合物在轴承腔内停留时间过长。

上述情况出现时，轴承腔内易燃的滑油-空气混合物就可能自燃或被外界火源点燃，造成轴承腔滑油着火和严重结焦。因此，在热区轴承腔设计时，必须对轴承腔进行热分析和着火安全性分析。

轴承腔内是复杂的油气两相流状态，润滑和冷却主轴轴承后的滑油在高速旋转轴的作用下甩入轴承腔，在腔内气相介质的阻力以及自身表面张力的共同作用下，形成不同直径的油滴，并以很高的速度飞向轴承腔内壁面。油滴与壁面发生碰撞，部分沉积在内壁面上形成复杂的油气两相流油膜，部分则形成二次油滴回到气相介质场中。油膜则在腔内空气、壁面剪切力以及重力的共同作用下沿壁面流动。图 7 - 40 为滑油在轴承腔内的流动过程示意图[5]。从滑油在轴承腔内的流动过程可知，沉积在轴承腔内壁面上的滑油不但吸收了高速滚动轴承内部的摩擦和滑油搅拌热，而且还要与腔壁发生对流换热。

为了避免滑油在轴承腔内壁流动过程中因超温而发生结焦或着火，需要对轴承腔内的油气两相流动状态进行分析，作为轴承腔壁面换热及轴承腔热分析的基础。如图 7 - 41 所示，

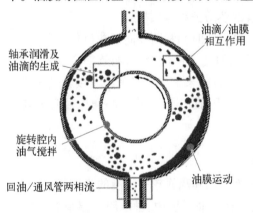

图 7 - 40   轴承腔中的物理现象

油滴撞击到轴承腔壁面上后会发生黏附或者飞溅等现象,并形成油膜。油膜在固体壁面表面流动过程中将会与空气、油滴、固体壁面发生相互作用,包括油膜表面空气剪切力、滑油表面蒸发、液滴/油膜碰撞作用、空气/油膜/壁面换热、油膜的分离等[6]。

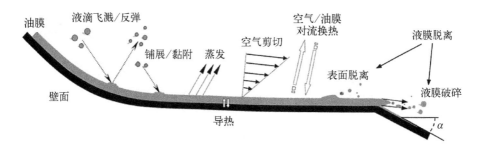

图 7-41　壁面油膜流动物理现象

7.4.3　轴承腔密封

轴承腔密封的主要功能是将发动机转子系统的轴承腔与发动机的气流环境有效隔离,保护轴承和滑油免受高温气流环境的损害,同时防止滑油漏出轴承腔外。通常会从压气机的适当部位引入空气,对轴承腔外进行密封增压,通过向轴承腔内发生很小的空气泄漏流动,来防止滑油泄漏。对于热区轴承腔,还会引入适宜压力和温度的增压空气来环绕轴承腔,对高温气体进行吹除和隔离,防止轴承腔过热造成滑油温度超温,如图 7-42 所示。

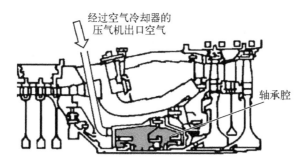

图 7-42　V2500 发动机的中间轴承部件冷却

目前,常用的轴承腔密封装置分为接触式密封和非接触式密封两类,前者主要包括石墨密封和端面密封,如图 7-43 所示,后者主要为篦齿密封,如图 7-44 所示。刷式密封是作为篦齿密封的换代设计产生的,如图 7-45 所示,由刷环和转子通过接触配合实现密封,其泄漏量只有传统篦齿密封的 10%~20%。

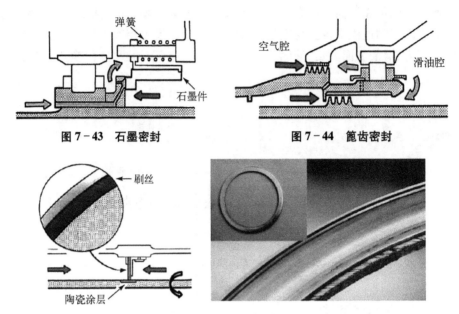

图 7–43　石墨密封　　　　　　　　图 7–44　篦齿密封

图 7–45　刷式密封

目前先进航空发动机开始大量采用刷式密封代替篦齿密封[7]。研究表明,只将发动机中一处或几处关键部位的篦齿密封改用刷式密封,就可以使发动机的推力提高 1%~3%,燃油消耗率下降 3%~5%。

密封装置的设计和选择需要根据其在发动机中的部位来确定,并与发动机相关部件,如空气系统、轴承腔、滑油系统等进行交叉设计,反复协调。在设计过程中,需要对以下要素进行考虑。

1) 对发动机性能方面的考虑

在同样压差下,篦齿密封的空气泄漏率比接触式密封高 10 倍以上。以总压比为 25 的大涵道比民用发动机为例,从高压压气机出口到高压涡轮进口之间的轴承腔如果采用三级篦齿密封,整个系统的空气泄漏率约占发动机核心机流量的 0.88%。而如果改用端面密封与篦齿密封组合,则可以将空气泄漏率降到 0.60%。图 7–46 为 PW4084 发动机 4 号轴承腔用刷式密封取代了篦齿密封,显著降低了密封系统的泄漏。

2) 对轴承和滑油系统方面的考虑

密封装置大的空气泄漏率还会带来轴承腔大的通风量,导致滑油消耗量增大,以一种中型民用发动机为例,在海平面起飞状态下,采用篦齿密封的通风量可能超过 0.084 m³/s,而采用碳石墨接触式密封的通风流量仅为 0.014 m³/s,前者的滑油消耗量可以达到后者的 3~6 倍。过多的轴承腔密封泄漏还会使更多的空气夹杂物进入轴承腔,损坏轴承与滑油系统构件。

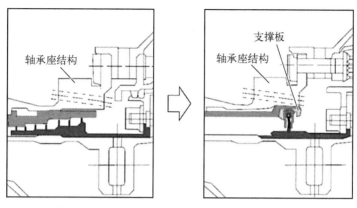

图 7 - 46　发动机中篦齿密封更换为刷式密封结构

在热量流动方面,接触式密封空气泄漏少,因而带入轴承腔的热量也少,但其本身会摩擦产热,因此需要滑油进行冷却。而篦齿密封本身发热量少,但通过密封装置的泄漏空气携带的热量较多。

3）对可靠性、维护性和耐久性方面的考虑

篦齿密封的可靠性和寿命较好,即使齿尖与对偶表面发生磨损或轻微损伤,也易于修复。现代航空发动机的篦齿密封普遍采用小间隙设计,并在对偶表面设置可磨损涂层。随着磨损间隙增大,篦齿密封的性能会逐渐退化,导致通风流量增加,滑油消耗量增大,甚至引起提前更换发动机。对亚声速民用发动机,由于压力和温度变化范围窄,载荷变化平稳,密封间隙较易控制,所以可以充分发挥篦齿密封可靠性高、寿命长、维护性好的优点。

对于接触式密封,由于必然存在摩擦与磨损,因此寿命有限,到一定限度就必须更换。接触式密封的泄漏低,而且在限定范围内不易随磨损而改变,相比篦齿密封具有较好的密封完整性。对于战斗机发动机,由于压力和温度变化范围宽且变化剧烈,机动飞行载荷大,且对耐久性要求低,所以较多采用接触式密封。

4）对质量、尺寸和成本方面的考虑

对低压、低温条件下的应用,篦齿密封系统简单、质量和尺寸小、成本低。

对高压、高温条件下的应用,篦齿密封系统需要三级甚至四级密封,导致增压引气、轴承腔通风及系统向机外放气的负担大增,使系统变得庞大、笨重、成本高。相比之下,接触式密封尤其是端面密封,就具有尺寸小、重量轻、成本低等优势。

思考题

1. 主轴轴承的几种润滑方式是什么？
2. 环下润滑相比喷射润滑的优势是什么？以及环下润滑的三种结构形式。

3. 请简述滑油的理化性能及其对发动机的影响。

4. 请列举滑油系统的分类及主要部件。

5. 轴承腔两相流分析的目的及其对保证主轴轴承正常工作的作用是什么?

参考文献

[1] FLOUROS M, HIRSCHMANN M, COTTIER F, et al. Active outer ring cooling of high loaded and high speed ball bearings[C]. Copenhagen: ASME Turbo Expo 2012: Turbine Technical Conference and Exposition, 2012.

[2] CAGEAO P P, SIMMONS K, PRABHAKAR A, et al. Assessment of the oil scoop capture efficiency in high speed rotors[J]. Journal of Engineering for Gas Turbines and Power, 2019, 141(1): 012401.

[3] LINKEDIESINGER A. Systems of commercial turbofan engines[M]. Berlin: Springer Berlin Heidelberg, 2008.

[4] 任国哲. 基于油气两相流的航空发动机轴承腔流动换热研究及回油结构改进设计[D]. 西安: 西北工业大学, 2016.

[5] 胡剑平, 任国哲, 易军, 等. 轴承腔内壁与油膜换热的数值模拟与试验[J]. 航空学报, 2017, 38(9): 138 - 148.

[6] 赵静宇, 刘振侠, 胡剑平, 等. 考虑油气传热传质耦合的轴承腔内壁油膜运动研究[J]. 推进技术, 2014, 35(7): 973 - 980.

[7] 张元桥, 刘璐园, 马登骞, 等. 迷宫刷式密封泄漏特性的实验和数值研究[J]. 工程热物理学报, 2020, 41(10): 2411 - 2419.

第 8 章
主轴轴承的材料与失效

【学习要点】

  掌握：主轴轴承防止打滑蹭伤的常用技术措施。

  熟悉：主轴轴承的常用结构材料，主轴轴承的几种主要失效模式。

  了解：主轴轴承的几类重要试验和试验器。

  航空发动机"高温、高速、高载荷"的工作特点要求所使用的滚珠轴承和滚棒轴承需要在更高载荷下工作,能承受更高的温度且具有更好的断裂韧性,这对轴承材料提出了持续的性能发展要求。目前,针对航空发动机主轴轴承已发展了多类具有特殊性能的轴承材料,如图 8-1 所示。

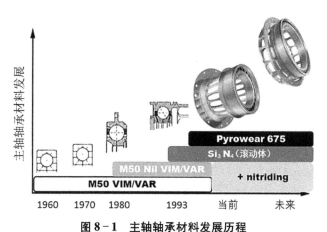

图 8-1　主轴轴承材料发展历程

8.1　主轴轴承结构材料

  航空发动机主轴轴承最初使用的材料以轴承钢为主,经过几十年发展,轴承钢材料性能取得了巨大的进展,满足了历代高性能航空发动机对主轴轴承的性能要求。近年来,陶瓷材料开始越来越广泛地应用到轴承结构特别是轴承滚动体,展现了明显的性能优势。

8.1.1 轴承钢材料

目前,国外已发展了一系列高温轴承钢,为了保证轴承正常工作,内、外圈与滚动体的材料硬度不能低于 HRC58,否则轴承会出现"压伤"损坏。但是,工作温度的升高会使材料硬度下降,如图 8-2 所示。以 SAE52100 轴承钢为例,当工作温度超过 175℃时,硬度就会低于 HRC58,无法适应发动机主轴轴承的要求。

1. M50 系列

多年来国外用于航空发动机主轴轴承的材料主要是 M50,之后在 20 世纪 80 年代,又在 M50

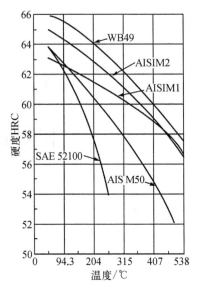

图 8-2 几种轴承材料硬度随温度的变化

基础上发展了 M50-NiL[1],即在 M50 的成分中,增加了镍(用 Ni 表示),降低了碳的含量(用 L 表示),为一种表面渗碳钢。表 8-1 列出了 M50 与 M50-NiL 两种材料的主要成分。

表 8-1 M50 与 M50-NiL 的主要成分

成分\材料	C	Si	Cr	V	Mo	Ni
M50	0.83	0.25	4.10	1.00	4.25	—
M50-NiL	0.13	0.18	4.10	1.20	4.25	3.40

M50-NiL 除了具有 M50 所具有的特性外,还由于是渗碳钢,其表面硬度可达 60~64 HRC,渗碳层深度约为 0.3~1.5 mm,渗层底部硬度约为 58 HRC,中心部分的硬度最高约为 48 HRC。

不同于 M50 的表面与中心部分硬度一致,M50-NiL 由于中心硬度低,使其断裂韧性比 M50 高出 1.5 倍。另外,M50-NiL 的表层内还具有较大的残余压缩应力,有利于提高轴承的疲劳寿命,但是采用 M50-NiL 作轴承内、外圈时,易造成保持架引导面的磨损。为此,需要在保持架引导面上镀 TiN 层。

M50-Nil 钢的改进型是 M50 Super Nil 钢,其断裂韧性为 M50 钢的 4 倍,M50 Super Nil 钢和 M50-Nil 钢是同一种材质经不同工艺而形成的,在同样的表层深度下,M50 Super Nil 钢的残余压应力要比 M50-Nil 的高。Harris 比较了 M50、M50-Nil 和 M50 Super Nil 钢的一些性能发现,M50 钢轴承的 DN 值不能超过 $2.4×10^6$,

M50-Nil 钢轴承 *DN* 值可达 3×10^6，而 M50 Super Nil 钢轴承的 *DN* 值可以高达 4×10^6。M50-Nil 钢轴承的另一种改进是在套圈滚道镀上薄而硬的致密铬层（TDC），TDC 层提供了非常好的抗腐蚀和抗鳞剥能力。试验研究发现，M50-Nil 钢镀 TDC 铬层轴承的寿命可以比 M50 钢轴承提高 4 倍左右。

2. Cronidur30 轴承钢

德国常用的轴承钢型号为 440C 和 52100，之后德国公司 FAG 开发了一种新型轴承钢 Cronidur30，与 440C 和 52100 相比最大的区别在于降低了钢中的碳含量并增加氮含量，以提高耐蚀性和持久寿命，同时不增加太多的生产成本。该钢的韧性、耐蚀性及疲劳性能均优于轴承钢 52100，用这种钢制造的轴承寿命可高出常规轴承寿命的 4 倍左右。用 Cronidur30 制造的轴承已经成功应用于 NASA 的航天飞机和民航客机上。

3. Pyrowear675

Pyrowear675 最初是由 Carpentert 技术公司为行星齿轮研制一种新型高温耐腐蚀合金钢，要求材料具有较高的表面硬度和耐磨性、良好的固有耐腐蚀性、无须涂层或电镀、良好的疲劳寿命和耐热性、良好的内部冲击韧性、延展性和断裂韧性等性能。通过表面渗碳，使得表面和内部属性都达到了性能要求。该种材料优异的性能使其可以完全胜任目前 M50 或 M50NiL 等材料的应用场景。

8.1.2　陶瓷轴承材料

陶瓷轴承具有长寿命、耐高温、耐腐蚀和超高速等优异的综合性能，已经在航空航天及装备制造领域中得到广泛应用。

目前已开发的陶瓷材料有氮化硅（Si_3N_4）、碳化硅（SiC）、碳化钛（TiC）、氧化锆（ZrO_2）、氧化铝（Al_2O_3）及纤维增强玻璃与玻璃陶瓷基复合材料等。表 8-2 为工业陶瓷和轴承钢的典型特性对比。

表 8-2　工业陶瓷和轴承钢的典型特性对照表

典 型 特 性	氮化硅	碳化硅	氧化铝	氧化锆	轴承钢
密度/（kg·m^{-3}）	3 250	3 100	3 900	5 900	7 800
弹性模量/GPa	310	420	390	205	210
抗压强度/MPa	>3 500	2 000~2 500	2 000~2 700	2 000	…
断裂模量/MPa	700~1 000	500	300~500	600~900	—
维氏硬度/GPa	14~18	20~24	16~20	10~13	8
韧性/（MPa·m$^{1/2}$）	5~8	2~4	3~5	6~12	14~20
热膨胀系数（$\times10^{-6}$）/K^{-3}	4	8	10	12	—
热传导率/（W·mK^{-1}）	20	100	30	2	30

典 型 特 性	氮化硅	碳化硅	氧化铝	氧化锆	轴承钢
比热/$(J \cdot kg^{-1} \cdot K^{-1})$	800	700	880	400	450
温度上限/K	1 050	1 250	1 250	750	400~600
抗冲击能力	高	高	低	中等	很高
接触疲劳失效	剥落	断裂	断裂	剥落/断裂	剥落

目前轴承使用的陶瓷材料主要是氮化硅(Si_3N_4),与高温轴承钢及其他陶瓷材料相比,氮化硅陶瓷材料具有更优异的特性。氮化硅(Si_3N_4)等精细工程陶瓷具有密度低、硬度高、抗压强度高、稳定性好、耐高温、抗磨损、抗腐蚀、抗冷焊、电绝缘和不导磁等优点,该类材料轴承可广泛用于真空、高温、高速、低温、腐蚀、要求不导磁、不导电和防冷焊等工况,还可适用于瞬时无润滑等特殊工况,且对润滑剂污染敏感性小,适应性广泛。特别是陶瓷与钢的动静摩擦系数小,不易烧伤滚道或发生冷焊,在恶劣工况下能够显著延长轴承的使用寿命。

但是,这些材料的一些其他特性也对轴承设计提出了新的问题,如氮化硅与钢相比弹性模量很高而热膨胀系数很低。虽然氮化硅的抗压强度很高,但其抗拉强度仅为 M50 钢的 30%。其断裂韧度与 M50 相比也很小,与 M50-NiL 相比就更小了。此外,虽然在重载滚动接触条件下,氮化硅材料比钢的疲劳寿命更长,但它也会因表面疲劳而失效。特别是连续运转时,表面上的任何缺陷都会使其表面迅速破碎。因此,要将陶瓷材料应用于滚动轴承特别是套圈,还有很多问题需要解决。

图 8-3 氮化硅混合陶瓷球轴承

目前,航空发动机主轴轴承采用的陶瓷轴承主要是采用陶瓷球体的混合球轴承,如图 8-3 所示。轴承内外圈材料为轴承钢(GCr15)或不锈钢(9Gr18),陶瓷球体主要有氮化硅(Si_3N_4)、氧化锆(ZrO_2)、氧化铝(Al_2O_3)等。

据公开资料介绍,在要求高性能的轴承应用领域,氮化硅陶瓷球被认为具有最佳的机械物理综合性能。在高温环境下,轴承钢球很容易丧失其硬度和强度,而氮化硅陶瓷球在 400℃ 时仍可完全保持其原有硬度,只在达到 800℃ 时,其硬度和强度才开始出现明显下降。而且,即使发生轴承失效,也是以类似于轴承钢球失效的方式,即局部剥落方式发生,而其他类型的陶瓷材料则会以灾难性的碎裂方式损坏,这种情况在航空轴承领域是绝对不允许的。同时,轴承中的陶瓷球具有无油自润滑属性,摩擦系数很小,可以达到很高的转速,是一般金属轴承转速的 1.5 倍以上,能够满足发动机加大推力和提高燃烧效率的需求。

因此,碳化硅混合陶瓷球轴承被认为极其适合航空发动机运行时的极端情况,是目前用于高速运转领域的最佳选择。

8.1.3　保持架材料

滚动轴承保持架的功能是使滚动体之间保持适当的间隔。航空发动机主轴轴承和辅助轴承要求保持架材料为 AISI4340 钢(AMS6414 或 AMS6415),硬度范围为 26~35 HRC。为了使保持架具有一定的耐腐蚀性能和附加的润滑能力,常会在保持架表面镀银(AMS2410 或 AMS2412)。

保持架可以由多种材料制造,包括铝、S 镍钢合金、石墨、尼龙和铸铁等,但主要采用的是黄铜或钢。在球轴承或某些滚子轴承中,还可以采用塑料保持架。

对保持架材料的要求如下:

(1) 足够的强度和刚度及必要的弹性和韧性;

(2) 足够的耐磨性,同时与套圈或滚动体的摩擦系数要小;

(3) 高温尺寸稳定性;

(4) 较高的比强度。

1. 金属保持架

在高速轴承中,经常由于保持架的磨损、疲劳等原因造成轴承的损坏。因此,保持架不仅需要仔细设计,其材料也应合理选择。大多数主轴轴承会采用整体机械加工的保持架:低于 315℃ 时,铁、硅、青铜采用较多;温度较高时,则采用 S 莫奈尔镍基合金(工作温度可达 500℃)。

用作航空发动机主轴轴承保持架基体的金属材料主要有:黄铜(HPb59 - 1)、铝青铜(QAL10 - 3 - 1.5)、铝合金(LY11CZ)、硅青铜(QSi3.5 - 3 - 1.5)和合金钢(40CrNiMoA)等。

为了使保持架具有一定的耐腐蚀性能和附加的润滑性能,保持架的基体表面会镀银,银层厚为 0.012 7~0.038 0 mm。镀银的作用有两个:

(1) 保证在干摩擦情况下不损坏保持架。这种情况在起动时常常会发生,特别是在涡轮轴承中。发动机停车后的一段时间内,轴承的温度会升高 100~150℃,破坏轴承内的滑油膜,若在此时再次启动发动机就会造成干摩擦。

(2) 防止保持架产生疲劳损坏。滚珠与保持架在工作时实际上为点接触。当转轴加速或减速时,在保持架的惯性作用下,滚珠会撞击到保持架上,造成很大的单位压力,热量也会集中,因而易使保持架疲劳破裂。这种事故曾在罗·罗公司"达特"发动机的滚珠轴承上出现数十次,在"康维"发动机上也出现过多次。保持架镀银后,由于银层硬度较低,在滚珠的撞击下会形成凹坑,增大接触面积,降低单位压力,从而避免保持架的疲劳剥伤、裂纹等损坏。

保持架镀银有两种工艺,一种是常用的直流氰化镀银,另一种是变极脉冲镀银。保持架镀银要求镀层均匀、结合力强,具有理想的耐磨性和工作寿命。国外常在镀银溶液中加入少量的金属元素,如锑、钴等使之形成银合金,提高耐磨性。

2. 聚合物保持架

在许多滚动轴承应用场合,已开始广泛采用聚合物特别是尼龙(聚酰胺)66 作为保持架材料,如图 8-4 所示。与金属保持架相比,聚合物保持架在制造和使用方面具有下列优点:

(1)聚合物材料的加工工艺可以一次加工出结构复杂的保持架,省去了制造类似金属保持架所必需的机加工,成本较低;

(2)聚合物保持架制造过程中不会存在金属保持架制造中存在的碎屑问题,从而使清洁度提高,降低了轴承噪声;

(3)聚合物比金属柔软,有利于保持架装配,在某些恶劣载荷条件下对轴承的运转更有利;

(4)在许多应用场合,聚合物材料良好的物理性能使保持架具有优良的工作特性,例如,低密度(减少保持架质量),良好的化学稳定性,低摩擦和良好的阻尼性,从而降低轴承运转时的转矩和噪声。

(a) 尼龙66压装　　(b) 尼龙66滚子　　(c) 尼龙66大接　　(d) 酚醛精密轴
　　式保持架　　　　　轴承保持架　　　　触角保持架　　　　承保持架

图 8-4　聚合物保持架结构

使用聚合物的缺点主要是,由于温度、润滑剂和运转环境的影响,材料的原始性能会劣化。聚合物劣化会造成强度和柔性降低,而强度和柔性在轴承运行期间对保持架的作用非常重要。轴承旋转引起的离心力会作用在保持架上,使保持架产生径向变形,内外套圈的偏斜也可能使保持架承受较高的应力,使保持架强度降低导致失效。

保持架所用的聚合物材料需要具有以下特性:

(1)低热膨胀系数;

(2)在整个运转温度范围内,能保持良好的物理特性,特别是强度和柔性;

(3)能适应各种润滑剂和环境因素;

(4)正确的保持架设计能保证润滑并减小摩擦。

这些都是聚合物与金属保持架材料之间的根本差别。相比钢或黄铜,聚合物保持架的设计与其材料的相关性更强。

以酚醛树脂为例,其低密度(约是钢的15%)使保持架的质量减小,因此作用在保持架上的离心力仅为作用在钢保持架上的15%。在高速运转状态下,离心力使保持架径向胀大,因此低密度保持架具有更好的尺寸稳定性。然而,使用酚醛树脂仅限于连续工作温度不超过100℃的应用条件。使用酚醛树脂的另一个缺点是需要进行机械加工。

到目前为止,在用作保持架的聚合物材料中,只有聚醚砜(PES)和聚醚-醚酮(PEEK)可以作为高温轴承的保持架材料。

聚醚砜(PES)是一种高温热塑性材料,具有良好的强度、韧性和耐冲击性能。这种树脂由二芳基砜通过醚基相互链接而组成,结构完全为芳烃型,具有优良的高温性能。因为它具有热塑性,所以可以利用普通的注塑设备进行成型加工,随后不需要进行机加工和光饰工艺。在耐润滑剂、耐温试验中,这种树脂在170℃的温度下也具有良好性能,而且还适用于采用石油系润滑油和硅酮系润滑油的应用场合。但是当采用酯基润滑油和润滑脂时,聚合物会出现劣化问题。

PES的缺点是强度不高,如果采用压入法在整体保持架中装配球或滚子,可能在轴承装配时导致保持架产生裂纹。

聚醚-醚酮(PEEK)的结构也完全是芳烃型的,耐温可达250℃。由于它耐磨粒磨损、疲劳强度高和韧性好,因此特别适用于制造保持架。它是一种透明材料,可以直接注塑成型。润滑剂相容性试验表明,当温度达到200℃以上时,仍具有优良的性能。目前,将PEEK用于轴承保持架材料的主要缺点是成本问题。

8.2 主轴轴承的失效与可靠性

航空发动机主轴轴承的失效模式主要包括表面损伤(包括腐蚀和锈蚀、打滑蹭伤、压痕和划伤、磨损和大碳化物)、疲劳剥落、裂纹和断裂,以及尺寸变化等。在这些失效产生的初期,发动机还能维持正常运转,所以称为损耗型失效。但最终不是产生抱轴就是轴承间隙过大造成发动机各工作间隙发生严重的磨损,使发动机产生严重的机械损坏,这种可以称为致命型失效。

8.2.1 主轴轴承的表面损伤

1. 腐蚀和锈蚀

轴承的工作表面发生腐蚀或锈蚀后,摩擦磨损将增大,轴承运转性能降低。轴承表面的锈斑也是导致过早发生疲劳剥落的原因之一,如图8-5、图8-6所示。

图 8-5　球面滚子表面的腐蚀点

图 8-6　球面滚子轴承内滚道的氧化斑

轴承工作表面出现锈蚀的形貌特征是：表面形成黑色或褐色的锈斑或锈坑、氧化铁等产物，破坏表面的金属光泽。

预防措施：在存放保管期间，做好防锈涂油包装，避免与腐蚀介质接触。在装配时，要仔细清洗干净，戴绢布手套进行装配，以免手上的汗渍留在轴承上。另外在轴承工作表面上离子注入铬元素也是一种防范措施。

PW2037 发动机的 3 号轴承是高压转子的止推轴承，位于高压压气机前端。最初的 3 号轴承大多采用 52100 材料的滚珠，滚道表面为二硫化钼涂层，该涂层能够填平滚道上的微观碎坑，研磨表面斑点条纹，从而平整跑道，提高轴承寿命。之后为了使 MoS_2 附着得更好，改进了表面涂层之前的预处理工序。但后来发现该工序会腐蚀滚道表面，导致滚道表面剥落，引起滚珠磨损和保持架破坏。外场使用表明，一旦出现滚道表面剥落，轴承性能会很快下降。

此外，由于滚珠的材料 52100 抗磨损能力较差，因此在改进后的预处理工序中，换用了抗磨损能力更好的 M50 材料，同时对跑道进行更精密的表面处理，而不再需要采用 MoS_2 涂层。全尺寸轴承台架试验证实，精加工滚道和 M50 滚珠均使轴承寿命和抗损伤性能得到了提高。

2. 打滑蹭伤

航空发动机主轴轴承在高速轻载和边界润滑条件下工作时，常发生的失效形式为工作表面的打滑蹭伤。当工作表面发生局部蹭伤时，蹭伤中心区到非蹭伤区之间有一个过渡段，过渡段末尾为不太整齐的"锯齿"形状。图 8-7 为某轴承内圈滚道打滑蹭伤的典型实例。打滑蹭伤严重时，整个内圈滚道表面会被全部蹭伤。轴承发生打滑蹭伤后会导致发动机振动显著增大，严重影响发动机的正常工作。

防止滚棒轴承打滑蹭伤的措施主要有：

（1）采用防滑的非圆套圈滚棒轴承；

（2）减少游隙，使更多的滚动体承受载荷，以增大拖动力，减少阻力；

（3）外引导保持架改成内圈引导，增大拖动力，减少阻力；

（4）在满足轴承寿命要求的前提下，尽量减少滚动体数目；

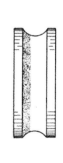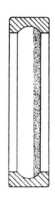

图 8－7 深沟球轴承内滚道上的划痕

（5）选用轻型保持架；

（6）提高轴承加工精度，严格控制保持架的动不平衡等。

防止滚珠轴承打滑蹭伤的措施主要是对轴承施加轴向预负荷，预负荷的大小由理论分析和试验确定。滚动轴承的打滑蹭伤将在 8.2.3 节进行详细介绍。

3. 表面压痕与划伤

轴承装配时，由于外来硬颗粒物质进入轴承，或由于大的冲击载荷作用使工作表面产生局部塑性变形，形成有一定深度的凹坑，故称为压坑。压坑的特征是出现塑性变形，坑表面光度尚未完全消失，精加工的刀痕有时清晰可见，如图 8－8 所示。防止压坑产生的措施主要是保持装配轴承清洗干净，在规定的洁净场地内装配，以防外来物进入轴承。轴承在运输中，应严防承受过大的冲击载荷。

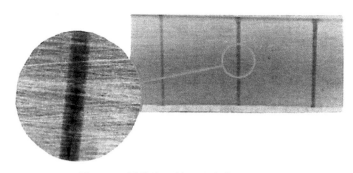

图 8－8 圆锥滚子轴承外滚道上的击蚀

表面划伤的原因主要是润滑油不干净，在轴承装配时进入了微小金属颗粒，在轴承运转时划伤其工作表面。表面划伤的形貌特征主要是，划伤具有一定深度、宽度和长短不等的沟槽痕迹。

4. 磨损

轴承在工作过程中，由于滚动体与内、外套圈滚道之间的滚动和滑动，保持架与滚动体、保持架与引导面之间的滑动,或由于滑油中硬颗粒的存在,而引起的轴承工作表面金属逐渐损失的现象,称为磨损。轴承轻度磨损是允许的,但是严重的磨损会导致轴承内部游隙增大,旋转精度降低,使振动、噪声和摩擦进一步加大,从而使轴承丧失正常的工作能力。

对发动机轴承而言,主要有黏着磨损和磨粒磨损两种。当轴承在贫油状态下工作时,两接触表面的金属直接接触,产生大量的摩擦热,接触区局部温度升高,使接触点发生固相胶合,随后在高剪切应力作用下,引起接触面间的金属转移,称为黏着磨损。这种由于粗糙表面滑动产生的高摩擦切应力引起的严重磨损现象也叫蹭伤,如图 8 - 9 所示。外来的硬颗粒或金属磨粒在轴承滚动中发生滑动摩擦,引起接触表面金属损失的现象称为磨粒磨损。黏着磨损和磨粒磨损虽然有所不同,但都属于严重磨损。前者磨损表面的磨损特征为金属转移,形貌呈鳞剥状,如图 8 - 10 所示;后者则是磨损表面沿滑动方向有被磨粒切削留下的沟槽痕迹。

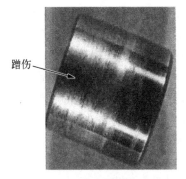

图 8 - 9　滚棒轴承滚动体的蹭伤

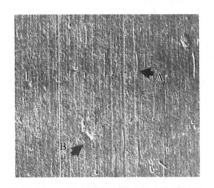

图 8 - 10　轴承滚道蹭伤中的金属移动

减少磨损的措施主要包括:

(1) 设计合理的润滑冷却方式,选择适合的润滑剂,以便达到完全弹性流体动力润滑状态,使接触表面之间形成足够的油膜厚度,减少磨损;

(2) 严格过滤润滑油,避免硬质颗粒和各种磨粒重复进入轴承形成磨粒磨损;

(3) 在选材和提高表面质量方面采取措施,例如,表面采用离子注入,注入抗磨元素,提高耐磨性等。

5. 大碳化物

如果轴承表面材质中存在大碳化物,则碳化物最终不是脱落就是过分凸起,其边缘将引起局部损伤,导致工作表面疲劳剥落。

8.2.2　主轴轴承的其他失效模式

1. 润滑失误引起的轴承失效

航空发动机主轴轴承在某些情况下可能发生润滑中断的故障,或是设计不合理造成滑油无法恰当地输送到滚动体与滚道的接触区域,引起轴承失效。在发动机主轴轴承中,要求滚动轴承必须进行滑轴中断试验。另外,主轴轴承的保持架一般会镀银,在滑油供给中断时,一些银会被转移到滚动体表面,以增加润滑性能并降低滚动体-滚道摩擦系数。采用氮化硅陶瓷滚动体的轴承摩擦系数会比钢制滚动体更低。

同时,在滚动轴承的润滑过程中,需要保持轴承内、外滚道之间的温度梯度在一定范围内,防止产生径向预载荷。如果轴承外圈散热率大于内圈,造成内圈温度上升,膨胀量超过外圈,则会引起轴承径向间隙变小直至产生抱轴。

当润滑设计不合理或润滑条件不佳时,滚动体-滚道可能处于边界润滑状态,滚动体与滚道接触部位的油膜厚度无法充分隔离相对滚动/滑动的两个表面,接触体之间发生表面粗糙峰接触,引起过高的摩擦并造成较大的摩擦损失。过多的摩擦损失首先会导致滑油氧化和退化,颜色变暗,甚至碳化变黑,使摩擦损失继续增大。过热和氧化的滑油会在滚动体、套圈及保持架表面产生化学沉积物和污点,如图8-11所示,进一步加剧轴承失效。

随着轴承零件温度升高,轴承套圈和滚动体的硬度和弹性会降低,并导致塑性变形,如图8-12所示。最终,新的热不平衡将导致轴承零件破坏和轴承抱死,给发动机造成致命性伤害。

图8-11　聚合脂在球体表面氧化　　　图8-12　球面滚子轴承热不平衡造成的变形

2. 表面与次表面初始疲劳

在反复的偶尔超过疲劳强度的循环压力作用下,滚动接触表面将产生疲劳裂纹,裂纹不断扩展,直至在表面产生一个大的凹坑或剥落,如图8-13所示。这种剥落主要起始于接触尾部边缘,深度相对较浅,在剥落初期会形成微小的麻坑,坑的边缘陡峭,底部不平坦,无光泽。剥落严重时,麻坑会加深加大,并呈片状分布,如图8-14所示。

轴承发生疲劳剥落后,振动和噪声会增大,摩擦发热加剧,使轴承无法保持正常工作。此外,剥落是导致套圈产生裂纹和断裂的原因之一。但是,在正确设计、加工、应用选型、安装和润滑的滚动轴承中,表面初始疲劳发生的概率很小。

图 8-13　滚道上的表面初始疲劳剥落　　图 8-14　滚道与球体表面的初始疲劳晚期

3. 裂纹与断裂

轴承套圈和保持架在内部或表面发生的局部开裂称为裂纹,裂纹进一步发展便会发生断裂,如图 8-15 和图 8-16 所示。轴承零件发生裂纹或断裂后,将使轴承完全丧失工作能力。这种现象通常是突发性的,会给发动机带来恶性甚至灾难性后果。

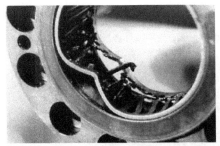 

图 8-15　滚子轴承保持架破坏　　　　图 8-16　球轴承保持架及球体破坏

产生裂纹的原因主要包括:

（1）安装不当,导致局部载荷过大;

（2）材质及热处理后存在缺陷,工作表面发生腐蚀、剥落等,导致局部应力集中,引起套圈裂纹或断裂;

（3）工作应力过高,而材料的抗断裂韧性不足。

主要的预防措施包括:

（1）严格执行安装工艺,防止套圈歪斜;

（2）优化轴承制造工艺,避免工艺带来的缺陷;

（3）选择临界强度因子高的材料。

8.2.3 主轴轴承的打滑与滑蹭损伤

滚动轴承在工作时,滚子应在内、外环滚道上作纯滚动运动,驱动保持架的力矩仅来自承载区滚动体,非承载滚动体构成了保持架的阻力矩。随着轴承转速增高,滚道与滚动体间的拖动力不足以克服阻碍滚动体保持架组合件作正常运动的阻力,此时轴承将无法按纯滚动的关系运动,滚动体就会在滚道上打滑。一般采用"打滑度"来表明滚动轴承是否打滑以及打滑的严重程度。

$$打滑度 = \frac{保持架理论转速 - 保持架实际转速}{保持架理论转速} = 1 - \frac{保持架实际转速}{保持架理论转速}$$

打滑会导致轴承接触表面产生非常大的剪应力,导致滚动体与滚道相对运动产生的润滑油膜无法完全隔开接触面,造成滚动体与滚道内表面出现打滑蹭伤。接触表面的某些金属以及与其接触的另一表面上的某些金属会转移到该表面上的其他位置,转移的金属量足以将一对以上凸出的接触表面微凸体黏结起来。蹭伤进一步发展成小麻点和初期凹坑,在低倍显微镜下观察呈"橘皮状",再发展便会形成宏观的表面剥落。蹭伤过程中产生的金属微粒和剥落块逐渐增多,压伤工作表面并发生磨料磨损,使轴承径向间隙逐渐增大,引起更严重的打滑,进入恶性循环直至轴承严重破坏。

航空发动机的主轴轴承很容易出现打滑。对于滚棒轴承,由于转速高,使滚动体在离心力作用下有脱离内圈滚道接触的趋势。同时,航空发动机对推重比的追求使转子均做得较轻,使作用在轴承上的径向负荷较小。飞机作机动飞行时还可能使作用于轴承上的瞬时负荷更小,甚至出现零载。转子的不平衡力也可能会抵消一部分轴承径向负荷,造成轴承的轻载或零载。图 8 - 17 为滚棒轴承的打滑度随 DN 值的变化关系。对于滚珠轴承,由于还要承受轴向载荷,所以一般不易打滑。但是如果在飞行过程中转子轴向负荷发生变向,在变向前后滚珠轴承也会出

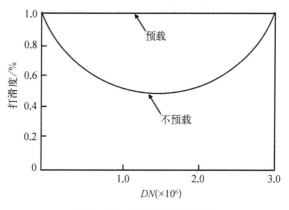

图 8 - 17 滚棒轴承打滑度

现轻载与零载,引起打滑。

由于滚动轴承的打滑及其导致的滑蹭损伤会对发动机的正常可靠工作构成严重威胁,因此必须对可能发生打滑的滚动轴承采取防滑措施。目前使用的防滑措施主要分为两类,包括增加对滚动体/保持架的拖动力,以及减小阻碍滚动体/保持架运动的阻力。

1. 增大滚动体/保持架拖动力的措施

1) 减小轴承的径向游隙

通过减小轴承游隙,可以使滚动体在离心力作用下仍能保持与内圈滚道的接触。例如,WJ6 发动机的压气机前轴承将游隙由 0.070~0.095 mm 减小为 0.045~0.065 mm,消除了打滑现象。但是,虽然减小游隙有助于防止轴承打滑,但同时也会带来一些不利因素,特别是发动机热端的轴承,需要慎重对待。

2) 将保持架定位于内圈

早期发动机为了解决保持架的平衡问题,常将保持架定位于外圈,但是外圈与保持架间的油膜在黏性作用下会阻碍滚棒和保持架的运动,容易引起轴承出现滑蹭损伤。如果将保持架定位于内圈,内圈与保持架间的油膜黏性作用则会推动滚棒和保持架的运动,不仅会减小阻力,还会增加拖动力,从而减少滑蹭损伤。保持架定位于内圈需要配合更高的加工精度,来提高其平衡度。

例如,RB211-22B 发动机的低压转子止推轴承(为中介轴承)曾多次出现滑蹭损伤,之后罗·罗公司将轴承保持架改为定位于内圈,排除了打滑故障,如图8-18 所示[2]。

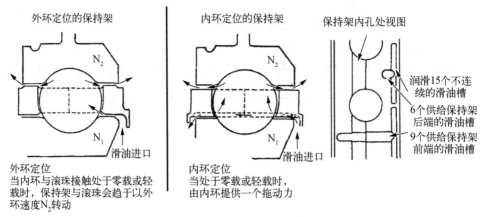

图 8-18　RB211-22B 止推轴承排除滑蹭损伤的改进设计

3) 施加预载荷

在轴承装配时,可以对轴承施加一定的预加径向或轴向载荷,使轴承内外圈与滚动体间始终保持一定的载荷,不出现轻载或零载,以增大推动力。

通过在两个轴承壳体之间设计一个小的偏心,可以对轴承产生一定的预负荷,该方法适用于带有三个以上轴承的转子系统,设计时需要精确地了解轴承座的弹性率、容差积累和外载荷。此外,对轴承施加预载的方法还包括采用非圆轴承、使用轴向弹簧、采用空心滚棒、调整对轴承的喷油方向等。图 8-19 为不同预载方法形成的滚动体负荷分布。

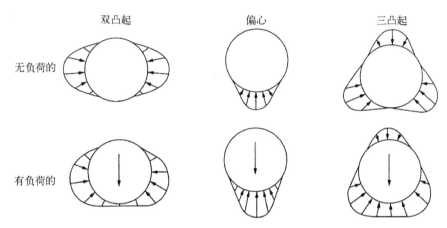

图 8-19　不同的预负荷方法的滚子负荷分布

预载方法的选择会受到工作径向间隙、振动及预负荷值、发动机装配顺序、轴承腔热分布等因素的影响,设计时应进行仔细分析。

2. 减小轴承运动阻力的措施

(1) 采用轻质材料作保持架或采用空心滚动体等,例如,使用质量轻的中硬度钢 AISI4340 等。

(2) 改善滑油在轴承内的流动情况,减小滑油的扰动力。

轴承内、外圈的设计应尽量使滑油在轴承中流动通畅,防止滑油在轴承中发生堵塞。同时尽量避免保持架使用外圈引导。试验表明,内径为 190 mm 的轴承工作于 2×10^6 DN 值时,保持架与外圈之间的油膜黏性剪切作用产生的功率损失高达 14.9 kW,如图 8-20 所示,严重阻碍保持架的运动。因此,在设计允许的条件下应尽可能使保持架定位于内圈。

8.2.4　主轴轴寿命预估

在同一条件下运转的一组近似相同的轴承期望达到或超过某一规定寿命的百分率,称为轴承可靠度。单个轴承的可靠度为该轴承达到或超过某一规定寿命的概率,对于可靠度为 $(100-n)$% 的修正的额定寿命,按 $L_n = a_1 \times L_{10}$ 进行计算。修正系数 a_1 的选值参见表 8-3。提倡用 L_1 替代 L_{10} 进行轴承设计。

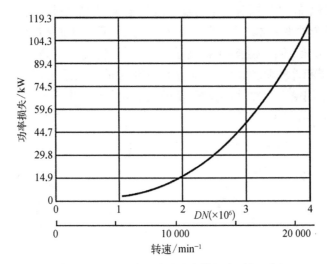

图 8 - 20 保持架与外环间的流体黏滞摩擦损失(轴承内径 190 mm)

表 8 - 3 轴承的可靠性系数

可靠度/%	L_n	a_1
90	L_{10}	1.00
95	L_5	0.62
96	L_4	0.53
97	L_3	0.44
98	L_2	0.33
99	L_1	0.21

1947 年 Lundberg - Palmgren 经过大量实验数据的统计建立了较为完整的滚动轴承寿命计算理论,即滚动轴承额定动载荷理论[3]。自 1977 年起,已作为正式标准 ISO - 280/1 为各国采用。虽然该理论没有考虑航空发动机主轴轴承的高速动力学效应和高温效应等因素影响,但仍是主轴轴承寿命计算的重要基础。

Lundberg - Palmgren(以下简称 L - P)方法主要基于以下几点假设:

(1)基本额定负荷仅对质量好的空气熔炼的 AISI52100 钢制轴承有效,硬度≥58HRC;

(2)径向轴承额定负荷及当前径向负荷是在安装间隙为零时导出的,此时有 50%的球体或滚子受载;

(3)推力轴承的额定负荷及当量推力负荷是在每个球或滚子承受相同载荷的情况下导出的;

(4)轴承中的载荷分布仅是接触变形的函数;

(5)假定接触角不受加载的影响,轴承工作转速是中等的;

（6）寿命估算仅适用 90% 可靠度；

（7）假定轴承润滑充分。

L－P 方法反映的材料疲劳主要由滚动体运行过程中材料吸收的功引起，疲劳取决于滚道表面下的最大切应力。轴承的安全使用概率 S 随最大切应变 τ_0、材料体积 V、滚动体运转频率 N 和表面最大切应变到表面的距离 Z_0 而变化。

$$\ln \frac{1}{S} \sim \frac{\tau_0^c N^e V}{Z_0^h} \tag{8-1}$$

式中，指数 e、c、h 通过试验过程决定。最后形成的寿命公式为

$$L_{10} = \left(\frac{Q_c}{Q_a}\right)^{\varepsilon} \times 10^6 \tag{8-2}$$

式中，L_{10} 为失效率为 10% 的轴承寿命（转数）；Q_c 为动载荷（N）；Q_a 为滚动体当量载荷（N）；ε 为寿命系数，点接触 $= 3$，线接触 $= 10/3$。

20 世纪 80 年代，Ioannides－Harris 针对长寿命轴承，考虑各个接触区附近所有应力对轴承疲劳寿命的影响，提出了材料疲劳循环极限应力的概念，并在 L－P 理论基础上提出了新的疲劳寿命计算模型[4]。

$$\ln \frac{1}{S} = \left[(\tau_0 - \tau_n)^c N^e \right] \frac{\Delta V_k}{Z_k^h} \tag{8-3}$$

式中，S 为轴承安全使用概率；N 为应力循环次数；τ_0 为深度为 Z_k 位置承受的剪应力；τ_n 为材料的极限剪应力；ΔV_k 为深度为 Z_k 位置承受剪应力的单位体积；Z_k 为承受剪应力的深度。

在实际计算中，材料的疲劳极限剪应力与工作应力都是位置的函数，反映了轴承材料和润滑效应等因素的影响。根据次表面应力场的作用，提出了轴承寿命概率的积分表达式：

$$\ln \frac{1}{S} = A N^e \int_B \int_L \left[\frac{(\tau_0 - \tau_n)_{\max}^c}{Z_k^h} \right] dL dB \tag{8-4}$$

按式（8－4）计算轴承疲劳寿命时，估算疲劳极限应力（τ_n）和常数 A 比较困难，为此提出了简化的计算方法：

$$L_{10} = a_1 a_{23} \left(\frac{C}{P}\right)^{\varepsilon} \tag{8-5}$$

式（8－5）中，a_{23} 为综合寿命修正系数，它与滑油黏度比 K、滑油污染系数 η_c、材料的疲劳极限负荷 P_u 及轴承当量动负荷 P 有关。

外场统计表面,疲劳脱落并非主轴轴承失效的主要问题,而是表面损伤和腐蚀等引起的始于表面的表面疲劳占据总失效率的大部分。在所有失效原因中,腐蚀和包括磨损在内的污染各占约30%,而作为轴承设计突出准则的疲劳磨损仅占轴承失效或不合格的2%。因此在考核轴承寿命与可靠性时,提出了疲劳寿命和使用寿命的概念。

疲劳寿命是指轴承中任一套圈或滚动体材料出现第一个疲劳剥落特征时,一个套圈相对另一个套圈达到的总转数或在一定转速下的工作小时数。轴承设计以疲劳寿命为计算寿命准则,并定义基本额定寿命 L_{10}:单个或一组在相同条件下运转的近似相同的轴承,其可靠度为90%的疲劳寿命。轴承基本额定寿命必须大于发动机的总寿命。而使用寿命是指轴承保持正常使用性能的工作时间,轴承使用寿命必须通过轴承试验确认和验证,要求大于发动机的首翻期或翻修期。

8.3　航空发动机主轴轴承试验

航空发动机主轴轴承的性能和寿命,主要靠试验机的各种试验以及发动机的台架试车或试飞来评估。早在20世纪50~60年代,国外航空发达国家就开始了这方面的试验,积累了几万、几十万小时的试验数据,并将发动机主轴轴承寿命从最初的300小时发展到目前超过上万小时。通过试验,可以解决使用中出现的诸如滚子歪斜、滑蹭损伤等问题。新设计的轴承也需要靠试验来研究其性能、耐久性和寿命,并经过地面台架试车和试飞来验证。只有通过大量试验才能暴露出轴承使用中各种可能的潜在问题。

8.3.1　主轴轴承试验

航空发动机主轴轴承的试验种类繁多,对结构耐久性有重要意义的试验主要包括轴承元件试验、高 DN 值试验(含打滑试验)、耐久性试验、疲劳寿命验证试验、轴承腔试验、轴承断油试验等。

1. 轴承耐久性相关试验

1)轴承元件试验

用于评定与筛选轴承材料、结构、工艺和润滑剂的特性,以确定它们对滚动接触疲劳的影响,通常在全尺寸轴承试验之前会进行该项试验。

这类试验所用的试验器种类较多,如 V 形槽/球试验机,四球、五球及球/盘试验机等,按需要选择试验设备。为了得到统计概念上的疲劳寿命,需要进行大量的试验。利用高赫兹接触应力可能加速这种试验的进度,但是必须利用经验系数将测量的寿命与轴承在典型应力水平下的寿命联系起来。

2)轴承高 DN 值试验

高 DN 值工作的轴承有三个突出的问题:

（1）滚动体离心负荷大,使外环接触应力加大,疲劳寿命降低;

（2）内圈周向应力增大,可能造成内圈裂纹或断裂;

（3）当负荷较轻（小于 1 500 N 为轻载）时,滚动体易出现严重滑动,导致工作表面因打滑而蹭伤。

试验的目的是验证轴承在高 DN 值下的性能,验证结构与参数是否设计合理、是否会出现滑蹭损伤或套圈断裂等。

试验需要在专用的航空发动机主轴轴承试验器上进行,选用 2~3 套试验轴承,每套轴承至少做 20 h 试验,其中高速轻载工作状态应达到 2~5 h,监视轴承套圈工作温度、滑油进回油温度、振动情况,同时测试保持架转速以确定打滑度。试验中需要严格控制静态偏斜、动态载荷与不同心度。

3）轴承耐久性试验

耐久性试验是为了评定轴承使用寿命的初始值,包括两种形式,一是采用定时截尾试验,二是采用定数截尾试验。试验件需与装机轴承同一批次,选用 4~6 套轴承,试验时间一般为发动机首翻期的 1.5~2.0 倍。

耐久性试验需要模拟发动机使用包线内的主要工作参数和环境条件,包括工作转速、负荷和工作温度,以及装配条件、供油方式、供油量和供油温度等。

4）轴承疲劳寿命验证试验

美国 MIL-E-87231 规范规定,主轴轴承寿命置信度应为 99% 或 L_1 寿命,并通过试验器试验加以验证。对于新研制的接近或超过现有轴承技术状态极限的轴承,必须进行疲劳寿命验证试验。

一般采用定时截尾试验,即用一定数量的被试轴承在专用试验器上进行疲劳寿命试验,直至全部轴承出现疲劳剥落为止。由于试验周期很长,必须在发动机研制初期就开始,以便在发动机定型前能预先定型。

5）轴承腔试验

轴承腔试验主要用于验证主轴轴承在预定工作环境中的性能,试验需要真实模拟轴承安装状态以及轴承腔环境条件,包括封严、供回油、腔压与通风、腔温与轴承工作温度和转子不平衡等。

6）轴承断油试验

航空发动机型号规范中明确规定,发动机主轴轴承必须进行滑油供给中断试验。在发动机中间推力状态下断油 30 s,要求在滑油中断试验期间及其恢复正常润滑的 30 min 内,轴承不得损坏。

2. 发动机地面台架试车考核

1）台架长试

航空发动机主轴轴承至少需要随两台发动机进行累计 1.0~1.5 倍首翻期的台架试车,试车程序按照发动机型号规范的技术要求进行。台架试车结束后,应对轴承进行全面检查,确认轴承运转良好且各元件无异常现象。

2）发动机滑油供给中断试车考核

发动机应进行一台次的滑油供给中断试车考核,断油试车的工作状态和断油时间按发动机型号规范要求。

8.3.2　轴承零件试验器

与全尺寸发动机试车相比,轴承试验器试验测试、监控较为方便,试验持续时间可以很长,且能够随时分解检查,还可以模拟发动机空中飞行中的各种工况,因此试验器试验是轴承发展必不可少的手段和基础[5]。

1. 滚动零件寿命试验机

由于对大批轴承进行寿命试验的费用很高,因此零件试验提供了一种更简便、成本更低的解决方案。通过采用简化几何形状的样本,在多个位置上形成滚动接触来代替全尺寸轴承试验,可以用较少的时间和成本推断出与实际轴承相当的寿命。

最早的或许也是使用最广泛的零件试验机是 20 世纪 50 年代初研制的四球试验机,又叫 Barwell 试验机。该系统使用四个直径为 12.7 mm 的钢球模拟角接触球轴承绕垂直轴线旋转同时承受轴向载荷的状态。NASA 刘易斯研究中心基于相同的试验原理研制了五球试验机,如图 8-21 所示,通过对轴承标准材料和试制材料进行试验,获得了大量的寿命试验数据。

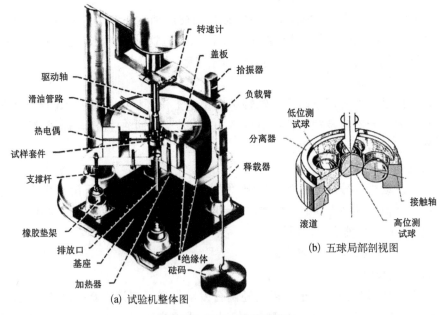

(a) 试验机整体图

(b) 五球局部剖视图

图 8-21　NASA 五球试验机

另一种广泛使用的零件试验机是由 GE 公司研制的滚动接触试验机,如图 8-22
所示。试验零件是夹持在两个直径为 95.25 mm 圆盘中间的直径为 4.76 mm 的圆棒,可
在载荷作用下转动。圆棒可轴向位移,以便从一个试验样品上得到多个滚动接触轨迹。

还有一种零件试验机是美国普惠公司的单球试验机,图 8-23 给出了该机的
结构和原理,在两个 V 形滚道内试验直径为 19~65 mm 的球体。滚动接触角为

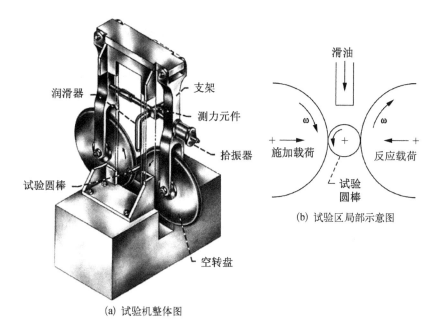

(a) 试验机整体图

图 8-22 GE 公司多功能滚动接触圆盘试验机

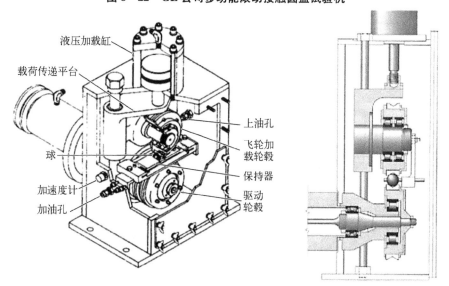

图 8-23 普惠公司单球/V 形环试验机

25°~30°。赫兹接触压力为 4 000 MPa，也可以产生一些塑性变形。

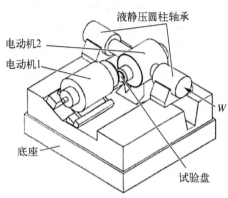

图 8-24　滚-滑盘实验装置示意图

2. 滚-滑摩擦试验机

为了试验测量弹流润滑接触中的摩擦力，Daniel Nelias 等[6]研制了一种滚-滑盘试验机，如图 8-24 所示，盘产生的椭圆接触如图 8-25 所示，图中电动机可以产生满足滚滑运动的不同转速需要。电动机 2 安装在静压圆柱轴承上，允许摩擦转矩即摩擦力的测量。摩擦力 $F1$ 和作用力 W 的比值称为牵引系数，根据试验数据可以估计坐标(x, y)位置处的摩擦系数。通过该试验机，Nelias 还研究了颗粒污染对滚-滑接触疲劳寿命的影响[7]，如图 8-26 所示。

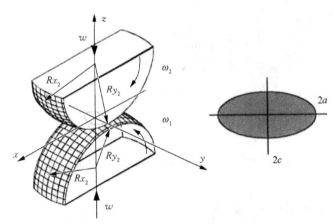

图 8-25　滚-滑盘实验装置的椭圆接触区

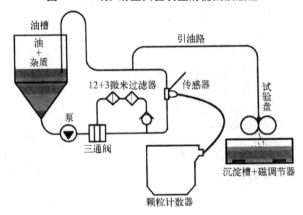

图 8-26　滚-滑实验装置中的润滑污染试验系统示意图

　　Wedeven 研制的球盘试验机如图 8-27 所示,通过改变球盘接触位置的半径和轴的角度,可以改变滚动速度。采用蓝宝石或玻璃等透明材料的盘以及光学仪器可以测量 Hertz 点接触的压力分布,如图 8-28 所示。

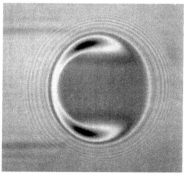

图 8-27　球-盘拖动试验机　　　　　图 8-28　流体润滑钢球-盘接触图

思考题

1. 主轴轴承常用的结构材料有哪些? 材料选用的依据是什么?
2. 航空发动机主轴轴承的常见表面损伤与失效模型是什么?
3. 防止主轴轴承滑蹭损伤的措施主要有哪些?
4. 简述主轴轴承的两种寿命预估方法。

参考文献

[1]　寇思源.航空发动机主轴轴承 M50NIL 钢应用技术研究[D].哈尔滨:哈尔滨工业大学,2019.

[2]　李杰,陈光,吕跃进.世界著名商用航空发动机要览[M].北京:航空工业出版社,2016.

[3]　HARRIS T A, YU W K. Lundberg-Palmgren fatigue theory:Considerations of failure stress and stressed volume[J]. Journal of Tribology, 1999, 121(1):85-89.

[4]　APRIL T. Fatigue failure progression in Ball bearings[J]. Journal of Tribology, 2001, 123(2):238-242.

[5]　HARRIS T A, KOTZALAS M N. Advanced concepts of bearing technology:Rolling bearing analysis[M]. Boca Raton:Tayor & Francis Group, 2006.

[6]　NELIAS D, LEGRAND E, VERGNE P, et al. Traction behavior of some lubricants used for rolling bearings in spacecraft applications:Experiments and thermal model based on primary laboatory data[J]. Journal of Tribology, 2002, 124(1):72-81.

[7]　STRUBEL V, FILLOT N, VILLE F, et al. Particle entrapment in hybrid lubricated point contacts[J]. Tribology Transactions, 2016, 59(4):768-779.

第9章
典型发动机主轴轴承选用方案

【学习要点】

掌握：根据发动机结构简图分析主轴转子支承方案及轴承选用。

熟悉：军、民用双转子发动机常用的转子支承方案。

了解：先进军、民用发动机转子支承和主轴轴承的新型结构发展。

经过几十年的发展，无论是军用航空发动机还是民用航空发动机，发动机总体结构及主轴轴承选用都已形成了一套成熟体系和方案。同一类发动机一般都具有类似的总体结构特征，同时不同国家、不同公司研制的发动机又具有各自的局部技术特色。本章分析了军用和民用航空发动机的总体结构及轴承选用方案的发展历程，同时对不同国家、不同发动机公司的型号产品进行了对比。

9.1 军用发动机主轴轴承选用方案

自 1974 年采用第三代发动机 F100 的 F15 空中优势战斗机正式投入美国空军服役以后，西方国家新研制的战斗机，无一例外地采用了带加力的小涵道比涡扇发动机，包括 F100、F119、AЛ-31Φ 和 RB199 等。本章通过介绍不同国家的几种不同发动机的主轴支承方案、转子支点结构和轴承选用，来分析加力式涡扇发动机总体结构的一般特征，以及不同型号发动机的独有特点。同时通过不同代际发动机技术特征的发展，来分析发动机转子支承方案和结构的发展趋势。

9.1.1 美国：从 F100 到 F119、F136

20 世纪 60 年代末 70 年代初，美国普惠公司为空中优势战斗机 F15 发展了新一代的高性能航空发动机 F100，发动机推重比首次达到了 8 一级。到了 90 年代，普惠公司又为下一代"21 世纪先进战术战斗机（ATF）"即 F22 战斗机发展了新一代发动机 F119，发动机推重比达到 10 一级。进入 21 世纪以后，GE 公司为新一代多用途战斗机 F35 战斗机研制了 F136 发动机。在近半个世纪的发展过程中，发动机的研制观点发生了重大的转变,从单纯追求性能转变为可靠性、可维修性与性能并重。这三型发动机虽然都由普惠公司研发制造,但在发动机的转子支承方案上却发生了巨大的变化。

　　图 9-1 为 F100 发动机的转子支承方案简图。从图中可以看出,高压转子采用了 1-1-0 支承方案,与 JT9D(图 9-2)、PW2037、V2500、PW4000(图 9-3)等发动机相同,这是普惠公司惯用的设计。低压转子由于有风扇进口导流叶片,因而采用了 F110、F404 等军用发动机惯用的 1-1-1 式的三支点支承方案。

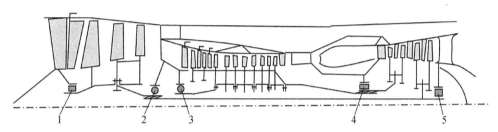

图 9-1　普惠公司 F100 发动机转子支承方案

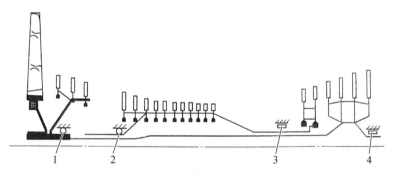

图 9-2　JT9D 发动机的支承方案

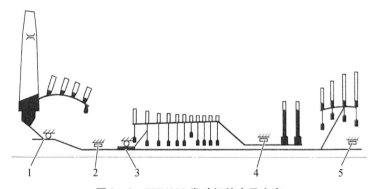

图 9-3　PW4000 发动机的支承方案

　　普惠公司在 20 世纪 60 年代后期研制的民用发动机(JT9D、PW2037 和 PW4000)及军用发动机(F100)中,高压转子均采用 1-1-0 支承方式,高压压气机前为滚珠轴承止推支点。高压转子的后支点置于高压压气机与高压涡轮之间,高压涡轮为悬臂支承,轴承负荷通过燃烧室内机匣经扩压器的径向固定叶片传递到燃烧室的外机匣。发动机没有采用中介支点,因而承力构件比采用中介支点的F110、F404 等发动机多 1 个。这种设计不仅使发动机的承力框架数较多,而且由于高压涡轮轴要安装轴承,导致轴径较小,而且涡轮盘为悬臂支承,给转子的动力学设计带来较大困难。

　　与普惠公司不同的是,GE 公司研制的发动机高压转子常采用 1-0-1 的支承方案,即高压转子的后支点设置在高压涡轮后,通过中介轴承将高压转子后支点支承到低压转子上,包括军用的 F101、F110、F404 发动机,以及民用的 CFM56 发动机等。这种布局不仅可以减少一个承力框架,而且高压涡轮轴的轴径可以做得很大,提高了转子刚性。它的缺点是中介轴承的润滑与封严比较复杂,需要采用一些特殊措施来防止滑油泄漏。

　　由于采用中介支点的优势显著,普惠公司在研制 F119 发动机时对高压转子的支承方案进行了改进,采用了 GE 公司 1-0-1 的支承方案,并在后支点采用中介轴承,如图 9-4 所示。F119 发动机由 3 级风扇、6 级高压压气机、带浮壁式火焰筒的环形燃烧室、单级高压涡轮、与高压涡轮转向相反的单级低压涡轮、加力燃烧室以及二维矢量喷管等组成。发动机最大推力(加力推力)为 156 kN,中间推力(不开加力时最大状态下的推力)为 105 kN。

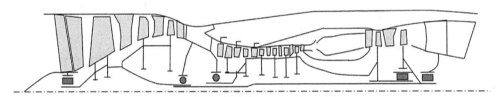

图 9-4　普惠公司 F119 发动机转子支承方案

　　从图 9-4 中可以看出,F119 发动机的高压转子后支点为中介支点,与 F110 等发动机不同的是,该中介轴承的内环固定于高压转子上,外环固定于低压转子上。由于内环为高速环,离心变形量更大,更有利于控制轴承的径向游隙。在此之后,普惠公司在其研制的民用发动机 PW8000 中也采用了 1-0-1 的高压转子支承方案。

　　F136 发动机是 GE 和罗·罗公司联合研制的最新一代战斗机用小涵道比大推力涡扇发动机,其在总体结构布局设计方面的创新性具有很高的参考价值。

　　F136 发动机的高压转子由 5 级压气机和 1 级高压涡轮组成,低压转子由 3 级风扇和 3 级低压涡轮组成,高、低压转子对向旋转。需要说明的是,3 级低压涡轮主要是为了驱动 F35 的升力风扇,满足其短距/垂直起降的需要。发动机最大直径1.2 m,长度 5.6 m,空气流量 164.2 kg/s,中间推力 111.25 kN,最大推力 178 kN,推重比超过10。

　　F136 发动机的转子系统结构如图 9-5 所示,高压转子采用 1-0-1 支承方案,低压转子采用 1-1-1 支承方案,高低压转子系统共使用 5 个支点、3 个承力框架,其中高压转子的后支点为中介支点。

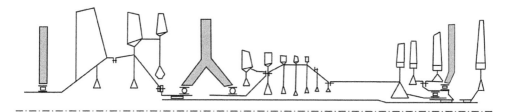

图9-5　F136发动机转子支承方案

　　在低压涡轮结构设计上,F136 发动机采用了"分叉"结构,1、2 级涡轮盘在前,第 3 级涡轮盘在后,5 号轴承和 4 号中介轴承位于 2、3 级涡轮盘之间的反"匚"形轴颈处,且 5 号轴承的直径远大于中介轴承。直径过大可能导致 5 号轴承 DN 值(大约为 1.8×10^6)过大,因此在总体结构设计时,采用了轴颈开孔冷却的方法来减少轴承损伤失效,延长轴承寿命。

　　F136 发动机的转子系统具有优秀且独特的结构设计,值得深入探讨其设计原理,为航空发动机转子支承方案和结构布局提供新的理论和方法支持。

9.1.2　苏联/俄罗斯:从 РД-93 到 АЛ-31Ф

　　20 世纪 70 年代初期,为了配合米格 29 飞机的研制和发展,苏联列宁格勒克里莫夫设计局开始研制高推重比的加力式涡扇发动机 РД-33,并由莫斯科契尔尼舍夫机械制造厂生产。РД-33 是苏联第一种推重比达到 8 一级的发动机。之后,为了满足我国 FC-1"枭龙"战斗机的需要,克里莫夫设计局将 РД-33 的附件机匣由发动机上部改为发动机下方,并命名为 РД-93,两型发动机其他部件的结构和参数完全一样。

　　РД-93 发动机由 4 级带机匣处理的风扇、9 级高压压气机、环形直流燃烧室、带冷却叶片的单级高、低压涡轮、带径向与环形稳定器的加力燃烧室及可调尾喷管等组成。发动机主要参数为:中间推力(不开加力的最大推力)为 50 kN,最大推力为 81.4 kN,加力比为 1.628;中间耗油率为 0.785 kg/(daN·h),最大耗油率为 2.73 kg/(daN·h),空气流量为 77 kg/s,总压比为 21,涵道比为 0.48,涡轮前最高燃气温度为 1 680 K。

　　如图 9-6 所示,РД-93 发动机的高压、低压转子共有 5 个支点、3 个承力框架,其中低压转子采用了 1-1-1 三支点方案,高压转子采用了 1-0-1 二支点方

案。低压转子中,风扇前、后各 1 个支点(即 1 号、2 号支点),低压涡轮后 1 个支点
(5 号支点),其中 2 号支点为止推支点。低压转子的轴向、径向负荷可以直接传到
风扇与高压压气机之间的中介机匣,此处安装着发动机的主安装节,因此传力路线
较短。

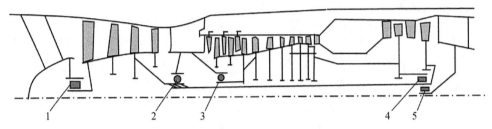

图 9 - 6   РД - 93(及 РД - 33)发动机支承简图

РД - 93 发动机的高压转子在高压压气机前和高压涡轮后分别设置了 1 个支
点,高压涡轮后轴通过中介轴承(4 号支点)支承于低压转子上,轴承内环固定于低
压涡轮轴,外环固定于高压涡轮后轴上。高压转子采用了刚性联轴器,但由于苏联
当时的机械加工技术难以确保低压转子上的 3 个支点、机匣中的 3 个轴承座孔达
到极高的同轴度,因此三支点的低压转子采用了柔性联轴器。

高压压气机前的滚珠轴承(3 号轴承)的外环与轴承座间安装有若干片钢圈组
成的叠层阻尼环,这种阻尼环在苏俄的发动机中采用较多,但其他欧美国家的发动
机采用较少。现代军民用发动机普遍将高压压气机前滚珠轴承通过带挤压油膜的
弹性支座支承于中介机匣上。

在发动机的低压转子支承方案设计中,如果只在风扇轴后端设置一个支点,则
可能导致悬臂支承的 4 级风扇因悬臂过长而影响转子的正常工作,为此专门在风
扇前设置了一个支点以及相应的承力框架,包括对轴承的滑油供油、回油及封严装
置等,不仅使结构更复杂,而且还增加了发动机质量。对于有进口导流叶片的发动
机,就可以利用导流叶片作为承力件来设计风扇前支点。

РД - 93 发动机的 4 号支点为中介支点,但由于低压转子采用了常规的柔性联
轴器,给中介支点的设计造成较大的困难。图 9 - 7(a)为 CFM - 56 发动机采用的
中介轴承支承方式,如果采用柔性联轴器,如图 9 - 8 所示,涡轮转子与压气机两支
点的连线间有一个夹角 φ,此时如果高压涡轮后支点通过中介轴承支承到低压转
子上,则高压转子显然无法正常工作。

因此,РД - 93 发动机采用了一种特殊的支承方法,如图 9 - 7(b)所示,将低压
涡轮后轴承 4(5 号轴承)置于与中介轴承 2(4 号轴承)同一轴线的位置处,并基本
处于低压涡轮盘的中心(沿轴向)位置处。工作中 5 号轴承不会上下摆动,因而 4
号轴承也不会摆动,即使低压涡轮轴与风扇轴线不同轴心,高压转子也不会摆动,

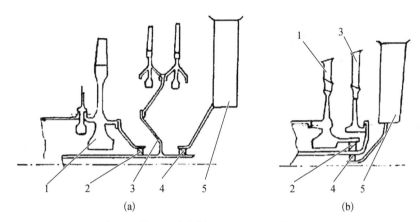

图 9 - 7　高压涡轮通过中介轴承支承于低压转子上的两种方案

1. 高压涡轮;2. 中介轴承;3. 低压涡轮;4. 低压涡轮后轴承;5. 涡轮后轴承机匣

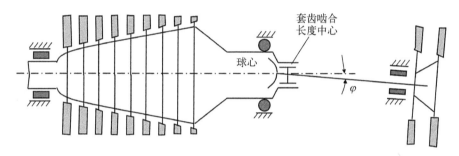

图 9 - 8　典型的用于 3 支点支承方案中的柔性联轴器示意图

从而保证了高压转子能正常工作,较好地解决了支点同心的问题。

　　此外,低压转子后支点(5 号轴承)也设计得比较特殊。5 号轴承的内环固定于涡轮后轴承支承座中,外环则固定于低压涡轮轮盘中心处的后轴内径中,伴随转子共同旋转。可以看出,5 号轴承内径很小,导致其承载能力显然偏低,但它要同时承受低压转子和高压转子的负荷,因此工作寿命相比其他轴承较低。另外,由于 4 号、5 号轴承均径向地装在低压涡轮轮盘中心内,轮盘的孔径较大,对轮盘的强度和质量带来不利影响。这种反常规的设计是一种不得已的方案,对寿命要求稍高的发动机,一般不宜采用。

　　图 9 - 9 为苏制 AЛ - 31Φ 发动机的转子支承方案简图,高压转子采用了与 CFM - 56 相同的 1 - 0 - 1 二支点支承方案,且高压涡轮后轴通过中介轴承 5 支承于低压轴上。

　　但是,为了解决低压涡轮转子与压气机转子间不同轴而带来高压转子工作不正常的问题,AЛ - 31Φ 发动机的低压转子采用了 4 个支点的支承结构,即风扇转子支承于 1、2 号支点上,2 号支点为滚珠轴承,低压涡轮转子支承于前后两个支点即

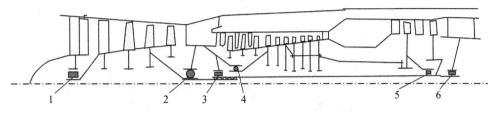

图 9 - 9　АЛ - 31Ф 发动机的转子支承方案

3、6 号轴承上。由于低压涡轮本身有 2 个支点支承,工作条件较好,因而不会对高压转子带来不利影响。由于在四支点支承方案中,风扇转子的轴线很难与低压涡轮转子轴线保持同轴度,因而在两个转子间采用了能同时传递扭矩和轴向力的柔性联轴器。

АЛ - 31Ф 发动机的转子支承方案虽然解决了低压转子不正常工作对高压转子的影响问题,但是这种结构的支点数目比 F404、F110 等发动机多一个,而且给低压转子的联轴器以及 3 号支点的安置增加了困难,不仅结构复杂、质量增加,而且在工作中还容易出现其他故障。

9.1.3　欧洲:MK202、EJ200 和 RB199

MK202 发动机(斯贝)是英国在 20 世纪 60 年代研制的一款性能较为先进的涡扇发动机,具有推力大、耗油率低、可维护性好、使用寿命长等特点,主要装备于美国 F4K 战斗机,之后还用于 A - 7 攻击机上。发动机长 5 025 mm,直径1 093 mm,质量 1 850 kg,涵道比 0.62,最大推力 54.6 kN,加力推力 91.1 kN,推重比5.05,最大军用耗油率 0.068 4 kg/(N·h),最大加力耗油率 0.2 kg/(N·h)。我国引进了该型发动机的全套专利技术和资料,并命名为涡扇 9"秦岭"发动机。

EJ200 发动机是英国罗·罗公司、德国 MTU 公司、意大利菲亚特公司和西班牙塞纳尔公司合作组成的欧洲喷气涡轮公司为 EF2000"台风"战斗机研制的。发动机涵道比为 0.4,风扇压比 4.21,高压压气机增压比为 6.2,总增压比为 26,涡轮前温度为 1 750 K,空气流量为 71.18 kg/s。发动机的加力推力与不加力推力分别为90 kN 和 60 kN,耗油率分别为 49.8 g/(kN·s)和 23 g/(kN·s)。

RB199 是为欧洲战斗机"狂风"研制的加力式三转子涡扇发动机,发动机推重比接近 8 一级。发动机研制中广泛利用了罗·罗公司民用大涵道比涡扇发动机RB211 的设计技术和一些其他项目发展的先进技术,包括单晶涡轮叶片与 FADEC等。以上三型发动机的尺寸对比如图 9 - 10 所示。

斯贝发动机的转子支承方案如图 9 - 11 所示,是一种支点数目多、承力构件多且比较复杂的支承方案。低压转子采用了 1 - 2 - 1 式四支点支承方案,高压转子为 1 - 2 - 0 式三支点支承方案,共七个支点。

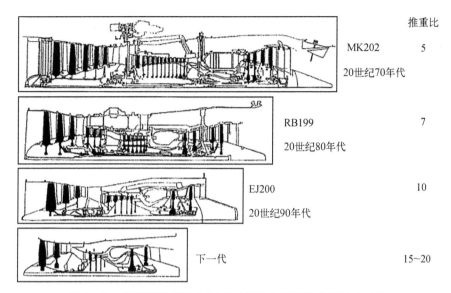

	推重比
MK202 20世纪70年代	5
RB199 20世纪80年代	7
EJ200 20世纪90年代	10
下一代	15~20

图 9-10 海平面马赫数 0.75 条件下产生相同推力的尺寸对比

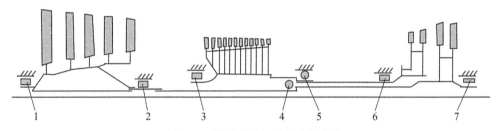

图 9-11 斯贝发动机转子支承方案

斯贝发动机的实体结构如图 9-12 所示。其中,低压转子的止推支点(4 号轴承)为中介支点,其负荷通过高压转子以及高压转子上的止推轴承(5 号轴承)传出。各支点的负荷通过五个承力构件向外传递,即 1 号轴承通过进口导流叶片,2、3 号轴承通过中介机匣,4、5 号轴承通过燃烧室扩散机匣,6 号轴承通过十根通气导管,7 号轴承通过后轴承机匣外传。另外,为了避免低压涡轮轴过长,采用了一根中介轴将涡轮轴和风扇后轴连接。

EJ200 发动机有 3 级风扇,5 级高压压气机,高、低压涡轮各为 1 级。发动机采用了不同于其他战斗机用发动机的转子支承方案,如图 9-13 所示,其中高压转子为 1-0-1,低压转子为 0-3-0,共 5 个支点,共用 2 个滑油腔室、2 个承力框架。图 9-14 为目前采用的较为广泛的支承方案形式(F101、F404、F110、F119 等采用),两者对比可以看出它的特点。

在风扇部件中,由于没有进口导流叶片,因此 EJ200 采用了类似大涵道比涡扇发动机的支点布局,即 3 级风扇转子悬臂支承。而在 F404 等发动机中,由于有可

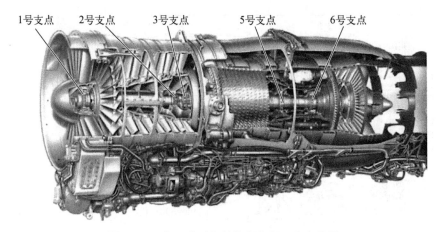

图 9-12　斯贝发动机结构剖视图及支点位置

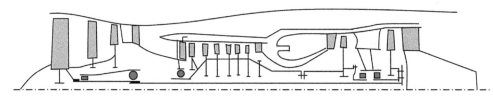

图 9-13　EJ200 发动机转子支承方案简图

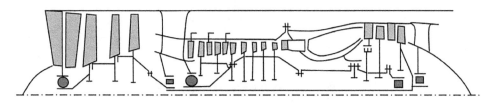

图 9-14　F404 发动机转子支承方案简图

变弯度进口导流叶片,可利用进口导流叶片固定不动的前缘部分作为传力的承力件,因此在 1 级风扇前设置了 1 个支点,风扇转子由前后两个支点来支承。

EJ200 发动机的高压涡轮后支点和低压涡轮前支点均支承于高低压涡轮间承力框架上,这是继承罗·罗公司三转子发动机中采用的传统设计,而 F404 等发动机则是通过中介轴承将高压涡轮支承于低压转子上。

EJ200 发动机中采用了 3 处圆弧端齿联轴器,包括装 3 号滚珠轴承的高压压气机前短轴与高压压气机前轴间、高压压气机后轴与高压涡轮前轴间和低压涡轮后轴与低压涡轮轴间。采用圆弧端齿联轴器使装拆简单,特别是使滚珠轴承的装拆方便,易于在外场进行单元体更换,另外还能解决热定心问题,因而常被欧洲几家航空发动机公司采用。

此外,为了便于装拆风扇转子的滚珠轴承,EJ200 的低压涡轮轴没有直接与风扇轴相连,而是通过套齿与中间轴连接,如图 9-15 所示,中间轴再与 1 级风扇盘

后轴通过套齿相连。1 号滚棒轴承、2 号滚珠
轴承均装在中间轴上。装配时,先将滚珠轴承
加热套装到中间轴上,同时固定到轴承座中,
然后将风扇转子插入中间轴,最后再用大螺母
拧紧。

RB199 发动机采用了罗·罗公司独特的三
转子设计,如图 9-16 所示,发动机由 3 级风
扇、3 级中压压气机、6 级高压气机、环形蒸发式
燃烧室、单级高、中压涡轮、2 级低压涡轮、加力
燃烧室及可调收扩喷管等组成。发动机的基本
参数为:涵道比约为 1.0,总增压比大于 23,涡
轮前温度约为 1 600 K,加力比约为 1.0。

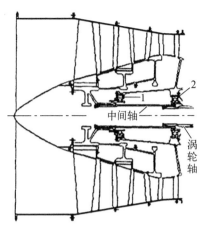

图 9-15 EJ200 的风扇

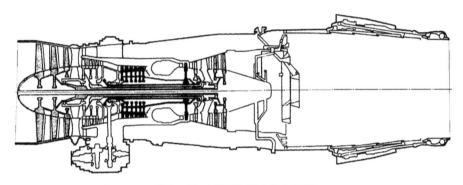

图 9-16 RB199 发动机剖视图

如图 9-17 所示,RB199 发动机共用 7 个支点支承,3 个承力框架传力,低、中、
高压转子分别采用了 0-3-0 三支点、0-1-1 二支点、1-0-1 二支点支承方案,
其中高压转子后支点即 5 号支点为中介支点。

发动机的低压转子最长,因此采用了 3 支点支承方案。由于采用了三转子结
构,发动机有较大的喘振裕度和进气道气流畸变容限,因此风扇没有设置可变弯度

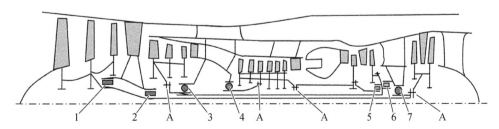

图 9-17 RB199 发动机转子支承方案(1~7 为支点号,A 为圆弧端齿联轴器)

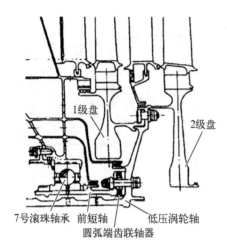

进口导流叶片。为此,风扇前没有支承轴承,而是在风扇后设置了 2 个滚棒轴承,即风扇为悬臂支承。这样就使整台发动机的承力框架减少 1 个,相应的滑油油腔也少 1 个,零件数少、质量轻,有利于提高发动机的推重比。低压转子的后支点(7 号)设在低压涡轮轮盘前,使两级低压涡轮转子也呈悬臂支承,这也是为了减少发动机的承力框架数。需要注意的是,位于中压涡轮与低压涡轮之间的 7 号轴承采用的是滚珠轴承,如图 9-18 所示,这在发动机中是很少见的。

1级盘
2级盘
7号滚珠轴承   前短轴   低压涡轮轴
圆弧端齿联轴器

图 9-18   RB199 低压涡轮转子与装滚珠轴承的前短轴的连接结构

由于高压与中压转子长度相对较短,因此均采用了 2 支点支承方案,其中高压转子最短,采用 1-0-1 支承方案;中压转子为了缩短 2 支点间的距离,将前支点即 3 号支点置于中压压气机之后,形成 0-1-1 支承方案。

在发动机装配时,主轴上的滚珠轴承通常都比较难装拆。RB199 发动机将滚珠轴承装在单独的短轴上,短轴再通过圆弧端齿联轴器与主轴连接。在分解发动机时,只需将圆弧端齿联轴器的螺栓拧下,压气机或涡轮转子即与滚珠轴承脱离,并从机匣中取出。装在短轴上的滚珠轴承与短轴一起留在机匣中,此时再将装滚珠轴承的轴承座从机匣上卸下,就可以很容易地完成滚珠轴承的拆卸。RB199 的 3 个转子都各有 1 个滚珠轴承,因此有 3 个圆弧端齿联轴器,再加上高压涡轮与高压压气机转子间的联轴器,一共采用了 4 个圆弧端齿联轴器。如图 9-19 所示,高压转子的滚珠轴承装在高压压气机前轴前侧的短轴上。

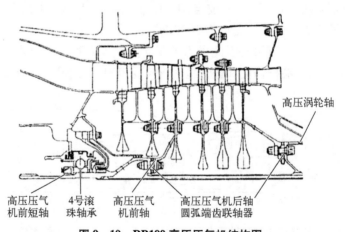

高压涡轮轴
高压压气   4号滚   高压压气   高压压气机后轴
机前短轴   珠轴承   机前轴   圆弧端齿联轴器

图 9-19   RB199 高压压气机结构图

RB199 的 7 个轴承中,除了风扇后的 2 个滚棒轴承(1 号、2 号)和高压涡轮后的中介轴承(5 号)外,其他 4 个轴承(包括 3 个滚珠轴承及中压涡轮后的滚棒轴承)都采用了挤压油膜阻尼器。其中,1 号、2 号轴承未采用挤压油膜可能是由于两个支点的间距较短,转速相对较低,振动问题较小。而 5 号轴承为中介轴承,也不会使用挤压油膜。高压涡轮后轴通过 5 号轴承支承于中压涡轮轴上。与 F119 发动机类似,RB199 也将中介轴承的内环固定在转速较高的转轴上,而将外环固定在转速较低的转轴上,使得工作时中介轴承的游隙减小,不易引发轴承打滑。

9.1.4 中国:WP7 系列发动机

WP7 发动机是目前双转子发动机中级数最少的,如图 9-20 所示,高、低压压气机各三级,高、低压涡轮各一级。低压转子采用 1-2-0 的支承方案,高压转子为 0-2-0 方案。为了减少支承轴承的承力构件数,采用了两个中介支点(2、5 号支点),将低压转子的后两个支点都支承到高压转子上,将负荷通过高压转子的支承点向外传递。

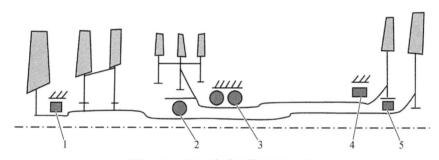

图 9-20 WP7 发动机转子支承方案

这种结构虽然能使发动机长度缩短,总体结构简单,但高压转子工作时的振动、变形会影响低压转子的工作。在 WP7 发动机中,高压转子的轴短而直径大,刚性较好,因而对低压转子的影响可以减少。另外,由于高压压气机与高压涡轮级数少,所以压气机、涡轮均为悬臂支承,成为 0-2-0 的支承方案,与 1-0-1 的支承方案相比可以缩短发动机长度。低压转子的前支点装于 1、2 级轮盘之间,轴承负荷通过 1 级压气机的整流叶片外传,省去了带径向支板与内锥的进气机匣。这种支承方式也被无进口导流叶片的 WP13、WP15 等发动机采用。但是,悬臂转子的振动特性以及中介支承带来的高、低压转子间的耦合振动问题也是 WP7 发动机振动故障的重要原因之一。

WP7 发动机的支承方案还有一个特点,就是三处支点的负荷均通过静子叶片(1、2、3 号轴承)或叶片内的承力件(4、5 号轴承)外传,没有采用单独的承力机匣,进一步缩短了发动机的长度并简化了总体结构。但悬臂转子的承力构件位于涡轮前的高温区,使其工作条件更加恶化。

上述支承方案的特点都突出了 WP7 发动机追求高推重比的设计思想,虽然 WP7 发动机的压气机采用全钢结构,但其推重比(加力时)可以达到5,而同类型的 J55－F13 发动机的加力推重比仅为 3.09。

除了前面已经提及的问题之外,这种支承方案还存在一些其他问题。由于低压转子3个支点中的两个为中介支点,使压气机转子与涡轮转子的不同心度加大,加大了叶片的径向间隙,因而影响了发动机的经济性。由于静子叶片为承力构件,使静子叶片加厚,尤其第一级压气机整流叶片的叶身更需加厚,对压气机效率有一定的影响。此外,这种支承方案对发动机的装配和平衡也带来不便,例如,低压支点位于1、2级之间,当完成压气机转子平衡后必须将其分解,再进行装配。高压压气机也只有一个支点,平衡也不方便。

WP13 发动机是在 WP7 发动机的基础上改进发展而来的,在总体结构上基本与 WP7 相同,但它的高压压气机在 WP7 的基础上增加2级成为5级,使低压转子长度增加,削弱了低压轴的刚性。为此,在 WP7 支承方案的基础上,在2号和5号中介轴承之间又增加了1个中介轴承A,如图9－21所示,以限制低压轴的挠度,提高低压转子的刚度。

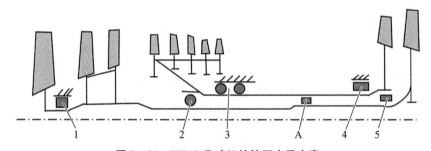

图 9 - 21   WP13 发动机的转子支承方案

9.2   民用发动机主轴轴承选用方案

9.2.1   罗·罗公司:从 RB211 到遄达 XWB

RB211 是罗·罗公司生产的第一种大涵道比涡扇发动机。为了满足 70 年代大型运输机对发动机提出的推力大、耗油率低、噪声和排气污染小以及维护方便等要求,RB211 采用了大涵道比、高增压比与高涡轮前燃气温度等设计,成为具有"三高"指标的第二代涡轮风扇发动机。

在 RB211 投入使用后,罗·罗公司又平行衍生了一系列发动机,如图 9－22 所示。之后,罗·罗公司又将 RB211－524L 改名为遄达 600,从此开创了遄达系列发

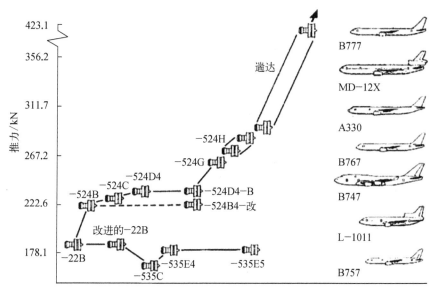

图 9-22　RB211 系列发动机衍生发展过程

动机的发展。

RB211 采用了独特的三转子结构,由于结构复杂,给转子的支承、传力与润滑等带来了一系列的问题。RB211 的 3 个转子共有 8 个轴承,分别由 4 个承力框架将负荷向外传递,其中有一个为中介轴承,图 9-23 为发动机的转子支承简图。

从图 9-23 可以看出,高压转子为 1-0-1 的二支点方案,高压压气机前有 1 个滚珠轴承(5 号),高压涡轮后有 1 个滚棒轴承(6 号);中压转子为 1-1-1 的三支点方案,中压压气机前、后分别用一个滚棒(2 号)和滚珠(4 号)轴承支承,中压涡轮盘后的轴上采用 1 个滚棒轴承(7 号)作为支点;低压转子为 0-2-1 的三支点支承方案,风扇盘后有 1 个大型滚棒轴承(1 号,位于风扇轮盘之后),如图 9-24 所示,以及 1 个滚珠轴承(3 号,位于中压压气机出口处)。3 号滚珠轴承为中介止

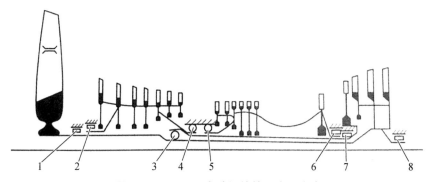

图 9-23　RB211 发动机的转子支承方案

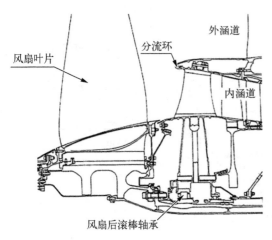

图 9 – 24　RB211 – 535E4(遄达 700)的
风扇后滚棒轴承

推支点,将低压轴支承于中压压气机后轴内。在整体布局中,将 3 个转子的止推支点集中在一个承力机匣上,使承力构件集中、传力路线缩短。低压涡轮后支承在 1 个滚棒轴承(8 号)上。

RB211 发动机的 8 个轴承通过 4 个承力框架将负荷外传。1 号与 2 号支点的滚棒轴承支承于前轴承机匣上,此承力框架由风扇出口导向叶片、中压压气机承力外环、轴承座与传力支板组成的轴承机匣等组成,轴承机匣外环与中压压气机承力外环相连,将轴承负荷传给后者,后者再通过风扇出口导叶将负荷外传到风扇机匣。

　　3 个转子的滚珠轴承,即 3 号、4 号与 5 号支点的负荷通过中压与高压压气机间的承力框架将轴向与径向负荷外传,是传力最大的框架,由铸造、锻造与板料焊接结合的中介机匣组成,如图 9 – 25 所示。这种方案有利于将各个转子的轴向力集中外传,但使得风扇轮盘后的轴承(1 号)只能用滚棒轴承,如果不采取适当的措施,一旦风扇轴在特殊情况下折断,风扇轮盘可能会被甩出发动机。

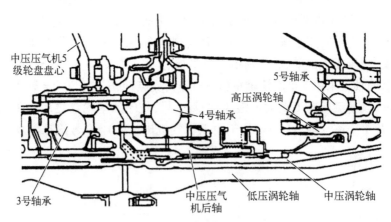

图 9 – 25　RB211 发动机的三个滚珠轴承

　　6 号与 7 号支点的滚棒轴承负荷通过高压与中压涡轮之间的装在中压涡轮导向叶片中的承力支座将负荷外传到涡轮机匣,如图 9 – 26 所示。承力支座装在空心的中压涡轮导向叶片内腔中,并环绕冷空气对其冷却;与燃气接触的导向叶片允许在轴向、径向与周向三个方向自由膨胀。这种涡轮级间承力构件不仅使发动机长度增加,而且也影响涡轮效率。但是,在三转子发动机中,由于转子数目多,很难取消这种承力构件。

8号(即低压涡轮后)滚棒轴承通过涡轮后轴承机匣将负荷传到涡轮机匣上,涡轮后机匣上还装有发动机的辅助安装节。很多发动机都采用涡轮后轴承机匣作为低压转子后支承的承力框架。

由于高压转子尺寸较短,以及采用了短环形燃烧室等原因,整台发动机只用了8个轴承就很好地实现了三转子的支承。此外,转子安排得也比较紧凑,刚性较好。因此,RB211的所

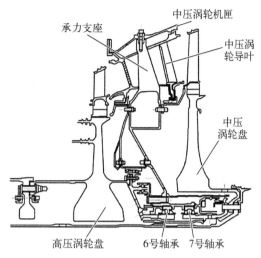

图9-26　RB199-535E4高中压涡轮间的承力框架

有转子的1阶临界转速均高于工作转速。此外,所有滚棒轴承均采用了挤压油膜阻尼器,全部轴承都采取了环下供油的润滑方式。除中介轴承的油腔采用动压式封严外,其他轴承都采用一般的空气篦齿封严。

如图9-27所示,遄达1000是罗·罗公司研制的大涵道比、高总压比、低油耗、低污染及低噪声的新一代发动机,它不仅继承发展了遄达系列发动机的设计,

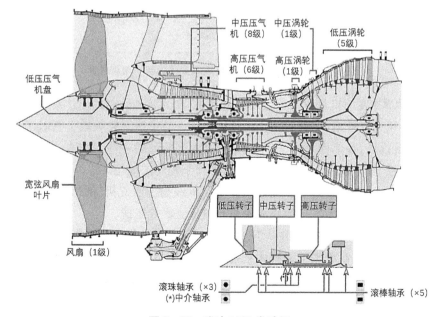

图9-27　遄达1000发动机

而且采用了许多最新发展的先进技术,使遄达 1000 的性能达到了极高的水平,它的设计概念与技术应用,代表了大型民用大涵道比涡扇发动机的最新水平。

遄达 1000 的涵道比为 10.8~11,总压比为 52.1,耗油率比遄达 900 低 4%,比遄达发动机的前身 RB211 - 524G/H 低 12%。如图 9 - 27 所示,遄达 1000 由单级风扇、8 级中压压气机、6 级高压压气机、单级高压涡轮、单级中压涡轮与 6 级低压涡轮组成。

遄达 1000 发动机的三个转子共有 8 个支点,支承方案与 RB211 相同:低压转子为 0 - 2 - 1 三支点支承方案,中压转子为 1 - 2 - 0 三支点支承方案,高压转子为 1 - 0 - 1 二支点支承方案。不同的是,1 号支点采用了两个滚棒轴承,这是罗•罗公司 RB211 与遄达系列发动机中第 1 次采用的设计,保留原有型号中已有的 1 号滚棒轴承,并在其后增加了 1 个外径较小的滚棒轴承,如图 9 - 28 所示。初步分析,增加 1 个滚棒轴承是为了承担在风扇叶片从根部断裂时产生的过大冲击载荷,其效果与 GE90 - 115B 与 GEnx 中将风扇后的滚珠轴承改为大直径滚棒轴承相同。

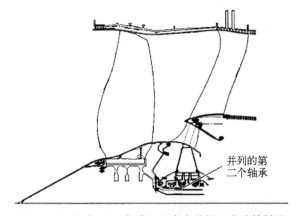

并列的第二个轴承

图 9 - 28　遄达 1000 发动机风扇支承的两个滚棒轴承

遄达 XWB 发动机是罗•罗公司以遄达 1000 为基础研制的遄达系列第 6 型发动机,其在风扇支承结构、带冠高压涡轮工作叶片与中压涡轮级数上打破了罗•罗公司的传统设计,各部件采用了 21 世纪初开发和验证的一些新技术,在性能、经济性、排放特性、噪声特性、维修成本等方面均处于领先的地位。

遄达 XWB 由 1 级风扇、8 级中压压气机、6 级高压压气机、低污染环形燃烧室、1 级气冷高压涡轮、2 级气冷中压涡轮与 6 级低压涡轮组成。

从 RB211 - 22B 到遄达 1000,风扇后的 1 号支点处都是采用滚棒轴承,将承受低压转子轴向力的滚珠轴承设在中压压气机后,且该滚珠轴承的外环固定在中压压气机后轴内孔,内环固定在风扇后轴,成为中介轴承,如图 9 - 29(a) 所示。

由于遄达 XWB 的空气流量由遄达 1000 的 1 088 kg/s 增大到 1 436 kg/s,增加了三分之一,使低压转子承受的轴向气动负荷增加较多。由于 3 号轴承的尺寸受到限制,使得传统的支承方法已经无法满足设计要求。为此,遄达 XWB 将滚珠轴承换装到 1 号支点(风扇盘后)处并改为大直径轴承,使 1 号支点的内径比 2 号支点的内径大很多,如图 9 - 29(b),不仅使其承载轴向负荷的能力提高了 4 倍,而且取消了保持轴,使结构变得简单、质量减轻。

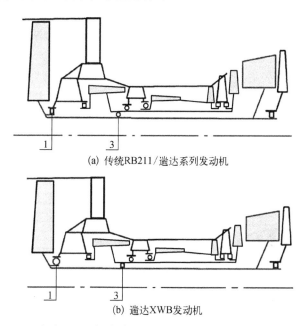

(a) 传统RB211/遄达系列发动机

(b) 遄达XWB发动机

图 9 - 29　遄达 XWB 与传统 RB211/遄达在风扇转子支承上的不同

9.2.2　普惠公司:从 JT9D 到 PW1000G

JT9D 发动机为美国普惠公司研制的第一款用于宽体飞机的大涵道比涡扇发动机,于 19 世纪 60 年代中期研发,并在波音 745 - 100 飞机上最先投入使用。图 9 - 30 为 JT9D 发动机的转子支承方案,该发动机长度较大,由风扇前安装边到

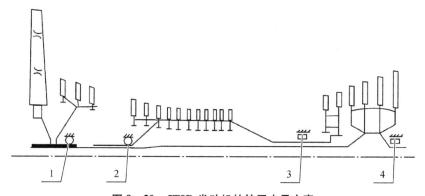

图 9 - 30　JT9D 发动机的转子支承方案

涡轮后轴承机匣后安装边的长度为3.38 m,如此长的发动机转子,支承方案却采用了较简单的形式,低、高压转子各支承于两个支点上,低压转子为0-1-1方案,高压转子为1-1-0方案。

四个支点支承于三个承力框架上,结构简单且没有使用中介支点。但是低压轴有近3 m长,加工十分困难。另外在使用中发现,由于低压转子的两个支点相距太远,转子纵向刚性较差,容易变形而造成转子与机匣相碰磨,使发动机性能衰退率较高。

PW4000是普惠公司在JT9D-7R4和PW2037涡扇发动机基础上发展的一种全新发动机,沿用了JT9D-7R4发动机的转子支承方式,但考虑到JT9D低压转子采用二支点带来的缺点,在风扇轴后端增加了一个滚棒轴承,称为1.5号轴承,如图9-31所示,使低压转子形成0-2-1的支承方案,以增加低压转子的纵向刚性。这种方案除用于PW4000外,还用于PW2037、V2500等发动机。

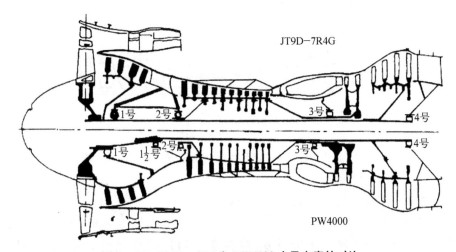

图9-31   JT9D-7R4和PW4000支承方案的对比

PW4000低压转子的滚珠轴承设在风扇盘之后成为1号轴承,风扇盘后轴通过中介轴与低压涡轮轴相连,如图9-32所示,中介轴与风扇后轴、低压涡轮轴的连接均使用套齿联轴器。1号轴承的内环没有直接装在直径较小的中介轴上,而是套装在风扇后轴位于联轴器的后端,风扇轴在此处不传递扭矩,也不传递轴向力。这种措施可以有效提高低压涡轮轴的安全性,保证低压轴折断时能将风扇保持在发动机内。

不论是JT9D,还是PW4000,高压转子的后支点均位于高压压气机与高压涡轮之间。由于受到轴承内径的限制,压气机后轴只能做得较细,使转子刚性变弱,且两级高压涡轮为悬臂支承,对工作不利。

为了减小发动机的振动外传,PW4000高压转子前支点(2号支点)的滚珠轴承

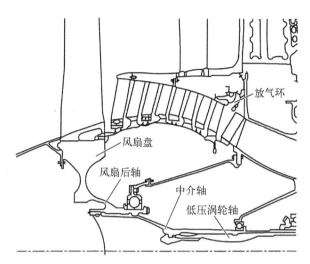

图 9 - 32　PW4000 风扇、增压压气机支承结构

采用了带挤压油膜的折返式弹性支座,如图 9 - 33 所示,以缩短发动机长度;挤压油膜两端用涨圈封严,不仅能减小振动外传,还能起到限制挠度过大的作用。低压涡轮后轴承外环处也采用了挤压油膜。

PW1000G 是普惠公司发展的新一代齿轮传动风扇(GTF)发动机,由 1 级风扇、传动风扇的减速器、3 级低压压气机、8 级高压压气机、采用 Talon 技术的环形燃烧室、2 级高压涡轮及 3 级低压涡轮组成,如图 9 - 34 所示。

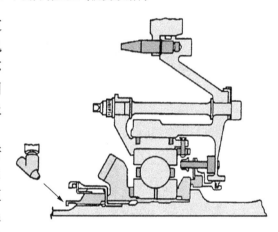

图 9 - 33　折返式弹性支座与挤压油膜

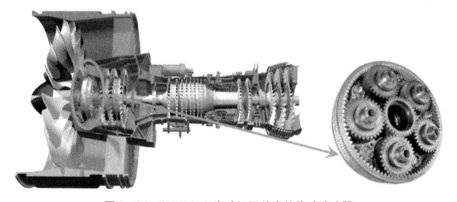

图 9 - 34　PW1000G 发动机及其齿轮传动减速器

　　与传统的大涵道比涡扇发动机不同,PW1000G 发动机的风扇与低压压气机之间装有一套行星齿轮减速器,使其转子支承方案也有独特之处。

　　如图 9-35 所示,PW1000G 的高压转子为 1-0-1 的二支点支承方案,高压压气机前一个滚珠轴承 3,通过低、高压压气机间的中介机匣将转子负荷传出;高压涡轮后装有滚棒轴承 4,通过高、低压涡轮间承力框架外传负荷。低压转子采用0-1-1 的二支点支承方式,低压涡轮后的滚棒轴承 5 支承于涡轮后轴承机匣,低压压气机后轴支承于滚珠轴承 2 上,低压涡轮轴前端通过套齿与低压压气机内伸的过渡短轴内套齿刚性相连。由于高压压气机只有 8 级,穿过高压压气机的低压涡轮轴相对较短,因此二支点的支承方案可以满足要求。

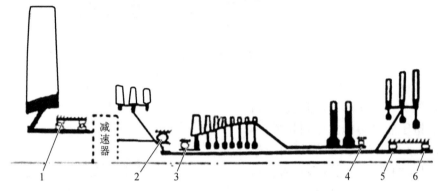

图 9-35　PW1000G 发动机的转子支承方案

　　风扇转子与低压转子没有直接相连,而是悬臂地支承于并列的两个圆锥滚子轴承 1 上。在常规的大涵道比涡扇发动机中,由于风扇转速较高,通常无法采用圆锥滚子轴承,但 PW1000G 的风扇转速较低,为采用圆锥滚子轴承提供了可能。

9.2.3　GE 公司:从 GE90 到 GEnx

　　美国 GE 公司为了满足波音 777 的需要及以后市场的发展,于 20 世纪 90 年代初期推出了一种涵道比为 9 左右、推力为 310~445 kN、耗油率比当时的大发动机低 8%~10% 的发动机,即 GE90,如图 9-36 所示。

　　GE90 为双转子大涵道比涡扇发动机,由单级宽弦风扇、3 级增压压气机、10级高压压气机、头部为双环腔的全环形燃烧室、2 级高压涡轮、6 级低压涡轮组成。如图 9-37 所示,两个转子共用 5 个支点支承在 3 个承力框架上。低压转子有 3 个支点,为 0-2-1 三支点的支承方案,风扇转子为悬臂支承,风扇盘后的 2 个轴承均装在中介机匣上;低压涡轮转子在位于第 4 级轮盘后的短轴上有 1个支点,轴承安装在涡轮后轴承机匣中。低压涡轮轴插入风扇轴中,形成低压涡轮的前支点。

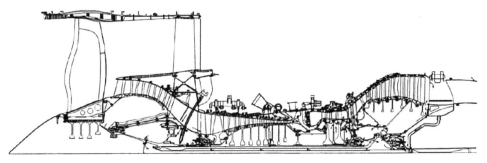

图 9-36　GE90 大涵道比涡扇发动机

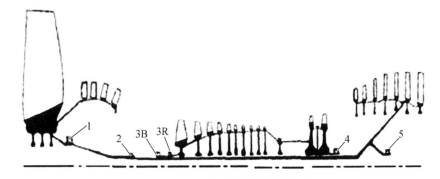

图 9-37　GE90 发动机的转子支承方案

高压转子共用 2 个支点、3 个轴承支承,为 1-0-1 二支点的支承方案,高压压气机前支点采用滚珠/滚棒双轴承并列结构,滚珠轴承装在弹性支座中,滚棒轴承装在刚性较强的弹性支座上,如图 9-38 所示,两个轴承均固定在中介机匣上;高压涡轮后支点采用滚棒轴承,支承于高、低压涡轮间的承力框架上。

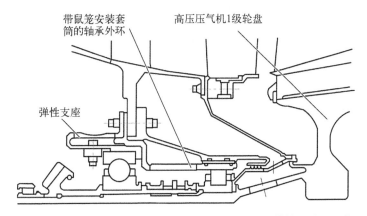

图 9-38　GE90 高压压气机前支点采用的滚珠、滚棒轴承并列结构

GE90 的一个重要改型为 GE90 - 115B,发动机名称后的 115B,表示用于波音飞机、推力为 115 000 lbf* 的发动机。与基准发动机相比,风扇转子的支承结构发生了较大的变化,两者之间的对比如图 9 - 39 所示。

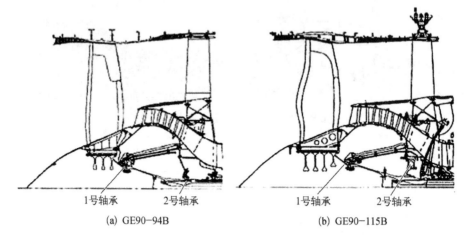

(a) GE90-94B   (b) GE90-115B

图 9 - 39   GE90 - 94B 与 - 115B 风扇转子支承结构对比

由于 GE90 - 115B 的风扇叶片质量较其基准发动机增加了约 50%,当一片叶片从叶根处断裂甩出时,会对风扇转子产生较大的不平衡力和力矩,为了减轻对发动机与飞机产生的不利影响,采取了以下两项措施:

(1) 紧靠风扇盘后的 1 号支点处改用直径较大的滚棒轴承,内径由基准发动机的 183 mm 加大到 503 mm,使其成为这两型发动机风扇转子的 4 个轴承中内径最大的,显著增加了叶片断裂时对过大冲击载荷的承受能力。

而且,改用大直径滚棒轴承后,能有效限制轮盘绕支点处的回转运动,使轮盘绕轴心线转动,保证了其他叶片不会与机匣碰蹭。

(2) 风扇转子的两个支点处均采取减振措施,如图 9 - 40 所示,1 号支点处采

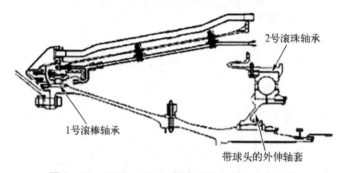

图 9 - 40   GE90 - 115B 发动机的 1、2 号支点结构

---

* 1 lbf(磅力)= 4.448 222 N(牛)。

用带挤压油膜的弹性支座,2号支点处采用弹性支座,从而显著减少叶片断裂时外传的振动载荷。

由于1号支点处采用了滚棒轴承,使得承受转子轴向力的滚珠轴承只能置于2号支点处。从图9-41可以看出,风扇轴是一根前粗后细的锥形轴,2号支点处直径很小(约180 mm),如果将滚珠轴承直接装在此处,会导致轴承内径较小而降低其承受轴向负荷的能力。为此,在此处安装了一个带球头的外伸轴套,将滚珠轴承装在轴套外径处,再通过弹性支座装到风扇承力框架上,来承受低压转子的轴向和径向负荷。通过该措施,使得2号支点的滚珠轴承外径与基准发动机的1号轴套外径达到了同一尺寸,为602 mm。

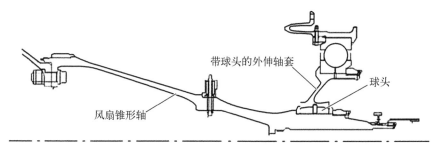

图 9-41　GE90 的风扇锥形轴

普惠公司研制的 PW6000 也采用了类似 GE90-115B 的风扇支承方式,如图9-42所示。但它安装2号滚珠轴承的外伸轴套与风扇锥形轴作为一体,因而外伸轴套内没有球头。两个支点均未采用弹性支座,而仅在1号支点处采用了挤压油膜。

此外,在 GE90 的基准发动机中, 3R(3 号支点是滚珠、滚棒轴承并列的结构,

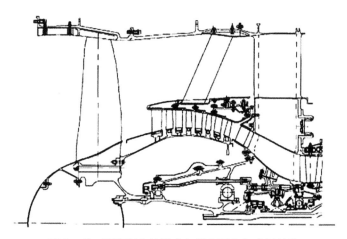

图 9-42　PW6000 的风扇与增压压气机支承结构

其滚棒轴承为 3R)、4 号(高压转子后支点)及 5 号(低压转子后支点)三个滚棒轴承均采用了弹性支座,其中 3R 与 5 号还带有挤压油膜。这三个轴承均与弹性支座做成一体,形成带弹性支座的整体式轴承,如图 9-43 所示。这种将轴承外环与相配的弹性支座做成一体的结构,不仅可以减少发动机零件的数量与重量,而且可靠性也得到提高。在 GE90-115B 中,除了继续沿用基准发动机中 3R、4 号与 5 号支点的结构外,还在 1 支点采用了折返式弹性支座,并且支座与轴承外环也做成一体。

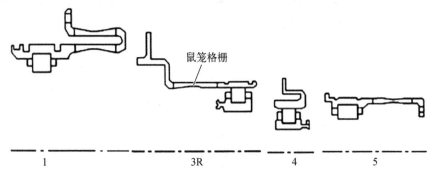

图 9-43　GE90-115B 带弹性支座的整体式轴承

GEnx 是 GE 公司为波音 787 客机研制的大涵道比(10)、高总压比(45)、低油耗、低污染与低噪声的新一代发动机,也可用于波音 745-8 客机与货机。为了满足 21 世纪"绿色航空"的要求,GEnx 不仅继承并发展了 GE 公司以往成熟发动机特别是 GE90 发动机的设计,借鉴了 GE90 研制与使用中的经验与教训,而且还采用了一些最新发展的先进技术。

GEnx 与 GE90 的转子支承方案基本相似,如图 9-44 所示,低压转子为 0-2-1 三支点支承方案,高压转子为 1-0-1 两支点支承方案,共 5 个支点。高压压气机前支点(3 号支点)采用了 GE 公司独特的滚珠轴承与滚棒轴承并列的设计,滚珠

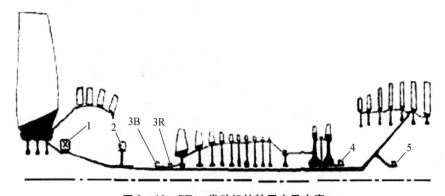

图 9-44　GEnx 发动机的转子支承方案

轴承 3B 仅承受轴向力,滚棒轴承 3R 承受径向力。如图 9 - 45 所示,在 2 号支点处采用了与 GE90 - 115B 相同的带球头的外伸轴套结构,来增大 2 号滚珠轴承的径向尺寸。

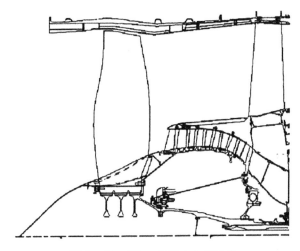

图 9 - 45 GEnx 的风扇支承结构

由于 GE90 及 GEnx 的涵道比较大(分别为 8 和 10),在保持风扇叶尖切线速度一定的条件下,低压转子转速较低,为了使低压涡轮获得较高性能,只能将低压涡轮直径加大,导致高、低压涡轮直径相差较大。为了使气流能平缓地由高压涡轮流入低压涡轮,只能在高、低压涡轮间设置一个较长的锥型过渡机匣。此时,如将高压涡轮后轴通过中介轴承支承于低压转子上,会造成中介轴承与低压涡轮后轴承间的距离较长,带来严重的转子动力学问题,对高压转子与低压转子的工作带来不利的影响。因此,GE90 和 GEnx 两台发动机的高压转子后端都没有采用中介轴承支承方案。此外,由于过渡机匣较长,也有条件在此处设置高压涡轮后轴承的轴承座,以及与之有关的油槽及封严装置等,如图 9 - 46 所示。

9.2.4 SNECMA 公司:从 CFM56 到 LEAP

CFM56 发动机是由美国 GE 公司和法国 SNECMA 公司共同组成的 CFM 国际公司,在 F101 核心机技术的基础上研制的 100 kN 级的大涵道比涡扇发动机。从它的第一个型号 CFM56 - 2 于 1979 年 11 月取得适航证,到 2005 年已发展了 CFM56 - 3、CFM56 - 5A、CFM56 - 5B、CFM56 - 5C、CFM56 - 7 等 6 个系列,共有 28 个型号,推力覆盖了 71 ~ 151 kN,成为目前应用最广泛的民用大涵道比涡扇发动机。

CFM56 - 2 是 CFM56 发动机中的第 1 个系列,其核心机直接由 B - 1 轰炸机的

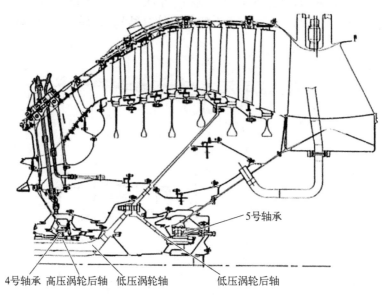

图 9-46　GE90 高压涡轮后支座与低压涡轮(GEnx 与之相同)

F101 核心机衍生发展而来。发动机由单级风扇、3 级低压压气机、9 级高压压气机、短环形燃烧室、单级高压涡轮和 4 级低压涡轮组成,如图 9-47 所示。发动机的低压和高压转子共用 5 个轴承支承,包括 1 个中介轴承。低压转子支承方案为 0-2-1,高压转子支承方案为 1-0-1,高压转子后轴通过中介轴承(4 号)支承于低压涡轮轴上。发动机的前面 3 个轴承装在中介机匣上,共用 1 个滑油腔,后面 2

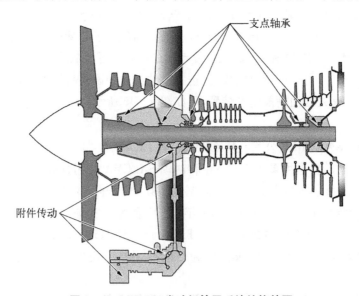

图 9-47　CFM56 发动机转子系统结构简图

个轴承支承于涡轮后轴承机匣中,共用 1 个滑油腔。CFM56 - 3、CFM56 - 5、CFM56 - 7 等系列均采用了这同一种总体结构设计。

图 9 - 48 为 JT9D - 7R4 发动机与 CFM56 发动机的转子支承方案对比,由于 CFM56 的高压涡轮后轴通过中介支点支承于低压轴上,使承力框架、滑油腔都减少一个,大大简化了总体布局。虽然 CFM56 有 5 个支点,却仅有 2 个承力框架,而 JT9D - 7R4 有 4 个支点,却需要 3 个承力框架。

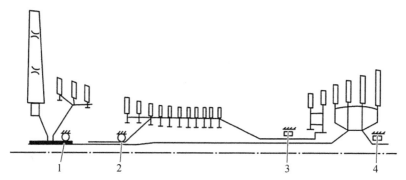

(a) JT9D - 7R4发动机的转子支承方案

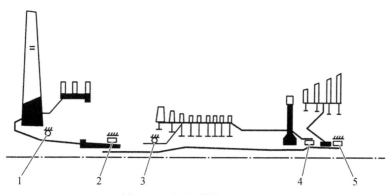

(b) CFM56发动机的转子支承方案

图 9 - 48 JT9D - 7R4 与 CFM56 转子支承方案的比较

但是在结构设计中,高压涡轮后轴采用中介支点也带来一些其他问题。

首先,是轴承的打滑问题。由于中介轴承的外环装在转速较高的高压转子上,内环装在转速较低的转子上,工作中两者会在离心力作用下发生不同程度的变形。例如在 CFM56 - 3 中,高压转子转速为 15 183 r/min,低压转子转速为 5 200 r/min,工作中随高压转子转动的中介轴承外环转速更快,膨胀量较大,而内环随低压轴转动,转速较低,膨胀量较小,这就导致轴承径向游隙加大,易在轻载下打滑。

中介支点的另一问题是,在三支点支承的低压转子中,联轴器不能采用柔性联轴器,而要采用对加工要求更高的刚性联轴器。

　　之后,为了欧洲空客公司的 A320、A319、A321 和 A340 等客机的发展,CFM 公司又发展了 CFM56 - 5 系列发动机,将压气机前支点由单一的滚珠轴承改为滚珠、滚棒轴承并列的结构。

　　LEAP 发动机最初称为 LEAP(Leading Edge Aviation Propulsion, LEAP) - X 发动机,是作为 CFM56 系列发动机的后继发动机,为下一代先进双发单通道旅客机研制的、能满足 21 世纪"绿色航空"要求的先进发动机。图 9 - 49 与图 9 - 50 分别为用于 A320neo 的 LEAP - 1A 和用于 B737MAX 的 LEAP - 1B 发动机的结构简图,还有一型 LEAP - 1C 用于我国的 C919 飞机。

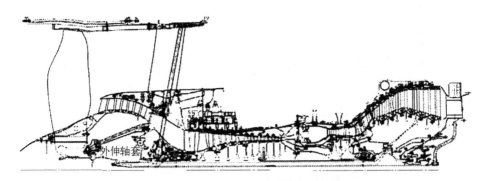

图 9 - 49　LEAP - 1A 发动机结构简图

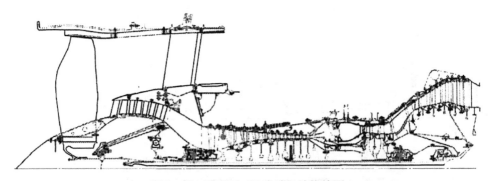

图 9 - 50　LEAP - 1B 发动机结构简图

　　LEAP - 1A 是三型 LEAP 中推力最大的,共有 7 级低压涡轮。高压转子采用 1 - 0 - 1 的二支点支承方案,高压压气机前的滚珠轴承支承于风扇承力框架上,风扇出口导向叶片作为承力框架的承力件,将中心的轴承机匣与外机匣连接起来。高压涡轮后的滚棒轴承支承于高、低压涡轮间的承力框架中。低压转子采用了 0 - 2 - 1 的三支点支承方案,紧靠风扇盘后的是大直径的滚棒轴承,滚珠轴承则位于风扇轴后端。

　　风扇轴后安装了一个外伸轴套,将 2 号支点的滚珠轴承安装在轴套的外径处,如图 9 - 49 和图 9 - 50 所示,用以增加轴承径向尺寸从而增大轴承承受轴向负荷的能力。LEAP 是继 GE90‐115B、PW6000 与 GEnx 发动机之后第 4 型采用这种支承方式的大涵道比涡扇发动机。

LEAP‐1B 是三型 LEAP 中推力最小的发动机,风扇直径为 1.76 m,比 LEAP‐1A 小 11%,因此低压涡轮减少 2 级成为 5 级。高压转子支承方式与 LEAP‐1A 相同,而低压转子支承方式采用了罕见的 0‐3‐0 方式。其中,风扇转子的支承方式与 LEAP‐1A 相同,而 5 级低压涡轮转子则是悬臂地支承于高、低压涡轮间的承力框架。采用这种设计是为了使整台发动机只用 2 个承力框架,使滑油腔也减少 1 个,相应的管路及封严件也都能减少许多,使零件数量减少、发动机重量减轻。但由于这种设计会对低压转子的转子动力学带来较大问题,因而多级低压涡轮转子很少采用类似的悬臂支承方式。

思考题

1. 简述典型军用小涵道比涡扇发动机常用的总体结构及轴承选用方案。
2. 简述典型民用大涵道比涡扇发动机常用的总体结构及轴承选用方案。
3. 请根据发动机结构简图,分析主轴支承方案和主轴轴承的选用。

参考文献

[1]　林左鸣.世界航空发动机手册[M].北京:航空工业出版社,2012.
[2]　梁春华.欧盟大涵道比涡扇发动机技术研究计划[J].航空发动机,2007(2):57‐58.
[3]　李杰,陈光,吕跃进.世界著名商用航空发动机要览[M].北京:航空工业出版社,2016.
[4]　梁春华.F136 发动机及其关键部件[J].航空发动机,2003,29(1):45.
[5]　刘长福,邓明.航空发动机结构分析[M].西安:西北工业大学出版社,2006.
[6]　刘大响,陈光.航空发动机:飞机的心脏[M].北京:航空工业出版社,2003.